아산재단 연구총서 제233집

국제환경책임법론

박 병 도

집문당

머리말

국가영역은 경계가 있지만 환경오염은 경계가 없다. 환경오염은 국경이 없어 한 국가의 영토 또는 관할권 내에서 발생한 환경오염 행위는 그 국가뿐만 아니라 인접한 국가에 환경적 악영향을 미치게 된다. 이와 같이 국경을 넘는 환경오염(transboundary pollution) 문제는 단일의 원인국과 단일의 피해국 양자간의 문제에 그치는 것이 아니라 대부분은 전지구적인 문제(global problem)이다. 국경을 넘는 환경오염문제는 국제환경법의 기본적인 문제이다. 그런데 환경보호를 목적으로 하는 국제환경법은 아직 발전단계에 있는, 형성중인 법인 까닭에 국경을 넘는 환경오염에 대한 국가책임문제에 실효적으로 대처하고 있지 못하다.

최근 중국의 급격한 산업화로 인해 환경오염물질이 황해로 배출되어 서해안의 해양환경을 오염시키고 또한 중국에서 발생한 황사가 우리나라 영역까지 날아와 많은 피해를 야기하고 있다. 그렇다면 이러한 환경오염피해에 대하여 한국정부는 중국정부를 상대로 적절한 대책을 세워줄 것을 요구하거나 법적 책임, 즉 손해배상을 청구할 수 있는 국제법상 권리가 있는가? 모든 국가는 자국의 관할권 내에서 또는 통제 아래에서의 활동이 국경을 넘어 다른 국가의 환경에 피해를 야기한 경우 이에 대하여 국가책임을 부담하여야 한다. 국가가 자국의 영역 및 관할권 내에서 또는 통제 아래에서 이루어진 활동으로 인하여 다른 국가에 환경손해를 야기한 경우 이에 대하여 당해국가에게 법적 책임을 이행하도록 하여 피해를 구제하는 공식은 국제법의 존재가치일 뿐만 아니라 법의 기본원칙이라는 관점에서도 존중되어야 할 것이다.

이 책의 주요한 내용도 환경적으로 위험한 활동으로부터 발생하는 환경오염피해에 대하여 국가책임을 부과함으로써 지구환경오염을 효과적으로 규제할 수 있는 국제환경책임론을 모색하는 것이다. 국경을 넘는 환경오염에 대하여 국제법상 국가책임을 적용하여 환경오염 원인국에게 책임을 부과함으로써 국제적인 환경오염문제에 대응하는 방법을 탐색해 보는 것이다. 따라서 이 책은 기본적으로 국제법상 국가책임이론에 따라 국경을 넘는 환경오염에 대한 국가책임론을 분석하고, 이와 관련한 여러 가지 법적 문제들을 다루었다.

인류문명의 큰 맥락에서 볼 때 환경오염문제는 인류가 대처해야 할 가장 시급하고 근본적인 문제이다. 환경문제는 한 국가의 문제만이 아니라 지구공동관심사(global common concerns)이다. 그런데 우리가 경험하고 또한 알고 있는 바와 같이 환경문제해결은 그렇게 간단치 않다. 그렇지만 우리의 미래를 위해 지구환경문제해결에 모두 나서야 한다. 얼마나 많은 재앙을 겪어야 행동에 나설 것인가? 미래의 지구를 위해 더 큰 재앙이 오기 전에 환경을 위한 실천에 나서야 한다. 환경문제에 관한 한 대부분의 국가의 태도는 양면성을 보인다. 예방보다는 사후 대처에 급급해 한다. 예방보다는 외양간 고치기 작업을 통해 문제해결을 하려는 태도는 옳지 않다. 1온스의 예방이 1파운드의 사후대처보다 효과적이다.

지구환경문제를 해결하기 위해서는 먼저 인간중심주의에서 자연중심적 세계관으로의 인식전환이 필요하다. 인간은 자연의 주인이 아니라 일부에 불과함을 깨닫고 미래세대에게 쾌적한 지구를 남겨주어야 한다. 우리가 사랑하는 아이들의 미래를 위해 지구환경을 쾌적하게 유지해야 한다. 환경을 생각하지 않는다면 이는 다음 세대에 대한 테러리스트나 다름없다. 지구환경문제를 해결하기 위해서는 이러한 인식 전환과 함께 환경보호를 위한 행동에 적극적으로 나서야 한다. 또한 연구활동도 매우 중요하다. 이 경우에 경계해야 할 것은 단기적인 경제적 이해관계로 인한 환경에 대한 연구이다. 환경은 더욱 파괴되고 있는데 환경관련 문제를 연구하는 학자들의 배만 불러온다면 이는 비극이다.

여러모로 부족함에도 이 책을 발간할 수 있었던 것은 국제법을 연구하시는 분들과 환경문제해결에 헌신하는 분들의 비전에 동참하고자 하는 소망이 있었기 때문이다. 이분들께 감사드리며 특별히 국제법 공부에 가르침을 주시고 격려해 주시는 연세대 김대순 교수님께 진심으로 감사드린다. 또한 이 책은 저자의 박사학위논문인 "국경을 넘는 환경오염에 대한 국가책임"을 토대로 작성되었으며, 앞으로도 이 분야에 대한 연구를 지속적으로 수행해 나갈 계획이다. 이 책을 쓰는 데 지혜를 주신 하나님께 감사하며, 항상 부족함에도 믿어 주고 기도해 주는 아내와 내 인생의 축복인 두 아들 무섭, 지섭에게도 감사한 마음뿐이다.

2007년 2월

박병도

차 례

제 1 장 환경문제에 대한 국제법적 접근

제 2 장 환경오염에 대한 국가의 국제책임

제 3 장 지구환경보호와 강행법규: 환경오염은 강행법규위반인가?

제 4 장 국제관습법상 환경오염에 대한 국가책임

제 5 장 조약상 환경오염에 대한 국가책임

제 6 장 환경오염피해에 대한 국가책임이행의 한계

제 7 장 지구공유공간의 환경오염에 대한 제3국에 의한 구제

제 8 장 환경오염에 대한 국가책임체제의 개선방안

제 9 장 환경오염예방을 위한 절차적 의무

제 10 장 국제환경협약의 실효성을 위한 비당사국에 대한 무역규제

제 11 장 국제환경책임을 지원하는 제도의 강화

제 1 장

환경문제에 대한 국제법적 접근

1. 환경문제의 전지구성과 국제환경법의 등장
2. 지구환경보호와 국제법
3. 국제환경법상 국가책임

제 1 장 환경문제에 대한 국제법적 접근

1. 환경문제의 전지구성과 국제환경법의 등장

'오염은 국가관할권의 경계를 고려하지 않는다'(Pollution respects no jurisdictional boundaries) 또는 '오염은 경계를 모른다'(Pollution knows no boundaries)라는 말에서 알 수 있듯이, 공기와 물은 위험한 물질을 한 나라에서 다른 나라로 운반한다. 특히 오염된 공기의 자연적 이동은 한 국가 영역 내에 국한되지 않고 지리적으로 인접해 있는 국가뿐만 아니라 심지어 상당히 먼 거리에 있는 국가에까지 피해를 준다는 사실이 과학적 조사에 의해서 밝혀지고 있다.[1] 이러한 '국경을 넘는 환경오염'(transboundary pollution)[2][3]은 한 나

---

1) 최근 미국의 기상관측소에 따르면, "2006년 4월 초 중국 북부 지역에서 발달한 시꺼먼 구름이 서울을 강타하고 동진을 계속해 태평양을 건너 미국 서부해안까지 진출했다"라고 한다. 중국의 급속한 산업화가 전지구적 환경보호에 심각한 암초로 등장한 가운데 급기야 미국의 본토에까지 영향을 미치기 시작한 것이다(박신홍 · 조만근, "중국발 '검은 구름', 지구촌 환경비상경계령," 중앙일보, 2006년 6월 12일, 12면).

2) transboundary or transfrontier or transnational pollution은 어떤 국가에서 유발된 오염원(pollutants)이 공유자연자원(shared natural resource)을 통하여 그 국경을 넘어 이동되어 다른 국가에 영향을 주는 것을 말한다(Stephen C. McCaffrey, "Pollution of Shared Natural Resource," *Proceeding of ASIL*, Vol. 71, 1977, p. 56; Allen L. Springer, *The International Law of Pollution*(London: Quorum Books, 1983), p. 13).

3) transboundary or transfrontier or transnational pollution을 번역할 때 국내의 국제법학자들간에 그 표현이 통일되어 있지 않다. 노명준 교수는 '월경오염'(『신국제환경법』(서울: 법문사, 2003), 163, 165, 184면), 홍성화 교수도 '월경오염'("환경의 국제적 보호," 『전환기의 국제관계법』(동석김찬규박사화갑기

라 안에서 유발하여 다른 나라의 환경에 해를 끼치는 단일 사건으로부터 발생하거나[4] 또는 다른 나라의 환경에 해로운 영향을 미치는 물질의 계속적인 방출로부터 발생할 수 있다.[5] 과학기술의 발달과 급격한 산업화, 대량생산 및 대량소비 그리고 과도한 에너지 소비 등으로 대형 환경오염사고가 빈번하게 발생하고 환경상태는 날로 악화되고 있으며, 우주물체의 발사, 원자력의 이용, 활발하게 진행되고 있는 다양한 해양이용 및 개발 등으로 환경위해가 발생할 가능성이 매우 높은 현실에 직면한 국제사회는 국제적인 환경보호의 긴박한 필요성을 깨닫게 되었고, 개별국가의 노력만으로는 이러한

념논문집)(서울: 법문사, 1992), 475-492면)이라 하고, 또한 이병조·이중범 교수도 '월경오염'(『국제법신강』(제8개정판)(서울: 일조각, 2000), 682-734면), 이재곤 교수는 '초국가적 환경오염'("국제법에 있어서 환경권," 『현대사회와 법의 발달』(균제양승두교수화갑기념논문집(Ⅱ)(서울: 홍문사, 1994), 289면), 최승환 교수는 '초국경적 환경오염'("초국경적 환경오염피해에 대한 방지의무," 『서울국제법연구』 제2권 제2호, 1995, 172면) 등 다양하게 번역하고 있다. 그런데 '월경'은 일본학자들이 만들어낸 용어로 한글로 표현했을 때 어감이 좋지 않고, trans-를 '초'(超)로 번역하는 것이 단어조합에 자연스럽고 의미 전달에 적합하다는 이유로 대부분 이렇게 표현하는 관행이 있으나 적절한 표현이라고 생각하지 않는다. 김대순 교수는 '국경간 손해'(transboundary harm)(『국제법론』(제11판)(서울: 삼영사, 2006), 543-553면), 박기갑 교수는 '국경을 넘는 오염'("국제법상의 국가간 대기오염방지와 그 규제동향," 『국제법평론』 창간호, 1993, 40-80면), 성재호 교수도 '국경을 넘는 오염'("인접국 오염원에 의한 환경피해의 국제법적 구제," 『국제법학회논총』 제46권 제2호, 2001, 97-111면) 그리고 장신 교수도 '국경을 넘는 오염'("국경을 넘는 오염에 관한 국제법상의 방지의무," 『국제법학회논총』 제42권 제1호, 1997, 181-187면)이라고 표현하고 있다.

4) 예를 들면, 1984년 인도 Bhopal에 있는 Union Carbide회사의 자회사 공장에서 가스(methylisocyanate gas)가 새어나와 2천여 명이 사망하고, 20만여 명이 심각한 신체적 손상을 입은 사고, 1986년 4월 구소련의 우크라이나 체르노빌 원자로 폭발사고(이 사고로 방사능 물질이 미국까지 흘러들어 갔다), 같은 해 11월 스위스의 산도즈(Sandoz)화재사고(이 사고에서 화염을 잡기 위해 소방호스를 사용하였는데, 그 결과 30톤의 화학물질이 라인강 근처로 유입되어 부근 여러 국가에 심각한 환경문제를 불러일으켰다) 등이 이러한 경우에 해당하는 대표적인 환경오염사고이다.

5) 예를 들면, 기후변화, 지구온난화, 산성비와 오존층 파괴 그리고 중국에서 불어오는 황사 등이 이러한 경우에 해당한다.

환경재난으로부터 자유로울 수 없다는 인식 아래에 환경(environment)을 지구공동관심사(global common concerns)로 취급하게 되었다.[6)]

이와 같이 오늘날 국제공동체는 환경문제는 한 국가의 문제만이 아니고 국경을 맞대고 있거나 인접해 있는 여러 국가의 지역적 문제(local problem)이기도 하고 더 나아가 전지구적인 문제(global problem)라는 공감대를 폭넓게 형성하고 있다. 즉 한 국가의 영토 또는 관할권 내에서 발생한 환경오염행위는 그 국가뿐만 아니라 인접한 많은 국가에게 환경적 영향을 미치게 되어 이에 대한 문제가 한 나라의 국내문제로 그치는 것이 아니라 국제적 차원의 주요한 문제라는 데 인식을 같이하고 있다. 국경을 넘는 환경오염문제는 단일한 원인국과 단일한 피해국 양자간의 문제에 그치는 것이 아니라 대부분은 전지구적인 문제이다. 환경문제가 이제는 한 나라의 국내문제로 취급될 사항이 아니라는 국제공동체의 인식은 보편화되고 있다. 즉 지구환경보호는 한 국가 또는 몇몇 국가의 노력만으로는 해결하기 어렵고 국제공동체 모든 구성원의 협력이 필요하다. 예를 들면, 오존층의 파괴, 화석연료사용의 증가로 인한 지구온난화, 생물다양성의 감소, 산성비, 산림파괴 및 사막화 등의 환경손상은 어느 한 국가의 노력만으로는 해결할 수 없는 전지구적인 문제이다.[7)] 환경오염은 국경이 없으므로 지구환경을 보호하려면 국제공동체를 구성하고 있는 모든 국가의 협력이 절대적으로 필요하다. 이에 따라 환경문제에 대한 법적 접근방법에서도 한 국가 내에서가 아닌 국제적 차원에서 협력과 규제의 규범화가 요구되고 있고, 이는 국제환경법(International Environmental Law)이라는 새로운 학문

---

6) Patrica W. Birnie & Alan E. Boyle, *International Law and the Environment*, 2nd ed.(Oxford: Clarendon Press, 2002), pp. 97-98.

7) Editors of The Harvard Law Review, *Trends of International Environmental Law*, 1992, pp. 9-10.

체계로 마련되어 가고 있다.[8] 그리고 국경을 넘는 환경오염문제는 이러한 국제환경법의 기본적인 문제이며 국제환경법의 발전을 촉진시키는 문제이다.[9] 그러나 환경보호를 목적으로 하는 국제환경법은 아직 발전단계에 있는, 형성 중인 법인 까닭에 국경을 넘는 환경오염에 대한 국가책임문제를 비롯한 복잡한 환경문제에 실효적으로 대처하지 못하고 있다. 그래서 심지어 오늘날 까지 국경선부근에 핵시설을 건설하고 있고, 토양과 지하수에 심각한 해를 끼치는 위험폐기물처리장소를 국경선 근처에 위치하는 강이나 해안에 정하여 유독폐기물과 피해를 주는 물질을 저장하고 있으며, 핵폐기물 등 위험물질의 국가간 이동도 주변국가들의 반대에도 불구하고 여전히 진행되고 있는 실정이다.

2. 지구환경보호와 국제법

1) 지구환경문제에 대한 국제법적 대응

지구환경을 보호하기 위한 국제적인 대응은 다양한 메커니즘으로 이루어져야 하고 특히 학제적 연구가 요구되는 사안이지만, 국

---

8) 국제환경법은 자연환경에 영향을 미치는 다양한 현상에 관한 과학자들의 연구결과를 고려하여 이러한 국경을 넘는 또는 전지구적인 환경오염을 규제하여 오늘날 국제공동체의 주요 목표로 부각되고 있는 '생태안보'(ecological security)를 위한, 즉 환경오염으로부터 지구를 구하기 위한 새로운 국제법의 분야이다(O. Schachter, "The Emergence of International Environmental Law," *Journal of International Affairs*, Vol. 44, Winter 1991, pp. 458-459); 그리고 논란이 없는 것은 아니지만 대체로 국제환경법이란 환경문제와 관련한 공법 및 사법을 포함한 국제법의 총체를 말한다(Patrica W. Birnie & Alan E. Boyle, *supra* note 6, pp. 1-3.

9) E.D. Weiss & S.C. McCaffrey & P.C. Szasz & R.E. Lutz, *International Environmental Law and Policy*(Aspen Law, 1998), p. 557.

제법분야에서 환경보호를 위한 규범적 노력은 크게 두 가지 차원에서 이루어지고 있다. 한편으로는 지구환경보호를 위해 각국에게 환경보호 및 보존과 관련한 의무를 부과하는 실체적 규범을 제정하는 노력이 이루어지고 있다. 이러한 노력의 결과로 현재 많은 다자간국제환경협약이 분야별로 체결되어 있다. 그리고 다른 한편으로는 국경을 넘는 환경오염행위에 대하여 국가의 국제책임(international responsibility)을 부과하기 위한 노력이 이루어지고 있다. 특히 한 국가의 영토 또는 관할권 내에서 유래하여 다른 국가의 영토 또는 관할권 아래 있는 영역에 환경적 악영향을 미치는 경우 오염원인국에게 국제책임을 부과하여 행위국의 오염행위를 규제할 수 있는 방안에 관심을 보이고 있다. 이 책의 주요한 내용도 환경적으로 위험한 활동으로부터 발생하는 환경오염피해에 대하여 국가책임을 부과함으로써 지구환경오염을 효과적으로 규제할 수 있는 국제환경책임론을 모색하는 것이다. 국제적인 환경오염에 대하여 국제법상 국가책임제도를 적용하여 환경오염 원인국에게 책임을 부과함으로써 국제적인 환경오염문제에 대응하는 방법을 찾아가는 것이 이 책의 주요한 방향이다. 따라서 이 책은 기본적으로 국제법상 국경을 넘는 환경오염에 대한 국제책임의 문제를 다룬다. 다시 말해서 국제법의 가장 기본적인 주체인 국가의 영토 내에서 또는 그의 관할권이나 통제 아래에서의 활동이 국경을 넘어 다른 국가의 환경에 해로운 영향을 미치는 경우에 제기되는 국제법상 국가책임문제가 이 책의 주요한 내용이다.

2) 지구환경보호와 국제법의 역할

국제공동체의 구성원인 국가의 행위가 환경에 건전한 영향을 주도록 기준을 세우고, 또한 국가의 행위가 환경오염을 일으키지 않도록 의무를 설정하며, 위법행위로 인한 피해자의 구제방법을 모색하는 것은 국제법이 수행하여야 할 임무이다. 그리고 국제공동체가 소망하는 쾌적한 지구환경을 가꾸는 데 기여할 수 있는 법적·제도적 장치를 설정하는 것은 국제법의 과제이기도 하다. 먼저 국제법의 역할은 환경보호 및 보존에 필요한 법규와 기준을 설정함에 있어서 협상의 메커니즘과 절차를 제공한다. 또한 환경분쟁해결제도를 확립하고, 환경관련 조약과 국제관습법의 이행 및 준수를 감독하기 위한 메커니즘과 절차를 제공한다.[10] 따라서 국제법은 환경보호 및 보존을 위한 법규와 환경기준을 설정하고, 환경위해를 예방 또는 줄이기 위한 규제의 역할을 수행해야 할 뿐만 아니라 환경오염으로 인한 분쟁해결절차를 마련하고 환경오염에 대한 피해구제를 위한 역할을 제대로 수행하여야 한다.

3. 국제환경법상 국가책임

1) 국가책임과 관련한 국제환경법의 현상황

최근 중국의 급격한 산업화로 인해 환경오염물질이 황해로 배출되어 서해안의 해양환경을 오염시키고 또한 중국에서 발생한 황사가 우리나라 영역까지 날아와 많은 피해를 야기하고 있다. 그렇다면 이러한 환경오염피해에 대하여 한국정부는 중국정부를 상대로 적절한 대책을 세워줄 것을 요구하거나 법적 책임, 즉 손해배상을 청구할 수 있는 국제법상 권리가 있는가? 국경을 넘는 환경오염에 대한 국가의 국제책임(이하 국가책임이라 함)문제는 국제환경법에

10) Patrica W. Birnie & Alan E. Boyle, *supra* note 6, p. 7.

서 핵심적 개념이다.[11] 모든 국가는 국제의무를 위반한 경우에 그에 따른 국제법상 국가책임을 진다. 이것은 국제법의 기본원칙이다. 국제법의 다른 분야에서와 마찬가지로 환경분야에서도 국가책임은 국가들의 국제의무준수를 강제하는 중요한 역할을 한다. 환경오염 행위국에게 책임부담이라는 심리적·규범적 강제를 부과함으로써 지구환경보호라는 국제공동체의 공동이익을 실현하고 국제법의 규범력을 강화할 수 있다. 환경오염 행위국에게 국가책임을 묻는 것은 국가들에게 환경보전과 관련한 실체적인 국제의무의 준수를 강제하는 역할을 하게 된다. 따라서 모든 국가는 자국의 관할권 내에서 또는 통제 아래에서의 활동이 국경을 넘어 다른 국가의 환경에 피해를 야기한 경우에 이에 대하여 국가책임을 부담하여야 한다. 다시 말해서 모든 국가는 환경손해를 야기하지 않을 의무(obligation not to cause environmental harm)가 있고, 이를 위반하는 경우에 국가책임을 부담하는 것은 국제법상 기본원칙이다. 국가가 자국의 영역 및 관할권 내에서 또는 통제 아래에서 이루어진 활동으로 인하여 다른 국가에 환경손해를 야기한 경우에 이에 대하여 당해 국가에게 법적 책임을 이행하도록 하여 피해를 구제하는 공식은 국제법의 존재가치 일뿐만 아니라 법의 기본원칙이라는

---

11) 환경오염에 대한 개념도 복잡하게 논란이 되며 다양하게 나타나고 있으나 많은 국제환경협약은 환경오염이라는 개념을 생물자원에 해를 주는 유독한 영향, 인간의 건강에 대한 위해, 어로작업을 포함한 해상활동을 방해하는 행위, 해양의 수질손상과 쾌적성의 감소 등을 말한다고 정의하고 있다(Allen L. Springer, *supra* note 2, pp. 64-65). 환경오염의 개념으로 가장 영향을 주고 있는 것은 1977년 OECD가 채택한 권고안에서 내린 오염의 정의이다. 즉 오염이란 "인간에 의해 직접적으로 또는 간접적으로 인간건강을 위협하고, 생물자원과 생태계에 위해를 주며, 환경의 적법한 이용과 쾌적함을 해치거나 방해하는 물질 또는 에너지를 유입시키는 행위"라고 정의하고 있다(Recommendation of the Council of OECD on Principles concerning Transfrontier Pollution, C974)/224, Annex Title A, in *Legal Aspects of Transfrontier Pollution*, 1977, p. 13).

관점에서도 존중되어야 할 것이다.

그런데 주목하여 살펴볼 점은 지금까지 많은 국제환경협약이 체결되었음에도 국경을 넘는 환경오염에 대한 국가책임에 관한 규정을 명문으로 두고 있는 조약은 별로 없다. 1972년 UN인간환경회의(UNCHE)에서도 국가책임의 중요성을 인정하였으나 그것을 일반적인 책임규정으로 명문화하지는 못했다. 당시 채택된 인간환경에 관한 스톡홀름선언(Stockholm Declaration on the Human Environment)(이하 스톡홀름선언이라 함)은 원칙22에서 "각국은 자국의 관할권 내에서 또는 통제 아래에서의 활동이 자국의 관할권 밖에 있는 지역에 야기한 환경오염, 그 외 환경상의 피해자에 대한 책임 및 보상에 관한 국제법을 더욱 발전시키는 데 협력해야 한다"라고만 규정하고 있다. 또한 1992년 UN환경개발회의(UNCED)에서 채택된 환경과 개발에 관한 리우선언(Rio Declaration on Environment and Development)(이하 리우선언이라 함)에도 원칙10에서 "피해의 구제와 배상 등 사법(司法) 및 행정절차에 효과적으로 접근할 수 있어야 한다"라고만 규정되어 있을 뿐이다.

이와 같은 상황에서 환경오염에 대한 국가책임과 관련한 국제환경법의 현재 상황을 설명해 주고 있는 대표적인 국제 문서는 다음 두 가지라고 볼 수 있다.

첫 번째 문서는 장래에 국제공동체에서 조약을 통하여 채택해야 할 규칙과 같은 일종의 청사진 유형이다. 이러한 유형에 해당하는 대표적인 것은 1986년 6월 WCED 환경법전문가그룹(Experts Group on Environmental Law of WCED)에 의해 심도 있게 행해진 연구를 기초로 채택된 '환경보호와 지속가능한 개발을 위한 법원칙'[12)]인데,

12) Expert Group on Environmental Law of the World Commission on Environment and Development, *Environmental Protection and Sustainable Development: Legal Principles and Recommendation*(London: Graham & Tortman, 1987), p. 127.

제21조에서 다음과 같이 규정하고 있다.

1. 국가는 자연자원의 이용 또는 환경적 불법방해(environmental interference)의 방지 또는 감소와 관련하여 국제의무를 위반한 경우에 국제법상 책임이 있다.
2. 특히, 국가는
   a) 국제위법행위를 중단해야 하고,
   b) 가능한 한 국제위법행위가 발생하기 이전의 상태를 회복하고,
   c) 국제위법행위로 인한 피해에 대하여 배상을 제공하여야 하고,
   d) 국제위법행위에 대하여 적절한 장소에서 배상이행을 하여야 한다.

두 번째 문서는 법적 구속력이 있는 조약으로 발효 중인 UN해양법협약이다.[13] 이 협약이 해양환경과 관련이 있을 뿐 국경을 넘는 환경손해에 대하여는 직접적으로 관련이 없다고 하더라도, 관련 규정은 환경오염에 대한 국가책임과 관련한 국제법원칙의 현재 상황을 잘 반영하고 있다고 생각한다. 즉 해양법협약은 제194조 2항에서 "각국은 그 관할권 또는 통제 아래에 있는 활동이 다른 국가나 자국의 환경에 대하여 오염으로 인한 손해를 주지 아니하게 수행되도록 보장하고, 또한 자국의 관할권 또는 통제 아래에서의 사고 또는 활동으로부터 발생하는 오염이 이 협약에 따라 자국이 주권적 권리를 행사하는 지역 외측으로 확산되지 않도록 필요한 모든 조치를 취하여야 한다"라고 규정하여 환경오염방지의무를 밝히고 있다.[14] 그리고 이 협약 제235조는 '책임'(responsibility and

13) UN해양법협약은 60번째 비준서 또는 가입서가 기탁된 날로부터 12개월 후에 발효되도록 하고 있었는데, 1982년 협약이 채택되고 12년이 지난 1994년 11월 16일에 발효하였다.

14) 이 조항은 환경오염방지의무의 범위를 연안국 주변 해역으로 제한하지 않고

liability)이라는 제목을 두고 다음과 같이 규정하고 있다.

> 1. 각국은 해양환경의 보호 및 보존에 관한 국제의무를 이행할 책임이 있다. 각국은 국제법에 따라 책임을 부담하여야 한다.
> 2. 각국은 그들의 관할권 아래에 있는 자연인 또는 법인에 의한 해양환경오염으로 인한 손해에 관하여 그들의 법제도에 따라 신속하고 적절한 배상(prompt and adequate compensation) 또는 다른 구제를 위한 상환청구(recourse)가 가능하도록 보장하여야 한다.
> 3. 각국은 해양환경오염으로 인한 모든 손해에 관하여 신속하고 적절한 배상을 보장할 목적으로 손해의 평가 및 보상과 분쟁해결을 위한 책임(responsibility and liability)에 관한 현행 국제법의 시행 및 국제법의 발전에 협력하여야 하고 적절한 경우에는 강제보험(compulsory insurance) 또는 배상기금(compensation funds) 같은 적절한 보상을 지급하기 위한 기준 및 절차의 발전에도 협력하여야 한다.

위의 두 가지 문서의 규정은 환경오염에 대한 국가책임과 관련한 국제환경법의 현상황을 잘 보여주고 있다. 첫 번째 문서는 ① 국경을 넘는 환경손해가 발생한 경우 국제법은 무엇을 해야 하는가? 그리고 ② 국가책임의 일반원칙은 실제적으로 국제법의 새로운 분야가 되고 있는 국제환경법 분야에서 어떻게 발전되고 적용되어야 하는가?를 보여주고 있다. 두 번째 문서인 UN해양법협약은 실정국제법으로서 ① 각국은 국제의무의 이행에 책임이 있고, ② 각국에게 당면한 과제는 환경오염에 의해 야기된 손해를 입은 자에게, 필요하다면 '보험이나 배상기금'(insurance or compensation funds)에 의해

공해, 심해저 및 우주공간 등을 포함하는 광범위한 지역으로 확대하였다는 점에서 주목할 만하다(Malcolm N. Shaw, *International Law*, 4th ed.(Cambridge Univ. Press, 1997), pp. 591-592).

'신속하고 적절한 배상'(prompt and adequate compensation)이 이루어지도록 보장할 것을 명확히 하고 있다. 특히 해양법협약 제235조는 환경손해에 대한 국가책임과 관련한 국제법원칙의 현상황을 가장 명백하게 반영하고 있다고 생각한다.

2) 환경오염에 대한 국가책임의 기능

모든 법질서의 바탕은 책임이다. 행위자에게 법질서의 일탈에 대하여 책임을 부담하게 하는 것은 그 법의 입법목적을 효율적으로 이행하기 위한 필수 불가결한 요소라고 할 수 있다. 역사적으로 책임이라는 관념은 인류에 의해 항상 기본적으로 간주되었던 권리와 의무의 기원으로 거슬러 올라간다. 이는 위법행위로 인한 피해에 대하여 배상이 이루어져야 한다는 확신이다. 즉 이러한 책임 관념은 사람 사이든, 국가간이든 그 자체가 도덕만큼이나 오래되었다.[15] 그럼에도 불구하고 국가책임은 국제법의 분야 중에서 가장 복잡한 것 중의 하나이다.

환경보호를 위한 접근방식 중에서 이미 '발생한 손해'에 대하여 책임을 부여하는 방식은 '사후'구제라는 측면에서 볼 때, 환경의 예방적 보호방법과 환경오염의 완화방법에 비해 그 가치가 과소평가될 수도 있으나 책임제도는 규제체계에서 다음과 같은 기능을 하기 때문에 그 의미는 매우 크다 할 것이다.[16]

첫째, 가장 뚜렷한 기능으로써 책임의 부과는 형평(equity) 또는

---

15) C. Eagleton, *The Responsibility of States in International Law*(New York Univ. Press, 1928), p. 16.

16) O. Schachter, *supra* note 8, p. 481; Rüdiger Wolfrum, "Liability for Environmental Damage: A Means to Enforce Environmental Standards," in K. Wellens(ed.), *International Law: Theory and Practice-Essays in Honour of Eric Suy*(The Hague: Martinus Nijhoff Publishers, 1998), p. 565.

교정적 정의(corrective justice)의 관점에서 손실(loss)을 무고한 희생자로부터 책임 있는 원인제공자에게 전이(轉移)시키는 것이다.

둘째, 책임의 부과는 책임 있는 행위자에게 피해발생의 위험을 예방·완화하도록 유인하는 실용적(pragmatic) 측면을 가지고 있다. 물론 이와 같은 기능은 모든 상황에서 적용되는 것은 아니고 책임 있는 행위자가 그 비용을 부담하려는 의지가 있는 경우에 효과가 있다.

셋째, 가장 중요한 기능이라 할 수 있는 것으로 책임제도는 이행(enforcement)의 수단, 즉 침해된 권리의 구제를 호소하기 위한 실질적 방법을 제공한다.

넷째, 책임의 부과는 예방 및 완화 규칙에 위력을 부여하고 분쟁을 해결하기 위한 기초를 제공한다.

이와 같이 책임이 법체계에서 차지하는 기능이 분명함에도 불구하고, 국제환경법상 피해국가가 환경오염원인국에게 국가책임을 이행토록 하여 침해된 권리를 구제하는 데에는 많은 한계가 있다. 그렇지만 침해된 권리를 구제받을 수 없다면 국제공동체는 법규범을 통해서 공동의 목적을 실현한다는 생각이 헛된 정치적 구호에 그칠 것이며 법치공동체의 건설은 이상에 불과할 것이다. 따라서 국제환경법분야에도 국가책임제도의 실현은 상당한 의미를 지니고 있다.

3) 환경오염에 대한 국가책임의 접근방식

국제적인 환경오염행위를 규제하기 위해서는 복잡하고도 다양한 법적 토대가 필요하지만 현재 국경을 넘는 환경오염에 대한 국가책임의 접근방식을 통한 환경오염 규제와 관련한 법규들은 다음과 같은 세 가지 다른 차원으로 나타나고 있다.

첫째, 국제법상 위법한 행위에 대하여 국가책임을 적용하는 차원

둘째, 국제법상 금지되지 않은 행위로 인한 해로운 결과에 대하

여 국제책임을 적용하는 차원

셋째, 위험한 활동에 대하여 국내사법상의 민사책임에 관한 규칙을 적용하는 차원

이들 세 가지 차원은 이론적 관점에서는 명백히 구별된다. 그러나 새로운 법규의 제정이 신 기술을 이용한 활동과 새롭게 나타나는 위험한 산업활동에 대응하기 위해서 이루어짐을 고려한다면 이들 세 가지 차원이 일정 정도 상호작용하고 중복되는 점을 부인할 수 없다. 물론 국제적인 환경피해에 대하여 국가책임을 효과적으로 실현하기 위해서는 규제방식이 통일되는 것이 바람직하다 할 것이다. 그러나 현실은 위와 같이 세 가지로 나뉘어 기능하고 있다. 이 책에서는 첫 번째 차원의 접근방식을 중심으로 내용을 전개할 것이다.

4) 환경오염에 대한 국가책임의 연원

국경을 넘는 환경오염에 대한 국가책임을 어떻게 명백히 할 것인가라는 문제는 국제법의 연원(淵源), 즉 법원(法源)을 근거로 하여 논의해야 한다. 왜냐하면 국제환경규범은 전통적인 국제법의 법원으로부터 유래하였기 때문이다.[17] 국제환경법의 법원은 관습법의 형태로 존재하는 국제법의 다른 분야에 비해 대부분 조약의 형태로 존재한다.[18] 이는 환경문제는 비교적 최근에 논의되어 법규를

17) A. Kiss & D. Shelton, *International Environmental Law*(New York: Transnational Pub., 1991), pp. 95-113; Patrica W. Birnie & Alan E. Boyle, *supra* note 6, pp. 10-27.

18) 물론 국제환경법의 법원(法源)은 조약과 국제관습법 이외의 형태로도 존재한다. 이는 1989년 ILC에 의해 제안된 목록에 더욱 적절하게 반영되어 있는데, 여기에는 ICJ 규정 제38조 1항에 열거된 법원뿐만 아니라 국제기구의 구속력 있는 결정, 국제재판소 또는 법정(International courts or tribunals)의 판결도 법원으로 거론하고 있다(International Law Commission, Draft Articles on the State Responsibility, Part 2, Art. 5(1), 'Report of the ILC to the United

창출하였기 때문에 관습법보다는 조약의 형식으로 나타나게 된 것이다. 조약은 환경보호와 관련한 국제법적 권리와 의무의 1차적인 법원이다.[19] 국제사법재판소(ICJ)규정 제38조 2항에 의하면, 국제법의 법원은 조약, 국제관습법 그리고 문명국에서 승인된 법의 일반원칙, 판례 및 학설 등이 있다. 비록 법의 일반원칙(general principles of law)의 정확한 내용과 성격에 대해서는 다소 논쟁이 있기는 하지만 법의 일반원칙은 최소한 국제적인 행위로 부터 도출되어 일반적으로 표현된 규범이거나 국가상호간의 관계에서 나타나는 행위에 적용 가능한 규칙으로서 그 국가들의 법적 확신을 반영하는 것이라 할 수 있다. 법의 일반원칙은 조약이나 국제관습법 등에서 어떤 규칙도 존재하지 않는 범위에서 보조적으로 적용된다. 그러나 이러한 원칙은 그것들의 일반적 성격 때문에 법적 구속력에 관해 논쟁의 대상이 되고 있다.[20]

이와 같이 국제환경법의 법원은 다양한 국제환경협약들과 환경과 관련한 국제관습법이다. 따라서 환경과 관련 있는 각종 국제환경협약들에서 환경오염에 대한 국가책임에 관한 규정이 존재하는지 아니면 환경오염에 대한 국가책임에 관한 원칙이 국제관습법에서 발견되는지를 먼저 검토하는 것이 필요하다. 또한 국제환경법의 연성법(soft law)적 성격을 가져다주는 환경관련 국제기구의 결의(resolution)를 검토하는 것도 중요하다.[21] 왜냐하면 이러한 국제기

Nations General Assembly,' UN Doc. A/44/10, 218(1989).

19) Philippe Sands, *Principles of International Environmental Law*, 2nd ed.(Cambridge: Cambridge University Press, 2003), p. 126.

20) 법의 일반원칙의 법원성(法源性)에 관하여 인정설과 부정설이 팽팽하게 대립하고 있다. 법의 일반원칙의 법원성을 부인하는 것이 통설이다(Robert Jennings & Arthur Watts(eds.), *Oppenheim's International Law*, 9th ed.(Harlow, Longman, 1992), p. 40; 김찬규·이영준, 『국제법개설』(서울: 법문사, 1994); 이병조·이중범, 앞의 책(주 3), 121-122면; 산본초이, 『국제법』(동경: 유비각, 1999), 57-58면).

21) O. Schachter, *supra* note 8, pp. 462-463; soft law에 대한 내용은 P.W. Birnie &

구의 결의는 국제법상 구속력은 없지만 국제환경법의 입법과정에 크게 기여하고 국제관습법의 형성을 용이하게 하기 때문이다.[22] 각국의 정치·경제·문화적 수준이 다른데도 처음부터 강제력이 강한 조약을 체결한다면 많은 국가가 반발하여 당사국이 되는 것을 꺼리게 될 것이다. 따라서 국제사회에서 국제조약의 일반적 형성과정을 보면 비구속적인 결의, 권고(recommendation), 선언(declaration), 행동준칙(conduct code) 등을 통하여 단계적으로 의도된 목적에 도달하기 위한 조약체계를 형성하게 된다. 구속력 있는 조약이 체결되기 전에 나타나는 이와 같은 연성법은 국제환경법의 발달을 선도하는 역할을 하고, 국제공동체에 처음 등장하는 질서를 인식하게 하며, 법의 유연성을 증대시킴으로써 국제법의 영역을 확대하여 나가는 데 큰 역할을 하고 있다.[23] 따라서 국제환경법의 법원을 검토할 때 소홀히 다룰 수 없는 대상이다. 이 책에서도 각종 국제기구들의 환경관련 결의를 소개할 것이다.

5) 환경오염에 대한 국가책임의 법전화 작업

국제법이 발전하기 위해서는 각국의 다양한 이익에 부합하는 실체법규가 요구된다. 그러한 법규가 각국의 이익보다 강할 경우 국제법은 그 자체가 기대하는 목적으로부터 유리되고 유토피아적인 것이 될 가능성이 높다. 이런 측면은 국제법상 국가책임제도의 발전에서도 마찬가지이다. 국가책임제도의 생명력은 국제법 준수를 강제하면서도 비실용적인 이상주의를 피할 수 있는 제도로 발전시

A.E. Boyle, *supra* note 6, pp. 24-27; 김석현, "국제법에 있어서 Soft Law," 『국제법평론』 통권 제8호, 1997-Ⅰ, 21-42면 참조.

22) A. Kiss, & D. Shelton, *supra* note 17, pp. 108-110.

23) G. Handl, "Environmental Security and Global Change: The Challenge to International Law," *Yearbook of International Environmental Law*, Vol. 1, 1990, pp. 7-8.

킬 때 가능하다고 볼 수 있다. 국제법의 발전에도 많은 걸림돌이 존재하며 국가책임문제도 만만치 않은 논란이 존재한다. 이러한 문제는 국제법전문가들의 법전화 노력 속에서도 피할 수 없는 장애물이 되고 있다. 각국을 구속할 수 있는 명확하고 실체적인 법규가 존재하여야만 실효성 있는 법제도가 나타날 수 있다. 그러나 실체법규의 명확성 요구와 국제적 승인 사이의 조정의 어려움은 일반적인 차원에서 국제법의 법전화뿐만 아니라 일반적인 국가책임제도와 국제관습법상의 환경오염에 대한 책임원칙을 조약으로 법전화하는 것을 방해하고 있다. 이러한 법전화과정에서 나타나는 장애물은 다음과 같다.

첫째, 모든 국가의 이익에 조화를 꾀하다 보니 규정 자체가 느슨한 내용이 되어 실질적 효과를 반감시킨다. 실제로 현재 2개국 이상이 참가하고 있는 국제환경협약은 수백 개에 이르고 있으나, 구체적이고 강제적인 규제조치를 규정하고 있는 조약은 소수이고, 대부분은 느슨하고 추상적인 방침규정만을 두고 있다.

둘째, 환경보호와 개발의 조화문제이다. 환경적으로 건전하고 지속가능한 개발(sustainable development)이념을 어떻게 실체화할 것인가?[24)]

---

24) UN은 개발의 다양한 형태가 환경을 좀먹는다는 사실에도 불구하고 선진국과 개발도상국의 극심한 대립으로 인하여 경제개발문제와 환경문제를 분리하여 취급하였다. 이러한 과정에서 전환의 계기가 된 것은 1987년에 창설된 일명 '브른트란트위원회'(Bruntland Commission)라고 불리는 세계환경개발위원회(World Commission on Environment and Development: WCED)의 '*Our Common Future*'라는 보고서의 출판이었다. WCED보고서는 결론적으로 개발도상국과 선진국 양 진영의 목적을 달성하는 것으로 볼 수 있는 '지속가능한 개발'(Sustainable Development)이라는 새로운 방향의 채택을 강하게 요구하였다. 이 보고서에서 지속가능한 개발이라는 개념을 국제환경법에 도입함으로써 이 용어가 일반적으로 사용되기 시작하였고, 1987년 이후 지속가능한 개발이라는 표현은 유행어가 되었으며 지식의 한 분야로 자리 잡게 되었다. WCED보고서는 지속가능한 개발이라는 개념을 "미래세대가 그들이 필요한 것을 충족시킬 수 있는 능력을 손상하지 않으면서 현세대의 필요를 충

셋째, 환경오염의 주범이 주로 사인(私人)의 행위로 인한 경우가 많기 때문에 국가에 귀속시킬 수 있는 사적 행위의 범위를 확대하고자 하는 경우 전통적 국제법이론과 저촉되지 않게 어떻게 그 법이론을 구성할 것인가?

넷째, 국가의 국제의무위반에서 주의기준으로서 전통적인 과실책임을 배제하고, 무과실책임 또는 엄격책임을 도입하는 문제이다. 현대산업사회에서 '고도로 위험한 활동'(ultra hazardous activity)영역과 관련 있는 조약, 즉 원자력 또는 우주공간의 이용과 관련 있는 조약은 무과실책임을 채택하고 있고 그 범위가 확대되는 추세이기는 하나 과실책임론이 여전히 우세한 이론이다.

이러한 어려운 점에도 불구하고 환경오염에 대한 국가책임의 법전화 노력은 여러 곳에서 이루어졌다. ILC는 일반적인 국가책임을 연구하면서 국제환경법의 발전과 관련 있는 많은 의제들을 취급하였다.[25] 1947년 설치된 UN국제법위원회(International Law Commission: ILC)[26]는 1954년부터 전통적인 국가책임과 관련한 조약문을 작성

족할 수 있는 개발"이라고 정의하고 있다. 또한 지속가능한 개발이라는 개념은 경제적 고려와 환경에 관한 고려가 불가분임을 확인하는 것이고, 이는 향후 국제환경문제를 다룸에 있어서 중심적 개념으로 작용하게 되었다. WCED보고서는 국제공동체가 개발중심의 활동에서 환경과 개발의 조화를 도모하는 방향으로 활동의 중심축이 변화되고 있음을 보여주고 있다. 그리하여 이후에 나타난 다양한 분야의 조약들과 국제문서, 많은 국가의 국내법 및 정책에 지속가능한 개발이 반영되고 있다(WCED, "Report of the World Commission on Environment and Development," *Our Common Future*(New York: Oxford Univ. Press, 1987), pp. 6-86 참조).

25) Allen L. Springer, *supra* note 2, p. 124.

26) ILC는 UN헌장 제13조 1항(a)에 규정한 '국제법의 점진적 발전 및 법전화'를 위해 총회의 산하기관으로 1947년 설립되었다. ILC는 다양한 국적을 가진, 즉 전체로서 세계의 문명의 주요 형태와 주요 법체계를 대표하는 34명의 뛰어난 국제법전문가들로 구성되어 있으며, 국제법의 점진적 발전과 법전화에 노력하고 있다. 그 동안 경제·과학·교육·인권·환경·항공·우주·외교·조약법 등의 여러 분야에서 법전화를 하는데 공헌하였다(Frederic L. Kirgis, *International Organizations in Their Legal Setting*, 2nd ed.(St. Paul, Minn.: West Publishing Co., 1993), p. 13, p. 333).

하기 위해 작업을 진행하여 2001년 말에 이에 관한 잠정초안인 "국제위법행위에 대한 국가책임에 관한 규정초안"(Draft Articles on Responsibility of States for Internationally Wrongful Acts,[27] 이하 국가책임에 관한 규정초안이라 함)을 채택하였다. 또한 후자와 관련한 잠정초안은 1977년에 작업에 착수하여 오랜 검토 끝에 2001년에 채택되었다.[28] 이와 같이 ILC는 국가책임과 관련하여 두 가지 법전화를 준비하고 있다. 그 하나는 '위법행위에 대한 국가책임'이고, 다른 하나는 '해로운 결과에 대한 책임'(적법행위에 대한 국가책임)이다. 전자의 책임은 국제법상 제2차적 법규이고, 후자에서 말하는 책임은 제1차적 법규이다. 이 두 가지를 법리적 고려에 의하여 별도로 취급하고 있지만 이러한 접근방법은 환경사고의 경우에 실제 적용하는 데 적합하지 않다고 비판하는 학자들도 있다.[29]

---

27) Report of the International Law Commission, Fifty-third session(23 April－1 June and 2 July－10 August 2001), General Assembly, Official Records, Supplement No. 10(A/56/10), p. 59. *et seq.*(이하 ILC Report(2001)로 약칭함). available in :http://www.un.org/law/ilc/reports/2001/english/chap4.pdf.(visited July 20, 2006)

28) 1977년 UN총회는 ILC로 하여금 '국제법에 의하여 금지되지 않은 행위로 인한 위험한 결과에 대한 국제책임'(International Liability for Injurious Consequences arising out of Acts not Prohibited by International Law)이란 제목의 문제에 대하여 작업을 하도록 요청하였고, 이에 ILC는 오랫동안 검토한 끝에 2001년 "위험한 활동에서 야기되는 국경을 넘는 손해의 방지(예방)에 관한 규정 초안"(Draft Articles on Prevention of Transboundary Harm From from Hazardous Activities)을 채택하였다. 그런데 2001년 초안은 ILC의 검토 과정에서 애초에 다루었던 주제의 범위가 상당히 축소되어 방지(prevention)문제를 다루고 책임(liability) 문제는 다루지 않았다. Report of the International Law Commission, Fifty-third session(23 April－1 June and 2 July－10 August 2001), General Assembly, Official Records, Supplement No. 10(A/56/10), p. 366. *et seq.*(이하 ILC Report(2001)로 약칭함).

29) I. Brownlie, *System of the Law of Nations: State Responsibility*, Part 1(Oxford: Clarendon Press, 1983), p. 50; Karl Zemanek, "State Responsibility and Liability," in W. Lang & H. Neuhold & K. Zemanek(eds.), *Environment Protection and International Law*(London: Graham & Trotman, 1991), p. 189.

제 2 장

환경오염에 대한 국가의 국제책임

1. 국가책임일반론
2. 국경을 넘는 환경오염에 대한 국가책임
3. 해로운 결과에 대한 국제책임

제 2 장 환경오염에 대한 국가의 국제책임

1. 국가책임일반론

1) 국가책임의 유형

국제법상 국가책임(state responsibility)이란 국제법상 기본원칙으로 국가의 위법행위에 대한 국제법상의 책임을 말한다.[1] 국제법은 그 주체에게 권리와 의무를 부여함으로써 국제사회에서 그 기능을 한다. 특히 국제법의 주체가 이러한 의무를 위반하는 경우에는 일정한 법적 책임이 발생한다. 국제법의 주체가 의무를 위반해도 책임을 지지 않는다면 국제사회의 질서는 유지되기 어려울 것이나. 전통적으로 국제법은 그 오랜 역사 속에서 전통적으로 국가의 국제위법행위에 대하여 국내사법(國內私法)상 불법행위의 법리를 원용하여 국제책임을 인정하였다. 그런데 유엔체제의 등장과 함께

1) C. Eagleton, *The Responsibility of States in International Law*(New York Univ. Press, 1928), p. 22; William W. Bishop, *International Law: Cases and Materials*(New York: Prentice-Hall, Inc., 1953), p. 463; Gerhard von Glahn, *Law among Nations*, 5th ed.(New York: Macmillan Publishing Co. Inc., 1986), p. 227; J.G. Starke, *Introduction to International Law*, 10th ed.(London: Butterworths, 1989), p. 293; *Oppenheim's International Law*, 9th ed.(Harlow, Longman, 1992), pp. 500-501; Malcolm N. Shaw, *International Law*, 4th ed.(Cambridge Univ. Press, 1997), p. 541; Ian Brownlie, *Principles of Public International Law*, 6th ed.(Oxford Univ. Press, 2003), pp. 420-421; 국제법상 국가책임에 관한 자세한 내용은 김석현, 『국제법상 국가책임』(서울: 삼영사, 2007)을 참고하라.

ILC의 국제법 성문화작업과 국제법의 점진적 발전의 결과로 국제위법행위를 국제불법행위(international delict)와 국제범죄(international crime)로 나누어 논의하기에 이르렀다. 그러나 국가의 국제범죄는 비교적 최근에 논의되고 있는 내용으로 국가들 사이에 많은 논란이 제기되고 있는 상태로서, 이에 관한 확립된 국제법규가 없는 상태이다. 그리고 이러한 위법행위에 대한 국가책임과는 별도로, 최근에는 비록 국제법상 적법행위라 할지라도 그로 인하여 발생하는 손해의 결과에 대한 책임, 즉 해로운 결과에 대한 국제책임이 인정되고 있다. 특히 오늘날 고도로 위험한 활동영역에서 국제법상 금지된 행위는 아니지만 그와 같은 활동의 결과로 다른 국가에 손해를 야기한 경우에는 그에 대하여 행위국은 국제의무위반 여부와 관계없이 책임을 져야 하는 경우가 인정되고 있다.

전통적인 국가책임은 국제위법행위로 인하여 발생하는 책임을 말하며, 통상적으로 'state responsibility'라는 용어도 이를 의미하는 것으로 사용되고 있으며, 국제범죄를 포함하지 않는다. 따라서 특별한 언급이 없는 경우에 국가책임이라 함은 좁은 의미로 국제위법행위에 대한 국가의 국제책임을 말한다. 이 책에서도 별도의 언급이 없는 한 이러한 좁은 의미의 국가책임으로 한정하여 용어를 사용한다.

2) 국가책임 기본원칙

(1) 민사책임의 원칙

전통적인 국제법상의 국가책임은 민사책임과 유사하다. 국제법상의 위법행위는 국제불법행위와 국제범죄로 구분할 수 있으나 일반적으로 국내사법상의 불법행위와 유사한 것으로 취급되며, 그 법적 효과도 주로 손해배상책임에 의한다.

(2) 국내법상 민사책임과 차이점

국제법상 불법행위는 국내법상 불법행위에 비하여 다음과 같은 특수한 성질이 있다. 첫째, 국제법상 불법행위는 그 성립과 책임범위에 관한 객관적 판단이 곤란하다. 국제불법행위의 존재여부를 객관적으로 판단할 수 있는 국제재판소가 있기는 하나 그 구성과 기능에 한계가 있기 때문이다. 둘째, 국제법상 불법행위로 인한 책임을 객관적인 입장에서 강제집행할 중앙집권적인 권력기관이 없다. 따라서 국제불법행위의 효과는 국가의 실력에 의해 처리되는 경향이 강하다.

(3) 민사책임과 형사책임의 분화 경향

전통적인 국제법상 국가책임은 국내사법상의 민사책임과 유사하였으나, 국제사회의 발달과 조직화에 따라 제한적인 범위 내에서 민사책임과 형사책임이 분화되어 가고 있다. 즉 오늘날 국가책임은 이와 같은 불법행위에 대한 책임과는 별도로 국제범죄라는 개념을 인정하여 이에 대한 제재의 가능성을 인정하려는 움직임도 뚜렷하게 나타나고 있다.[2] 제1차 세계대전 이후 전쟁에 대한 위법성의 실정법화 경향이 나타났고, 개인의 일정한 범죄, 즉 집단살해, 반인도적 범죄, 전쟁범죄, 침략행위를 국제범죄로 처벌하게 되었다.[3] 그러나

---

2) 김석현, "환경오염에 대한 국가책임," 『국제법평론』 통권 제4호, 1995-Ⅰ, 102면.

3) 전통적인 국제법은 개인의 불법행위에 대한 형사책임을 규정하고 있지 않았다. 국제법률실증주의의 고전적 패러다임에 의하면 오직 국가만이 국제법의 주체이며 개인은 국제법의 객체에 불과하다고 간주한다. 따라서 국가만이 국제법상의 권리를 주장하고 의무를 부담할 수 있으며, 개인은 국제법상 권리

아직도 국가의 국제범죄에 대한 일반적 합의는 이루어지지 않고 있다고 보아야 한다.[4)]

를 주장하고 의무를 부담하지 않는다고 보았다. 그러나 개인의 불법행위에 대한 책임을 묻는 것이 필요하다는 인식이 국제사회에 증대하기 시작하였다. 19세기 후반 이후 개인의 특정한 작위와 부작위에 대해서도 국제법상의 보호법익을 침해하는 것으로 간주하여 국제법상 처벌을 받아야 할 범죄로 보는 경향이 강화되기 시작하여, 제2차 세계대전 이후 국제공동체는 국제평화와 안전을 파괴하거나, 인권 및 인도적 가치를 대규모적이고 중대하게 침해한 개인을 형사처벌하고자 하는 노력이 행해졌다. 그 결과 국제위법행위에 대한 국가책임 및 국가의 국제범죄와는 별도로 개인의 국제형사책임의 인정과 함께 해적행위, 노예매매, 전쟁범죄, 집단살해죄, 인도에 반하는 범죄, 침략범죄 등이 국제법에 의해 '개인의 국제범죄'(international crimes)로 성립하게 되었다. 그리고 2002년 7월 1일 상설기구로 정식 출범한 국제형사재판소(International Criminal Court; ICC)는 개인의 국제범죄에 대하여 관할권을 행사한다.

4) 2001년 국가책임에 관한 규정초안이 채택되기 이전에 논의되었던 잠정초안은 제19조에 국제범죄에 대하여 규정하고 있었다(Yearbook of ILC 1976, Vol. Ⅱ (part 2), pp. 95-122). 즉 국제법상 국제범죄라는 개념은 1980년에 ILC에 의해 채택되고 UN총회 제6위원회에서 전폭적인 지지를 받아 승인된'국가책임에 관한 규정초안'에서 나타났다(ILC 잠정초안에 나타났던 국제위법행위의 두 가지 유형에 관해서는 김대순, 『국제법론』(제6판)(서울: 삼영사, 2001, 367-370면 참조). 잠정초안 제1부는 국가책임의 성립요건을 다루면서 제19조에서 국제위법행위를 국제불법행위(international delict)와 국제범죄(international crime)로 구분하고 있었다. 그 주요한 내용을 보면, 국제범죄란 국제사회의 기본적 이익의 보호에 불가결한 의무위반으로 발생하고 그 의무위반이 국제사회에 의하여 범죄로 인정되는 국제위법행위를 말하며(제19조 2항), 기타 국제행위는 국제위법행위로 규정하고 있다(제19조 4항). 이는 국제위법행위 중에는 통상의 국제불법행위와 국제범죄가 있다는 것이다. 그리고 위의 기본적 이익보호에 불가결한 네 가지 국제의무가 예시되고 당해 의무의 '중대한 위반'을 국제범죄라고 한다(제19조 3항). 여기서 언급한 네 가지 의무는 침략의 금지, 힘에 의한 식민지지배의 확립 또는 유지 금지, 노예제도금지, 집단살해 및 인종차별정책의 금지, 대기나 해양의 대량오염금지 등이다. 이것은 각각 국제평화와 안전의 유지, 민족자결권보호, 인권보호 및 인간환경의 보호와 안전에 있어 필요불가결한 의무라고 볼 수 있다(Yearbook of ILC, 1980, Vol. Ⅱ(part 2), p. 30). 그런데 초안 작업과정 중에 국제위법행위를 국제불법행위와 국제범죄로 구분하려던 ILC의 원래 구상은 많은 국가의 반대로 폐기되었다. 즉 국가의 국제범죄에 대한 합의가 이루어지지 않아 국제범죄에 관한 규정은 삭제되었다. 그러나 그동안 ILC에서 국제범죄에 대해 논의한 것은 국제범죄의 개념 형성에 커다란 영향을 주었다(James Crawford, "Revising the Draft Articles on State Responsibility," *European Journal of International Law*, Vol. 10, 1999, p. 443).

2. 국경을 넘는 환경오염에 대한 국가책임: 불법행위책임

1) 국가책임의 성립요건

국경을 넘는 환경오염이 발생한 경우 어떤 요건 아래에 국가책임이 성립하는가? 이를 전통적인 국가책임이론, 즉 국제위법행위에 대한 국가책임의 성립요건을 바탕으로 검토해 보자. 국가는 자기의 위법한 행위에 대하여 국제법상 책임이 있다. 이는 전통적 국제법에 뿌리를 두고 있다.[5] 과거에는 국가책임이 주로 외국인에 대한 위법한 취급에 제한되어 있었으나 오늘날은 국가책임이 국제법 주체의 모든 국제적 권리침해 결과에 의해 발생한다는 점이 일반적으로 승인되고 있다.[6] 따라서 환경오염문제와 관련하여 한 국가가 자국의 관할권 내에서 또는 통제 아래에서의 행위로 환경을 오염시켜 다른 국가에게 피해를 끼쳤을 경우에도 국제법상 국가책임이 성립한다. 여기서 이와 같은 국경을 넘는 환경오염의 경우에 환경피해에 대한 오염원인국의 국가책임 성립요건을 전통적이고 일반적인 국가책임이론에 근거하여 분석해 보자.

일반적으로 국가의 모든 국제위법행위(internationally wrongful acts)는 그 국가의 국제책임(international responsibility)을 발생시킨다.[7] 그리고 국가의 특정행위에 국가책임을 귀착시키기 위한 요건은 당해 행위가 국가에 귀속되어야 하고(주관적 요소), 그 행위가 국제법상 국가의무를 위반한 것이어야 한다(객관적 요소).[8] 이러한 기본적인

5) Karl Zemanek, "State Responsibility and Liability," in W. Lang & H. Neuhold & K. Zemanek(eds.), *Environment Protection and International Law*(London: Graham & Trotman, 1991), p. 191.

6) *Ibid*.

7) 2001년 국가책임에 관한 규정초안 제1조: ILC Report(2001), pp. 63-68.

8) 2001년 국가책임에 관한 규정초안 제2조: ILC Report(2001), pp. 68-74.

이분법(dichotomy)은 일찍이 Dickson Car Wheel Co.사건에서 국가책임의 성질에 관한 멕시코-미국일반청구위원회(Mexico-U.S. General Claims Commission)의 중재판정에서 반영되었다.

> 모든 협약의 내용과 무관하게 국제법상 국가에 책임이 발생하기 위해서는 국제위법행위가 그 국가에 귀속되어야 하고 국제적인 법률상의 기준에 의해 부과된 의무의 위반이 존재하여야 함이 필요하다.[9)]

따라서 환경오염피해국이 국경을 넘는 오염에 대하여 국가책임을 주장하기 위해서는 그 원인되는 행위가 피고국가에 귀속되어야 하고, 그와 같은 피고국가의 행위가 국제의무를 위반하는 것이어야 한다. 책임은 국제의무위반에 따르는 의무국의 법적 지위를 말한다. 사실 국가책임 자체의 조건은 의무의 하나이다. 즉 국가책임은 국제의무위반에 대하여 적절한 개정(amends)을 해야 하는 국가의 의무이다.[10)] 다시 말해서 국가책임은 국가의 국제의무 불이행의 결과와 그에 대한 제재(sanction)를 의미한다.[11)] 현재 국가책임의 성립요건에 대해서 대체로 합의가 되고 있으나 아직도 쟁점이 되는 요소가 있기 때문에 우선 논란의 여지가 적은 요건, 즉 행위의 국가 귀속성과 행위의 국제의무위반에 대해서 분석해 보고, 차례로 논란이 되고 있는 국가책임 성립요건으로서 고의 또는 과실의 존재 여부와 손해의 발생에 대해서 검토해 보자.

---

9) Dickson Car Wheel Co. Case, U.S. v. Mexico, *R. Int'l. Arb. Awards*, Vol. 4, 1931, p. 678.

10) Brian D. Smith, *State Responsibility and Marine Environment*(Oxford: Clarendon Press, 1988), p. 5.

11) *Ibid.*, p. 6.

(1) 환경오염행위의 국가 귀속

어떤 환경오염행위가 국제법상 국가가 책임져야 할 행위인가? 이는 어느 행위자의 행위가 국가의 귀책사유를 발생하는가의 문제이다. 이에 관한 문제를 ILC의 국가책임에 관한 규정초안을 중심으로 분석해 보자. 전통적으로 국가는 국가기관의 행위에 대해서만 책임을 진다고 여겨왔으나,[12] 오늘날은 국가기관뿐만 아니라 실제로 국가기능을 유효하게 행사하는 법인 및 사인(私人)의 행위에 대하여 국가책임을 인정하려는 경향을 보이고 있다.[13][14]

① 국가기관의 환경오염행위

국제법학은 국제의무위반이 국가조직 구성원의 행위, 즉 국가의 기관(organ) 또는 대리인(agent)에 의해 수행되는 행위는 국가에 귀속된다는 점을 확립하고 있다. 즉 정부조직 내에 있는 국가기관은 그 지위의 상하에 관계없이, 즉 헌법상의 기관(constituent), 입법부(legislative), 행정부(executive), 사법부(judicial) 또는 기타 권력에 속하든 국가조직상의 상하위를 불문하고 그 기관 구성원의 행위는 국가에 귀속된다.[15] 종래에는 주로 한 국가가 다른 국가에게 국제법상 책임을 지게 되는 행위가 행위국가의 행정기관에 의해서 이

12) *Oppenheim's International Law*, *supra* note 1, pp. 539-548.

13) 김대순, 『국제법론』(제11판)(서울: 삼영사, 2006), 472-486면; 이병조, "국가책임협약 잠정초안에 관한 연구," 『법학논문집』 제17집(중앙대법학연구소, 1992), 20-21면.

14) 사인(私人)의 행위가 직접 국가책임을 발생시킨다는 것을 인정하고 있는 조약으로는 1967년의 우주공간의 개발 및 이용에 관한 협약 제6조, 1968년 핵무기비확산조약 제1조 및 제2조, 1982년 UN해양법협약 제139조 및 부속서(Ⅲ) 제4조 3항 등을 들 수 있고, UN총회의 1982년 인공위성에 의한 직접TV방송에 관한 결의(37/92) 원칙 8, 1986년 우주공간의 원격탐사활동에 관한 결의(41/65) 원칙 XIV 등도 사인의 행위에 대하여 국가책임이 발생함을 규정하고 있다.

15) 2001년 국가책임에 관한 규정초안 제4조: ILC Report(2001), pp. 84-92.

루어진 것만을 상정하였으나, 오늘날에는 모든 국가기관의 행위에 대하여 국가책임이 성립한다는 원칙이 확립되어 있다. 국제의무를 담고 있는 국제법은 행정부뿐만 아니라 입법부나 사법부에 의해서도 적용될 수 있기 때문이다. 따라서 행정기관의 행위뿐만 아니라 다른 국가기관의 행위에 의해서도 국가책임은 성립한다. 예를 들면, 행정기관이 국경지역에 환경오염을 유발하는 공장 건설을 허가하고 그에 대한 적절한 관리를 하지 않아 인접국가에 환경오염을 야기하였을 경우 국가책임을 면하기 어려울 것이다.[16] 또한 각국은 그들의 입법기관 또는 법원의 행위에 의해서도 국가책임이 성립한다. 이것은 국제관행과 국제판례[17]에 의해서도 지지되고 있다. 그리고 국가는 지위의 높고 낮음에 관계없이 자국의 모든 공무원의 행위에 대해 책임을 진다.[18]

---

16) 이와 같은 행정기관에 의한 허가를 국내법에 의한 정당한 행정행위, 즉 정당한 주권의 행사라고 하여 면책을 주장할 수 있으나, 옳지 않다고 본다. 그 이유는 첫째, ILC의 국가책임에 관한 규정초안 제3조를 보면 "국가의 행위는 국제법에 따라서만 국제법위반 여부를 결정할 수 있다. 이러한 결정은 동일한 행위가 국내법상 적법하다고 결정되더라도 영향을 받지 않는다"라고 규정하여 국가의 행위는 설령 그것이 국내법에 위배되지 않을 뿐만 아니라 심지어 법적으로 국가가 그 행위를 해야 할 의무가 있더라도 그것이 국제법 위반인 경우에 국제위법행위를 구성한다는 점을 밝히고 있다. 다시 말해서 이는 국가의 행위가 국내법상 적법하다고 하여 당해행위가 국제위법행위가 아니라고 주장할 수 없다는 점을 밝히고 있는 것이다. 둘째, 이와 같은 논거는 1932년 상설국제사법재판소(PCIJ)의 '단치히거주 폴란드국민의 취급에 관한 권고적 의견'(Treatment of Polish Nationals in Danzig Territory, Advisory Opinion, Poland v. City of Danzig, 1932, PCIJ Ser. A/B, No. 44, p. 24)과 국제사법재판소(ICJ)의 1949년 'UN근무 중 입은 손해배상에 관한 권고적 의견'(Reparation for Injuries Suffered in the Service of the UN, Advisory Opinion, ICJ Reports(1949), pp. 174-188)에서도 지지되었다.

17) 폴란드령 상부 실레지아 사건(Polish Upper Silesia Case, German v. Poland, 1925, PCIJ Ser. A, No. 6, p. 5; 또한 Lotus호사건에서는 국제적인 사법적 의무위반에 대하여 국가책임이 있다고 판결하였다(Lotus case(France v. Turkey), 1927, PCIJ Ser. A, No. 9, p. 24).

18) 예를 들면, 멕시코인이 미국인 Massey를 살해한 뒤 멕시코 감옥에 투옥되었다가 간수의 실수로 탈출한 이른바 Massey사건에서, 멕시코정부는 간수가 최말단공무원이기 때문에 국가책임을 야기하지 않는다고 주장하였으나 멕시

국제법상 국가기관의 행위에는 작위(action)와 부작위(omission)를 포함한다.[19] 즉 국가가 국제의무를 위반하는 행위를 한 경우뿐만 아니라 국제의무상 요구된 행위를 하지 않는 경우에도 국가책임은 성립한다. 실제로 국가의 국제책임이 부작위에 대하여 주장된 사례[20]가 국가에 의하여 적극적으로 취해진 작위에 의하여 주장된 경우 못지않게 많다.[21] 따라서 한 국가의 입법기관이 다른 국가의 환경에 손해를 미치는 환경오염을 야기하는 법률을 제정하였거나 환경보전을 위한 기준을 설정하는 법률을 제정하지 않아 다른 국가에 환경위해를 가한 경우에 국가책임이 성립한다고 볼 수 있다.[22] 또한 국제조약에 의해 다른 국가의 영토보전을 침해하지 않고 자국의 영토를 사용해야 할 의무를 지고 있는 국가가 환경오염을 야기할 수 있는 법률을 제정하여 국제의무를 위반한 경우에도 국가책임이 성립한다고 볼 수 있다.

더 나아가 이들 중앙정부 기관의 행위뿐만 아니라 지방자치단체(territorial governmental entity)의 행위 및 연방국가 구성국의 행위도 당해 국가에 귀속된다.[23] 또한 국가기관은 아니지만 당해 국가

코-미국일반청구위원회는 이를 받아들이지 않았다(Massey case, US v. Mexico, Mexico-US General Claims Commission, *R. Int'l Arb. Awards,* Vol. 4, 1927, p. 155).

19) 2001년 국가책임에 관한 규정초안 제2조: ILC Report(2001), pp. 68-74.

20) 예를 들면, Janes사건에서 멕시코-미국일반청구위원회는 멕시코정부에게 미국인을 살해한 범인을 체포하기 위해 적절한 조치를 취하지 않은 것, 즉 멕시코 정부 자신의 부작위에 대해 국가책임을 인정하였다((Janes case, US v. Mexico, Mexico-US General Claims Commission, *R. Int'l Arb. Awards*, Vol. 4, 1926, p. 86).

21) Brian D. Smith, *supra* note 10, p. 10.

22) 일찍이 Eagleton은 '국가는 국제법에 대립하는 적극적 입법행위뿐만 아니라 국제의무이행을 위하여 필요한 입법을 하지 않은 것에 대하여도 책임이 있다'라고 주장하였다(C. Eagleton, *supra* note 1, p. 66).

23) 2001년 국가책임에 관한 규정초안 제4조: 이 조항의 취지에 따르면 결국 연방국가에서 구성국의 행위는 연방국가의 행위로 간주되어 연방국가가 책임을 지게 된다. 그리고 한 국가 내에 있는 보조정부(subsidiary government)의 행위도 국가에 귀속된다는 중재판정도 있었다(Pellat case, France v. Mexico,

의 국내법에 의하여 공권력을 행사할 권한을 부여받은 개인 또는 단체가 그 같은 자격으로 행동하였다면 그 행위는 국제법상 그 국가의 행위로 간주된다.[24] 그리고 사법인(私法人)이 국내법에 의해 특정의 임무를 부여받은 경우 그러한 사법인이 그 수임범위 내에서 행한 행위도 당연히 국가에 귀속된다고 보아야 할 것이다.[25] 따라서 사기업이 국가로부터 권한을 위임받아 산업활동을 하다가 환경오염사고를 유발하여 인접국가에 손해를 발생시켰다면 그 사기업에 권한을 위임한 국가가 국제책임을 부담하여야 할 것이다.

② 직무수행상의 오염행위

일반적으로 국가책임은 국가기관의 직무상 행위에 대하여 성립한다. 국가는 정치적 이념체이며 관념적인 추상체이므로 그 자신이 직접 행위할 수는 없으므로 국가기관에 속한 개인(즉 공무원)이 그 국가를 위하여 대신 행위 할 수밖에 없다.[26] 여기서 국가기관의 행위란 그 국가기관의 지위에 있는 자연인의 직무상 행위를 말한다. 따라서 직무수행과 관련하지 아니한 공무원의 위법행위는 단지 사인의 행위로 간주되어 국가의 행위로 간주되지 않는다. 그렇다면 공무원이 직무수행과 관련하여 국내법에 의하여 부여받은 권한을 넘거나 지시를 위반한 경우에도 이를 단순한 그의 개인적 행위로 간주할 것인가? 아니면 당해 국가의 행위로 귀속되는가?

전통적인 견해에 의하면, 국가기관이 권한을 벗어나거나 지시를 위

R. Int'l Arb. Awards, Vol. 5, 1929, p. 536).

24) 2001년 국가책임에 관한 규정초안 제5조: ILC Report(2001), pp. 92-95. 예를 들면, 교도소를 운영하는 민간기업이나 경찰권을 행사하는 철도회사가 정부권한을 부여받은 자격으로 국경을 넘는 오염행위를 한 경우 당해국가의 행위로 간주될 수 있다.

25) 김석현, "국가책임 성립요건의 재검토," 『국제법학회논총』 제39권 제1호, 1994, 108면.

26) Malcolm N. Shaw, *supra* note 1, p. 545.

반한 경우에 당해행위는 국가의 행위로 간주되지 않는다고 보았다. 다시 말해서 국가기관의 권한 밖의 행위는 국가의 행위를 구성하지 않는다고 보았다. 그러나 실제 국가기관이 불법행위를 하도록 권한을 위임받거나 지시를 받는 경우는 거의 없음에도 그 같은 논리에 따르게 되면 국가책임이 성립하는 경우는 거의 존재하기 어렵다. 그러므로 권한을 벗어나거나 지시를 위반한 행위에 대해서도 일정 범위 내에서 국가의 행위로 간주하여야 한다.[27] 오늘날의 국제법에 따르면, 국가기관이 국가의 명백한 공권력을 갖고 행동하는 한, 비록 그것이 국내법상 '권한 밖의 행위'[28](또는 월권행위: ultra vires acts)이더라도 그 국가에 귀속된다.[29] 왜냐하면 국가기관의 당해행위가 국내법상의 권한범위를 벗어났는지 아닌지는 국내법의 문제이며, 이를 근거로 국제법상의 책임이 면제되는 것은 아니기 때문이다.

또 하나의 문제는 국가의 행위로 귀속되는 권한 밖의 행위를 어디까지로 할 것인가이다. 이에 대한 하나의 견해는 외견상으로 그 권한 내에서 행해지는 것으로 보이는 국가기관의 권한 밖의 행위에 대해서만 국가책임이 발생한다는 것이다. 따라서 당해행위가 외견상으로도 권한 밖의 행위로 보이는 경우에는 국가책임이 성립하지 않는다고 한다. 또 다른 하나의 견해는 국가기관의 권한 밖의

27) 김대순, 앞의 책(주 13), 490면.

28) 여기서 '권한 밖의 행위'는 국가기관 또는 공무원에게 부여된 법적 힘 또는 권한의 범위를 넘어서거나 초과한 활동을 말한다(Webster's Third New International Dictionary, 1986, p. 2480).

29) 권한 밖의 행위가 국가에 귀속되는 인정근거에 관한 학설은 과실추정설과 표견설(表見說)로 견해가 갈리고 있다. 과실추정설은 국가기관원의 권한 밖의 행위에 의하여 다른 국가에 손해를 야기한 때에는 국가가 이를 방지하지 못한 데에 고의·과실이 추정된다는 견해이고, 표견설은 국가기관원의 권한은 외부에 명확하게 나타나지 않는 경우가 많으므로 직무상 권한 밖의 행위가 외견상으로 권한 범위 내의 행위같이 행하여진 경우에는 국가가 책임을 져야 한다는 견해이다. 표견설이 통설이고 오늘날 국제법도 이를 따르고 있는 것으로 보인다(이병조·이중범, 『국제법신강』(제8개정판)(서울: 일조각, 2000), 223-224면; 산본초이, 『국제법』(동경: 유비각, 1999), 638면).

행위라 하더라도 그것은 국가로부터 부여받은 권한에 기초하여 행동한 것인 만큼 국가가 그에 대해 직접책임을 져야 한다는 것이다. 국가책임에 관한 규정 초안 제7조는 이 문제에 대하여 "국가기관 또는 공권력의 행사 권한을 부여받은 개인이나 단체의 행위는 설사 자신의 권한을 넘어섰거나 지시를 위반하였을지라도, 당해 기관, 개인 또는 단체가 그 같은 자격에서 행동하였다면, 그들의 행위는 국제법상 국가의 행위로 간주된다"[30]라고 하여 후자의 견해를 따르고 있고 이것이 타당해 보인다.[31] 왜냐하면 외견상으로도 권한 밖의 행위임이 명백했다는 이유만으로 국가책임을 면제하게 되면 사실상 피해자가 자신을 방어할 능력이 없는 특히 중대한 경우 가해국에게 쉽게 책임을 피하갈 수 있는 여지를 제공할 위험이 있을 뿐만 아니라 가해국가가 자국의 국내법규정을 이유로 책임을 회피할 수 있기 때문이다.

이들 문제를 국경을 넘는 환경오염과 관련하여 생각해 보면 더욱 명백하다. 국제법이 사법부, 입법부, 행정부 공무원 등의 '직무상의 행위'만을 국가에 귀속시킨다면 이러한 국가기관들과 공무원들이 국경을 넘는 환경오염을 유발하는 경우는 거의 상상 속에서나 존재할 것이다. 실제 문제가 되는 국경을 넘는 환경오염은 공무

---

30) ILC Report(2001), pp. 99-103.

31) 국가책임에 관한 규정 초안 제7조의 내용은 대부분의 국제판례와도 부합하는데, 그 대표적인 사례가 Youmans사건이다. 이 사건은 멕시코의 한 마을에서 주민들이 미국인 3명을 살해한 것과 관련하여 제기된 배상청구였다. 살해행위가 있기 전에 그 마을이 속해 있는 지방자치단체장은 미국인을 보호하기 위해 지방군대에게 주민폭동을 진압하도록 명령한 바가 있었다. 그런데 폭동진압에 나선 군인이 오히려 폭동에 가담하여 미국인 살해에 참여하였다. 멕시코정부는 지방자치단체장의 명령을 위반한 군인들의 행위에 대해 배상책임이 없다고 주장하였다. 그러나 미국-멕시코 일반청구위원회는 이 같은 주장을 인정하면 공무원의 어떤 위법행위도 국가책임을 수반하지 않게 될 것이라고 반박하면서 멕시코의 배상책임을 인정하였다(Youmans case, US v. Mexico, Mexico-US General Claims Commission, *R. Int'l Arb. Awards*, Vol. 4, 1926, p. 110).

원이 국가기관의 자격에서 행한 행위로서 국내법상의 권한을 벗어나서 또는 지시를 위반하여 환경오염을 유발하는 경우일 것이다. 따라서 오염행위자가 직무수행과 관련하여 국내법상의 권한을 일탈하거나 지시를 위반하여 국제의무를 위반한 경우에도 국가책임은 인정되어야 한다.

국가자신이 상업적 실체로 행위를 하는 경우에도 국가관할권 밖의 환경에 피해를 야기할 수 있는데, 이 경우 그러한 행위를 국가에 귀속시킬 수 있는가에 대한 문제가 제기된다. 앞에서 소개한 ILC의 국가책임에 관한 규정초안 제7조에 따르면, 이 경우도 국가책임이 인정된다고 보아야 할 것이다. 이와 관련하여 B. Smith는 "국가가 조직, 소유관계, 자본화(capitalization), 이득의 수령(receipt of profits), 관리 그리고 유사한 관계(similar involvement)를 통하여 상업적 기업에서 중심역할로 행동하는 것을 선택하는 경우, 그런 행위는 국제적 귀속(international attribution)을 목적으로, 그 국가의 '공적' 대표자로서 다루어지도록 하자"고 주장하였다.[32]

③ 사인의 오염행위

사인(私人) 행위로 인한 국가책임과 관련하여 논의되는 경우 국제법학의 원칙은 개인이 국가를 대리하지 않고 순수한 사인의 지위에서 행동한 경우 국가기능의 행사와는 아무런 관련성이 없기 때문에 당해행위는 국가에 귀속되지 않는다. 사실상 국가행위를 제외하고, 사인의 행위는 국가에 귀속되지 않는 것이 원칙이다. 국가책임에 관한 규정초안도 이러한 입장을 취하고 있다.[33] 그러나 일

32) Briand D. Smith, *supra* note 10, p. 30.

33) 2001년 국가책임에 관한 규정초안 제8조와 제9조에서 예외적으로 '사실상'(in fact) 국가의 행위로 간주할 수 있는 사인의 행위를 규정하고 있다, 즉 제8조 (국가에 의하여 지도되거나 통제되는 행위)
"사람 또는 사람들의 집단(a person or group of persons)이 그 행위를 수행

정한 경우에는 예외적으로 사인의 행위가 국가책임을 발생시킨다. 정확하게 말하면 사인의 행위는 국가책임 발생의 유인(incentive)으로 작용할 수 있으며, 국가책임 발생의 이론적 기초는 1차적으로 국제의무를 위반하는 사인의 행위를 방지하기 위하여 사전에 '상당한 주의'(due diligence)를 다하지 않았다는 것과 그 의무위반으로 인한 침해에 대해 사후에 '국내적 구제'(local remedies)를 취하지 않은 국가기관의 부작위에 있다. 이에 입각해서 환경오염문제를 생각해 보면, 국가는 사인의 행위에 의해서 야기될 수 있는 국경을 넘는 환경오염을 방지하기 위해 상당한 주의의무를 다하여 모든 합리적인 조치를 취할 의무가 있다.[34] 그리고 사인의 행위에 대하여 국가책임은 발생하지 않는다는 것은 어디까지나 국제법상 일반원칙이다. 따라서 사인의 행위에 대해서도 국가책임을 인정하는 조약을 체결할 수 있다. 예를 들면, 1967년 우주조약[35] 제6조는 사인의 우주활동에 대해서도 국가가 직접 책임을 진다고 규정하고 있다.[36]

오늘날 대부분의 환경오염은 사인이나 사기업에 의하여 야기되

함에 있어 사실상 국가의 지시(instruction)에 의하거나 국가의 지도 또는 통제(direction or control)에 따라 행동한 경우에는, 그러한 자의 행위는 국제법상 그 국가의 행위로 간주된다."

제9조(공공당국의 부재 또는 마비상태 속에서 수행된 행위)

"사람 또는 사람들의 집단이 공공당국의 부재 또는 마비상태 속에서 그리고 정부권한(governmental authority)의 행사가 요구되는 상황에서 사실상 정부권한을 행사하였다면, 그러한 자의 행위는 국제법상 그 국가의 행위로 간주된다"(ILC Report(2001), pp. 103-111).

34) Pierre-Marie Dupuy, "International Liability for Transfrontier Pollution," in M. Bothe(ed.), *Trends in Environmental Policy and Law*(Berlin: Erlich Schmidt Verlag, 1980), p. 369. 또한 Dupuy는 '상당한 주의'개념의 사용은 국가의 불법적인 부작위와 관련이 있다는 점과 상당한 주의는 선량한 정부, 즉 국제의무에 주의를 기울이는 정부에게 기대되는 정도의 주의라는 점을 지적하고 있다(*Ibid.*).

35) 이 조약의 정식명칭은 Treaty on Principles governing the Activities of States in the Exploration and Use of Outer Space, including the Moon and Other Celestial Bodies 이다. 통칭하여 우주조약(Outer-Space Treaty)이라고도 한다. 610 UNTS 205; 18 UST 2410, *reprinted* in ILM, Vol. 6, 1967, p. 386.

36) 김대순, 앞의 책(주 13), 886면.

고 있다. 이러한 이유로 국경을 넘는 환경오염과 관련한 주된 행위주체인 사인에게 직접적으로 책임을 인정하고 있는 조약들도 적지 않다. 그러나 환경분야에서의 국제책임은 그 주체가 국가로 인정되는 책임, 즉 국가책임을 주로 다루는 것이기 때문에 오염행위자인 사인에 대해 국내법상 책임을 묻는 문제는 국제법의 관심대상에서 벗어난 문제이다. 그런데 국경을 넘는 환경오염을 야기하는 사기업의 일부 또는 전부를 국가가 소유하고 있는 경우에는 국가가 직접 책임을 지게 된다. 그리고 순수한 사기업이 개인의 자격으로 활동하여 다른 국가에 환경오염을 끼친 경우에 원칙적으로 국가책임의 문제는 발생하지 않지만 그러한 오염행위를 상당한 주의의무를 다하여 방지하지 않았다면 당해국가가 책임을 진다. 예를 들어 한 국가가 가입하고 있는 국제환경협약에 의해 부과된 오염방지를 위한 적절한 환경규칙을 제정하지 않고 그에 따라 사기업의 오염행위를 방지하지 못한 경우 당해 오염행위는 그 국가에 귀속될 수 있고, 그 국가는 국제의무를 위반하는 것이 된다.[37]

사인의 행위에 의하여 국가책임이 발생하는 경우 그 책임의 성질에 관하여 대위책임설(theory of vicarious responsibility)과 자기책임설이 대립하고 있으나, 국가가 사인의 행위에 대하여 책임을 지는 것은 당해 사인의 위법행위에 대해서가 아니라 국가 자신이 그 행위를 상당한 주의를 기울여 방지하지 못하고 적절한 국내적 구제를 하지 않은 데에 대하여 자기가 책임을 지는 것이라고 보는 자기책임설이 옳다.[38] 예를 들어, 국제환경협약상 환경오염 방지의무를 부담하고 있는 당사국이 자국 영토 내에 또는 관할권 아래에 있는 사

37) J.G. Lammers, *Pollution of International Watercourses: A Search for Substantives Rules and Principles of Law*(Boston: Martinus Nijhoff, 1984), p. 588.

38) 홍성화, 『국제법개론』(서울: 건국대출판부, 1995), 146면: 이병조・이중범, 앞의 책(주 29), 225면.

기업에 의한 오염행위는 예방(방지)의무위반으로 책임을 져야 하는 경우가 있는데, 이 경우 자기 국민을 대신하여 책임을 지는 것이 아니라 그 자신의 부작위에 대하여 직접적으로 책임을 지는 것이다. 따라서 사인의 행위는 국가책임의 원인이 되는 사실에 간접적 영향으로 작용할 뿐이다.[39] 그리고 오염행위자에 대한 민사법적인 손해배상청구와 국제법상 국가에 대한 보상청구는 구별되어야 한다.

그리고 '상당한 주의'는 구체적으로 무엇을 표준으로 하여 결정할 것인가에 관하여는 국제표준주의(객관설)와 국내표준주의(주관설)가 대립하고 있다. 조약상의 권리 없이 국제표준주의를 다른 국가에게 일방적으로 강요하는 것은 국내문제 불간섭의무를 위반한 것이 되어 부당한 주권침해가 될 가능성이 있기 때문에 당해국가의 기대가능성 여하를 표준으로 하여 내외국인을 평등하게 취급하는 주관설이 더 지배적이다. 그러나 규범의 국제화가 급속히 진행되고 있는 오늘날 객관설이 유력하게 되어가고 있다.[40] 그런데 주의의 정도는 인접국가에 환경오염이나 손해를 끼치는 행위의 성질에 따라 달라질 것이다.[41] 또한 어떠한 국가가 상당한 주의를 기울였음에도 그의 관할권 또는 통제 아래에서 사인이 다른 나라의 환경에 실제적인 피해를 입혔다면 원인국가는 침해자를 처벌하고 피해자를 구제

---

39) A. Rest, "Responsibility and Liability for Transboundary Air Pollution Damages," in C. Flinterman, B. Kwiatkowska & J. G. Lammers(eds.), *Transboundary Air Pollution: International Legal Aspects of the Co-operation of States*(Dordrecht: Martinus Nijhoff Publishers, 1986), p. 317.

40) 홍성화, 앞의 책(주 38), 146-147면: 이병조 · 이중범, 앞의 책(주 29), 225-226면.

41) 1960년 Harvard대학의 '외국인의 손해에 대한 국가의 국제책임에 관한 협약초안'(Draft Convention on the International Responsibility of States for Injuries to Aliens)의 제10조에서 '상당한 주의'의 정도는 피해외국인의 '공 · 사적 성격'에 따라 다르고 '사고의 상황'에 따라 다르다고 하였다. 피해외국인의 '공 · 사적 성격'은 외국의 원수, 외교사절 등은 일반인에 비하여 더 세심한 주의와 예방수단이 필요하다는 것이며, '사고의 상황'이란 사고가 긴급한 상황에서 발생했느냐와 태만결과의 대소(大小)에 비례한다는 것을 말한다(*AJIL*, Vol. 55, 1961, pp. 548-584).

하기 위해 배상에 필요한 모든 국내적 구제조치를 취해야 한다. 그렇지 않으면 오염행위는 국가에 귀속될 가능성이 있다.

각국은 자국의 영토 내에서 사인의 행위가 다른 국가의 영토에 손해를 주는 경우에 그러한 행위를 통제할 의무가 있다. 그러나 일반적으로 국가는 자국 영토 밖의 영역에서 자국민의 행위를 통제할 책임은 없다. 그런데 오늘날 조약에 의해 자국의 영토 밖에서도 자국민의 행위를 통제하여야 할 의무를 부과하는 경우도 있다.[42] 예를 들면, 1967년의 우주조약 제6조에서 조약당사국은 달과 천체를 포함한 우주공간 활동에서 자국 정부기관이나 비정부단체가 행한 경우를 막론하고 국제적 책임을 진다고 규정하고 있다. UN해양법협약 제139조 1항에서도 "당사국은 당사국, 국가기업 및 당사국의 국적을 가지거나 당사국 또는 그 국민에 의해 실효적으로 통제되는 자연인 또는 법인에 의하여 수행되는 심해저에서의 활동이 이 장[43]에 따라 수행되도록 보장할 책임을 진다"라고 규정하고 있다. 국제법전문가들은 국가에 귀속시킬 수 있는 사적 행위의 범위를 넓히고자 하였다. 예를 들면, ILC의 국가책임에 관한 작업은 국가책임원칙의 전통적인 '상당한 주의'기준을 피하고, 자국 영토 또는 통제 아래에서의 모든 활동에 책임이 있는 국가들을 대상으로 하고 있다.[44]

---

42) Ian Brownlie, *System of the Law of Nations: State Responsibility*, Part 1(Oxford: Clarendon Press, 1983), pp. 165-166.

43) UN해양법협약 제11장(Part XI)(제133조-제191조)을 말하며, 여기서는 심해저(deep sea-bed)에 관한 내용을 규정하고 있다.

44) Robert Q. Quentin-Baxter, "Fifth Report on International Liability for Injurious Consequences Arising Out of Acts Not Prohibited by International Law," Yearbook of ILC 1984, Vol. II(part 1), pp. 155-173, UN. Doc. A/CN.4/383 and Add. 1(1984). 국제책임(international liability)은 국가의 영토 내에서 또는 통제 아래에서의 활동이 다른 국가의 영토 내에 또는 통제 아래에 있는 영역의 이용과 향유에 영향을 미치는 물질적 결과(physical consequence)를 발생하거나 발생시킬 수 있는 경우를 포함함을 제안하고 있다.

ILC 위원이었던 Magraw에 의하면 국가책임에 관한 연구는 "사적 행위의 규제를 포함하는 폭넓은 국가의 의무와 보험 또는 재정적 안전을 확보하기 위하여 사적 행위자에게 요구하는 국가의 능력"에 기초하고 있다고 한다.[45] 그런데 어떻게 그러한 사적 행위의 국가귀속 확대를 각국의 이익과 조화롭게 하느냐를 착상하는 것은 어려운 일이다. 행위의 국가귀속을 넓게 인정하는 제도는 사경제활동에 대한 정부의 강제가 요구되고 경제발전에 비용을 더욱 많이 들게 한다. 그리고 이러한 내용은 최근에 많은 국가가 정부의 역할을 줄이고 사기업의 규제를 완화시키고자 하는 측면과 역행하는 것이다. 더욱이 사적 행위의 국가귀속의 확대는 각자의 영토 내에서 이루어지는 사적 활동을 통제할 수 있는 각국의 능력을 동일하게 보고 있는데, 이는 허구적 동질성(a fictional homogeneity)을 의미한다. 이러한 국가귀속의 확대개념을 작업배경으로 함으로써, ILC는 각국이 기업규제를 계획할 수 있는 경제적 자원과 전문적 기술의 상이한 수준을 간과하고 있는 것이다. 사기업의 활동에 대한 정부간섭의 양태와 강도는 국가에 따라 상당히 다르고, 정부의 강제 수준은 사적 활동을 통제하기 위한 해당 국가의 능력에 영향을 준다. 이러한 측면을 고려해 볼 때 국제적인 환경오염분야에서 사인의 행위를 국가의 행위로 간주해야 할 필요성이 존재하기는 하지만 국가귀속의 확대개념은 개별국가들의 국내 정치적인 현실을 무시하고 대신에 국가산업정책의 다양성 및 복잡성과 관계가 없는 법규를 만들 우려가 있음을 아울러 유의해야 할 것이다.

---

45) Daniel B. Magraw, "The Internatonal Law Commission's Study of International Liability for Non-prohibited Acts as It Relates to Developing States," *Washington Law Review*, Vol. 61, 1986, p. 1046.

(2) 환경과 관련한 국제의무의 위반: 국제위법행위의 객관적 요건

① 국제의무의 연원

문제되는 행위가 원인국가에 귀속될 수 있다고 하더라도, 국가책임이 발생하기 위해서는 국제의무위반이 존재하여야 한다.[46] 다시 말해서 국가책임성립의 주관적 요건으로 문제 행위가 국가에 귀속되고, 객관적 요건으로 그러한 행위가 국제법상 위법성을 가져야 한다. 국제의무위반에 대해서 국가책임을 설정하는 것은 논리적으로 타당하다.[47] 통상적으로 국가행위의 위법성을 '국제법의 위반'(violation of international law)으로 인식하였으나 ILC는 특별보고자 R.Ago 교수의 제의를 받아들여, 국제법상의 모든 위법행위를 국가책임성립의 객관적 요건으로 하기 위하여 '국제의무의 위반'(breach of an international obligation)이라는 표현을 쓰고 있다.[48] 그러므로 국경을 넘는 환경오염으로 인한 국가책임은 각종 국제환경법 위반뿐만 아니라 국제재판소의 환경과 관련된 판결, 국제환경기구의 결의, 법적 구속력이 있는 국가의 일방적 선언 등에 의해 부과된 의무(obligation)[49] 위반에 의해서도 성립될 수 있다.[50] 역시 국제

46) 2001년 국가책임에 관한 규정초안 제1조: ILC Report(2001), pp. 63-68.

47) Brian D. Smith, *supra* note 10, p. 9.

48) Yearbook of ILC(1973), Vol. II, p. 184; 국가책임의 구성요건으로 국제위법행위의 대상이 되는 '의무'는 반드시 국제법규 그 자체에 의해서만 파생되는 것이 아니라 특정법규나 국제적인 사법 및 중재법정의 판결에 의해서도 생성된다고 볼 수 있다. 따라서 국제위법행위란 단순한 국제법위반만을 의미하는 것은 아니다(*ibid.*, p. 205, para. 45).

49) '의무'를 나타내는 obligation이 동의어인 duty 또는 engagement라는 용어 대신 사용한 이유는 법적 의미의 차별을 고려한 연유가 아니라 보편적으로 관련 국제법문헌 및 각국의 관행 그리고 국제법정의 판결에서 사용되고 있는 용어이기 때문이다(*ibid.*, p. 184).

50) 2001년 국가책임에 관한 규정초안 제12조를 보면 "국가의 행위가 국제의무에 의하여 요구되는 바와 합치되지 않는 경우, 그 의무의 연원이나 성격과는 상관없이 국가의 국제의무 위반이 존재한다"라고 규정하고 있다(ILC Report(2001), pp. 124-133); 그리고 Nuclear Tests사건은 국가의 일방적 선언(또는 약속)(unilateral declarations, acts or promises)도 선언국이 자신의 약

관습법상의 환경관련 의무의 위반에 의해서도 국가책임은 성립할 수 있다. 따라서 국경을 넘는 오염에 대한 국가책임은 국제관습법상의 의무인 sic utere tuo ut alienum non laedas[51)]원칙을 위반하여 다른 국가에 환경오염을 야기한 국가에 귀속시킬 수 있다.[52)]

② 국제의무위반의 판단근거

어떠한 국가행위가 국제의무를 위반한 것인지의 판단함에 있어서 각국의 국내법에 의하지 않는다는 점은 이론의 여지가 없다.[53)] 국가책임에 관한 규정초안도 이러한 입장을 분명히 하고 있다. 즉 "국가행위의 국제위법성의 결정은 국제법에 의하여 정하여진다. 이는 동일한 행위가 국내법상 적법하다는 결정에 의하여 영향받지 아니한다"라고 규정하고 있다[54)] 어떤 행위는 한 국가의 국내법에 의해 허용될 수도, 금지될 수도 있다. 국제의무위반을 구성하는 국가의 작위 또는 부작위는 이러한 행위에 대한 국내법의 태도와 관계없이 국제법상 국가책임을 발생하게 되는 것이다.[55)] 이는 그동안 국제판례에서도 확인되었다.[56)] 국가는 자신의 국제의무 불준수에

속도 법적 구속력이 있는 것으로 의도하였다면 당해국가에게 법적 의무를 창설하는 효과를 가질 수 있음을 보여주고 있다(ICJ Reports(1974), pp. 267-270).

51) sic utere tuo ut alienum non laedas은 로마법에서 유래한 것으로 "너의 것으로 말미암아 남의 것을 해하지 않도록 사용하라"는 것으로, 이는 "자기의 재산을 타인의 재산에 손해를 주지 않는 방법으로 사용하여야 한다"는 것을 말한다(Black's Law Dictionary, 6th. ed. 1990, p. 1380).

52) 이에 관하여는 제4장 3절에서 검토한다.

53) R. Ago, "Third Report on State Responsibility," Yearbook of ILC 1971, Vol. Ⅱ, pp. 226-233.

54) 2001년 국가책임에 관한 규정초안 제3조: ILC Report(2001), pp. 74-80.

55) Yearbook of ILC 1973, Vol. Ⅱ, pp. 184-188.

56) '윔블던호 사건'(S.S. Wimbledon Case, France, Great Britain, Italy, Japan v. Germany, 1923, PCIJ Ser. A. No. 1, pp. 29-30); '단치히거주 폴란드국민의 취급에 관한 권고적 의견'(Treatment of Polish Nationals in Danzig Territory, Advisory Opinion, Poland v. City of Danzig, 1932, PCIJ Ser. A/B, No. 44, p. 24).

대한 근거로써 자국 헌법의 규정 또는 결함을 주장할 수 없다는 원칙은 실로 국제법의 전체계에 관철되고 있으며, 국제법의 모든 부문에 적용되는 대원칙의 하나이다.[57] 국제법상 각각의 국가의무에 대하여 이해관계국이 그 이행을 청구할 수 있는 권리가 있음은 국가간체체(inter-statism)인 국제사회에서 당연한 논리적 귀결이다. 따라서 어떤 국가가 자국의 국제의무를 위반한 경우 그로 인해 침해를 받은 다른 국가는 그 침해를 구제받을 수 있는 권리를 갖는다. 국제법상 국가책임제도는 특히 그러한 침해를 구제하기 위하여 창안되었고, 그러한 침해를 억제하는 데 기여하고 있을 뿐만 아니라 국제의무준수를 강제하는 역할을 한다.[58]

③ 국제의무위반의 기준

환경오염에 대하여 국가의 국제책임을 부과하기 위해서는 그러한 오염행위가 당해국가의 행위여야 하고, 그러한 오염행위가 환경관련 국제의무의 위반에 해당하여야 한다. 국가의 행위가 국제의무에 의하여 요구되는 바와 일치하지 않을 때 국제의무위반이 발생하는데,[59] 여기서 문제가 되는 것은 이때 어느 정도의 국제의무위반이 이에 해당하는가이다. 그런데 선린성의 원칙과 sic utere tuo ut alienum non laedas원칙에서 생활방해(nuisance)의 기준은 어느 정도의 환경손해 수준이 수용할 수 없는 손해를 구성하는가라는 문제에 사전에 답을 줄 수 없고, 어느 정도의 국가권리 실행이 수용할 수 없는 피해의 원인이 되는가를 충분히 밝히지 못하고 있다.[60] 극단적으로 보면 당사국은 법이 허용하는 범위 내에서 다른

57) Brian D. Smith, *supra* note 10, p. 10.

58) *Ibid.*, p. 43.

59) 2001년 국가책임에 관한 규정초안 제12조: ILC Report(2001), pp. 124-133.

60) Note, "Development in Law: International Environmental Law," *Harvard Law Review*, Vol. 104, 1991, p. 1508.

국가의 재산에 손해를 끼칠 수 있고, 법이 금지하지 않는 범위 내에서 다른 국가의 재산에 손해를 끼칠 수도 있다. 즉 선린성의 원칙과 sic utere tuo ut alienum non laedas원칙은 법으로 그 내용을 구체적으로 규정할 때까지는 직접 적용되는 데 한계가 있다. 따라서 이러한 한계를 극복하기 위해서는 구체적인 기준을 담은 법을 만들어야 한다. 그러나 이미 국제사회에서 보아왔듯이 국제입법과정은 국내입법과정에 비해 매우 까다롭고 오랜 시간이 소요된다. 다만 이러한 한계는 재판을 통해 어느 정도 해결할 수 있다. 즉 사법적 판결은 독자적으로 이 같은 문제에 해답을 제공함으로써 선린성의 원칙과 sic utere tuo ut alienum non laedas원칙의 규범적인 내용을 부여할 수 있었다. 그러나 국제판례의 결핍으로 인하여 이 원칙의 구체적인 내용을 밝히는 데도 어려움이 있다. 그래서 국제법전문가들은 국경을 넘는 환경오염을 방지하는 데 국가에게 요구될 실행의 기준을 조약에 구체적으로 규정함으로서 이러한 결함 상태를 보완하고자 하였다.

2) 과실의 국가책임 성립요건 여부

국제위법행위에 대한 국가책임이 성립하기 위해서는 앞에서 설명한 두 가지 요소 이외에 국가기관의 고의 또는 과실이 필요한가? 국제의무위반행위가 존재하고 당해행위가 문제의 국가에 귀속되면 이것만으로 국제위법행위에 대한 국가책임이 발생한다고 주장하는 객관적 책임이론(objective theory of responsibility)과 이 두 가지 요소 이외에 고의 또는 과실이 필요하다는 주관적 책임이론(subjective theory of responsibility)이 대립하고 있다. 전자를 무과실책임론이라고 하며, 후자를 과실책임론이라고 한다. 전통적인 국제법이론에 따르면, 국가책임의 성립요건으로 행위의 국가귀속과 국제의무위반

이외에 심리적·주관적 요소인 고의(dolus) 또는 과실(culpa)이 요구된다고 보았다. 이는 로마법이론에 영향을 받은 국내사법상의 원칙을 국제법에 적용한 것이다. 그런데 오늘날 환경오염에 대한 국가책임 분야에서 가장 논란이 많은 문제는 국가책임의 성립에 고의나 과실을 필요로 하는가 하는 문제이다.

(1) 학설

① 과실책임론

과실책임론(fault theory)은 국제법상 국가책임이 성립하려면 국제위법행위에 고의 또는 과실이 존재하여야 한다는 견해로 Grotius 이래의 전통적 견해이다. 즉 국가책임성립의 주관적 요건으로 국가기관을 대신하여 행위를 한 개인에게 과실 또는 부주의가 있어야 한다는 것이다.[61] 이러한 견해는 과실을 위법행위의 본질적 요소라고 생각하므로 '과실 없으면, 위법성도 없다'라는 관념을 밑바탕에 두고 있다. 이 견해에 의한다면 국경을 넘는 환경오염으로 인하여 단순히 손해가 발생하였다는 것만으로는 불충분하고 그러한 오염행위에 고의 또는 과실이 존재하거나 그것을 방지하지 못한 국가기관에 과실이 있어야 한다.[62] 따라서 사인이나 사법인이 다른 국가에 환경적 손해를 끼쳤을 경우에 국가기관의 고의 또는 과실이 없는 한 환경오염행위에 대한 책임을 추궁할 수 없다.[63]

---

61) *Oppenheim's International Law*, *supra* note 1, pp. 508-509.

62) G. Handl, "State Liability for Accidental Transnational Environmental Damage by Private Persons," *AJIL*, Vol. 74, 1980, pp. 535-540; G. Handl, "International Liability of States for Marine Pollution," *Canadian Yearbook of International Law*, Vol. 21, 1983, p. 85; A. Rest, "International Protection of Environment and Liability," in *Beiträge zur Umweltgestaltung*(Berlin: Erich Schmidt Verlag, 1978), p. 116.

63) 노명준, 『신국제환경법』(서울: 법문사, 2003), 327면.

② 무과실책임론

무과실책임론(no-fault theory)은 국가가 국제책임을 부담하는 것은 당해국가에 귀속 가능한 국제위법행위가 있는 경우이지 행위주체의 고의 또는 과실이 있고 없고는 별개로 국가책임이 성립한다는 견해이다. 이 학설에 의하면 일반적으로 국가책임을 결정하는 요소는 국가 자신을 위하여 국가기관원의 자격으로 행동하는 개인의 심리적 상태가 아니라 개인에 의해 대리된 국가자신의 객관적 행위라는 것이다. 즉 국가는 자기의 기관으로서 행위를 한 개인의 심리적 태만 또는 부주의를 밝혀낼 필요 없이 모든 국제의무위반에 대해서 책임이 있다는 것이다.[64] 또한 이 견해에 따르면 근본적으로 고의 또는 과실은 행위주체의 '주관적' 또는 '심리적' 요소인바, 이는 자연인의 행위와 관련하여서는 말할 수 있겠으나, 법인에 해당하는 국가에 대해서는 그 개념 자체가 적용될 수 없다고 한다.[65] 무과실책임론을 주장하는 대표적인 학자인 D. Anzilotti는 국내법상으로 과실이 없는 국가공무원의 행위에 대하여도 국제법익이 침해되고 국가책임이 추구되는 경우가 있으며, 이 경우 당해 국가기관의 행위와 국제법익 침해 사이에 인과관계가 있으면 국제위법행위의 존재라는 객관적 사실이 인정된다고 주장하였다.[66] 무과실책임을 주장하는 견해에 따르면, 국가기관의 고의나 과실이 없이도 국경을 넘는 환경오염이 발생한 경우에 국가책임이 성립하게 된다.[67]

---

64) E.J. de Aréchaga, "International Responsibility," in Max Sørensen(ed.), *Manual of Public International Law*(New York: Macmillan, 1968), pp. 534-538.

65) 김석현, 앞의 논문(주 25), 120면.

66) 김찬규 · 이영준, 『국제법개설』(서울: 법문사, 1994), 358면에서 재인용.

67) J. Schneider, *World Public Order of Environment*(Toronto: University of Toronto Press, 1979), pp. 163-167; L.F.E. Goldie, "International Principles of Responsibility for Pollution," *Columbia Journal of Transnational Law*, Vol. 9, 1970, p. 283.

(2) 국제법상 국가책임의 형식

국제적 차원에서 환경을 효과적으로 보호하기 위해서는 환경보호를 위한 실체적인 내용의 조약과 관습법규뿐만 아니라 효과적인 책임에 관한 법규체계가 존재하는 것이 상당히 중요하다. 그러나 대부분의 조약은 환경오염방지를 위한 적절한 조치를 취할 의무와 이를 위한 협력의무에 의존하고 있을 뿐 책임과 배상에 관한 규정은 존재하지 않는다.[68] 이 점과 관련하여 최근에 몇 가지 발전적인 내용이 나타나고 있다. 지금까지 나타난 국제사회의 관행은 각국이 대체로 환경위해에 대한 책임의 일반원칙을 수락하고 있음을 보여주고 있다. 즉 각국은 자국의 영토 내에서 수행하거나 허용한 행위 또는 자국의 통제 아래에서의 활동에 의하여 발생한 환경피해에 대하여 책임이 있다는 일반원칙을 승인하고 있다. 그러나 아직 그러한 원칙의 정확한 내용과 한계 등에 관하여 불확정적인 상태가 잔존하고 있다.[69] 여기서 중요한 문제 중 하나는 환경손해에 대한 국가책임의 법적 기초와 형식(form) 등과 관련된 문제이다. 이러한 문제를 제기하는 데 우선 이론적으로 국가의 국제책임은 어떠한 형식을 취해야 하는지를 명확히 하여야 한다.

① 과실책임

국제법상 국가책임의 첫 번째 책임체계는 과실책임이다. 이는 앞에서 설명한 바와 같이 가장 전통적인 책임형식이다. 이러한 유형은 피고국의 국제의무위반 이외에 불법행위에 대한 피고국의 심리

68) Francisco Orrego Vicuña, “State Responsibility, Liability and Remedial Measures under International Law: New Criteria for Environmental Protection,” in Edith B. Weiss(ed.), *Environmental Change and International Law: New Challenges and Dimensions*(Tokyo: United Nations Univ. Press, 1992), p. 133.

69) A. Rest, *supra* note 39, pp. 308-318.

적 과실(psychological fault; 고의적 또는 부주의한 행위)이 존재하여야 하고, 이러한 내용을 원칙적으로 피해국가가 입증하여야 하는 점에 특징이 있다. 따라서 이에 의하면, 행위에 대한 객관적이고 국제적인 기준으로써 '상당한 주의'(due diligence)가 중요한 요소로 작동하고, 이러한 상당한 주의의무 위반이 책임의 성립요건을 구성한다.[70] UN해양법협약체계가 기본적으로 이러한 과실책임에 입각하고 있다.[71]

② 무과실책임

과실책임과 대조적인 것은 객관적 책임(objective responsibility) 또는 무과실책임(liability without fault)이다. 객관적 책임이론은 대리(agency) 및 인과관계(causal connection)가 입증되면 결과만으로 의무위반이 있다고 추정하는 자발적 행위이론(doctrine of voluntary act)에 근거한다.[72] 이러한 책임형식에 의하면 국가는 자국의 관리 또는 기관에 의하여 행해진 행위가 국제법상 위법행위이면 그들이 권한 내에서 활동하였는가를 불문하고 책임을 진다.[73] 이와 같이 무과실책임은 책임의 성립요건으로 과실이 필요하지 않고 단지 행위의 국가귀속과 국제의무위반만을 국가책임의 성립요건으로 하고 있다. 이러한 책임형식은 핵에너지, 유류오염, 우주공간의 이용 등과 관련이 있는 이른바 '고도로 위험한 활동'(ultra-hazardous activities)

---

70) Riccardo-Pisillo-Mazzeschi, "Forms of International Responsibility for Environmental Harm," in Fracesco Francioni & Tullio Scovazzi(eds.), *International Responsibility for Environmental Harm*(London: Graham & Tortman, 1991), p. 16.

71) UN해양법협약 제235조 1항, 제263조 3항, 제304조는 과실책임을 인정하고 있는 대표적인 규정이다(Francisco Orrego Vicuña, *supra* note 68, p. 133). 이에 비하여 동협약 제110조 3항은 무과실책임을 인정하고 있는 규정이라고 보아야 한다(김대순, 앞의 책(주 13), 543면).

72) Ian Brownlie, *supra* note 1, p. 437.

73) *Ibid.*

영역과 관련 있는 조약에서 주로 채택되고 있다.[74)]

이러한 무과실책임은 두 가지로 나누어진다.[75)] 하나는 엄격책임(strict responsibility)이다. 이는 피고국이 국제법에 의해서 허용되는 위법성을 배척하는 상황을 제시하여야 한다. 다시 말해서 이는 피고국이 반증에 의하여 번복될 때까지는 일응(prima facie) 피고국에 책임을 인정하는 것이고, 피고국에게는 적절한 항변사유를 제시함으로써 이러한 책임에서 벗어날 수 있는 가능성이 부여되고 있다.[76)] 이러한 의미에서 이를 상대적 책임이라고도 한다. 이러한 엄격책임원칙 아래에서는 만약 다른 국가에 대한 권리침해가 자신의 관할권 또는 통제 밖의 요인에 의해 발생하였다면 오염행위자는 책임이 없게 된다.[77)] 또한 불가항력(force majeure) 또는 제3자의 행위에 의한 오염의 경우에도 책임이 발생하지 않는다.[78)] 이와 같은 엄격책임을 인정하고 있는 조약은 1977년 '환경변경기술의 군사적 또는 적대적 사용금지협약'[79)]이다. 또한 국제사례들에서도 엄

74) 무과실책임을 인정하고 있는 조약의 예로는 1907년의 육전의 법규·관례에 관한 조약 제3조(군대구성원의 모든 행위), 1949년 포로대우에 관한 제네바협약 제12조 1항(포로의 취급), 1949년 전시민간인보호에 관한 제네바협약 제29조(피보호자의 취급), 1952년 외국항공기가 제3국에 대한 지상의 제3자에 끼친 손해에 관한 협약, 1958년 공해에 관한 협약 제22조 3항, 1960년 원자력분야에서 제3자 책임에 관한 협약, 1962년 원자력선의 운용관리자의 책임에 관한 브뤼셀협약 제2조, 1963년 원자력손해에 대한 민사책임에 관한 협약, 1972년 우주물체로 인한 손해에 대한 국제책임에 관한 협약 제2조 등이 있다.

75) Patricia W. Birnie & Alan E. Boyle, *International Law and the Environment*, 2nd ed.(Oxford: Clarendon Press, 2002), pp. 183-184; Karl Zemanek, *supra* note 5, p. 193.

76) I. Brownlie, *supra* note 42, p. 44.

77) J. Brunnēe, *Acid Rain and Ozone Layer Depletion*: International Law and Regulation (New York: Transnational Publishers, 1988), p. 117.

78) Francisco Orrego Vicuña, *supra* note 68, p.133.

79) 이 조약의 정식 명칭은 Convention on the Prohibition of Military or Any Other Hostile Use of Environmental Modification Techniques이다. 31 UST 333, *reprinted* in ILM, Vol. 16, 1977, p. 88.

격책임을 인정하였다. 예를 들면, Cherry Point 유류오염사건[80]과 Arcisate화약공장사건[81]에서도 엄격책임을 인정하고 있다. Cherry Point유류오염사건에서 주목할 만한 점은 첫째, 캐나다가 엄격책임에 근거하여 정화비용 및 British Columbia에 발생한 직접적인 손해 양자 전부를 미국이 보상하여야 한다고 주장하였다는 사실이다. 둘째, 미국에 국가책임이 존재한다는 관점에서 볼 때 캐나다정부를 위한 확고한 사실은 전적으로 사적 행위가 미국의 감독 아래에 있는 미국영토상에서 행해졌다는 점이다. 그런데 여기서 미국행정기관의 과실에 근거하여 미국이 책임을 지는 것인지 아닌지에 관한 문제는 전혀 제기되지 않았다. 결국은 선박소유자가 정화비용을 캐나다에 지불하고 문제가 종결되었다. Arcisate화약공장사건(The gunpowder factory of Arcisate case)은 행정기관의 통제책임에 대한

---

80) 이 사건의 개요는 다음과 같다. 1972년 라이베리아에 등록된 유조선 'World'호가 워싱턴 Cherry Point에 있는 Atlantic Richfield정제소에 정박하고 있는 동안 4만 5,000리터의 기름을 유출시켰다. 기름은 해양으로 유출되어 캐나다해안까지 도달해 British Columbia해안을 오염시켰다. 이로 인하여 캐나다정부는 그 책임을 물어 정화작업에 대한 보상을 포함하여 모든 손해가 배상될 수 있도록 해달라는 요구를 담은 공문을 미국무성에 보냈다. 여기서 캐나다정부는 "국가는 다른 국가의 영토에 피해를 야기하는 그러한 방법으로 자국의 영토를 이용하는 것을 허용해서는 안 되고, 그로 인해 발생한 모든 손해에 대하여 보상할 책임이 있다"라는 Trail Smelter사건 재정(award)을 인용하였다. 당시에 이 원칙을 캐나다가 피고의 입장에서 승인했던 사실을 언급하면서, 이 경우 역시 그 원칙이 적용되어야 한다고 주장하였다.

81) 이 사건의 개요는 다음과 같다. 스위스 국경으로부터 약 5㎞ 지점에 위치한 이탈리아 Arcisate에 있는 화약공장이 1948년 3월 4일 폭발하였다. 이 폭발사고에 의하여 국경근처에 있는 Ticino마을(communities)에 손해가 발생하였다. 스위스는 "각국은 인접국가에 손해를 야기하는 책임 있는 모든 행위를 규제해야 한다는 보편적으로 승인된 국제법상의 원칙"을 언급하면서 이탈리아에 보상을 청구하였다. 스위스는 시설물의 특수한 위험을 지적하면서 다음과 같은 점에 근거하여 이탈리아의 통제 실패를 주장하고 있다. 스위스의 견해에 의하면 "(이탈리아 당국의) 책임은 당국이 화약시설물의 위험에도 불구하고 국경지역에 화약고 설치를 허용했다는 사실에 의해서이다. 그리고 이탈리아 당국은 필요한 안전조치를 취하지 않은 사실에 대해서도 책임이 있다"라는 것이다. 이 사건은 몇몇 외교적 수단을 취한 후에 이탈리아가 그 청구를 받아들여 10,000스위스 프랑을 보상금으로 지불하였다.

과실에 근거하여 사인의 행위에 대해서 국가에 책임이 있다는 판결을 내려 주목할 만한 가치가 있다.

무과실책임의 또 다른 하나는 절대책임(absolute responsibility)으로 이는 국제법에 의해서 위법성을 배척할 만한 상황이 존재하지 않는 경우에 적용된다.[82] 이는 책임을 추궁당하는 국가에게 책임의 귀속을 방어할 수 있는 항변사유가 존재하지 않는 경우를 말한다.[83] 엄격책임과는 달리 책임을 면제받을 수 있는 사유가 존재하지 않기 때문에 그 상황에 관계없이 발생된 손해에 책임이 있다. 이러한 절대책임은 예외적으로 인정되며, 고도로 위험한 활동분야에서 적용된다.[84] 이러한 유형의 책임을 인정하고 있는 대표적인 조약은 1972년 우주물체로 인한 손해에 대한 국제책임에 관한 협약[85]이다.

③ 위험책임

국제사회에서는 국제위법행위가 존재하지 않는 상황, 즉 적법한 행위임에도 국가책임을 인정하면서, 이와 관련 있는 책임을 위험책임(risk liability) 또는 보증책임이라고도 한다.[86] 이러한 제도는 보상할 의무 또는 책임은 단순히 행위와 손해 사이의 인과관계에 기초하여 적법한 행위로부터 발생한다는 사실에 특징이 있다. 이러한 이유로 인하여 이러한 유형의 책임은 그 고유한 성질에 의해 객관적이고 절대적이다.[87] 이러한 책임은 관련된 행위 자체가 위법한

82) Riccardo-Pisillo-Mazzeschi, *supra* note 70, p. 16.

83) Patricia W. Birnie & Alan E. Boyle, *supra* note 75, p. 142.

84) J. Brunnée, *supra* note 77, p. 117.

85) 이 조약의 정식명칭은 Convention on International Liability for Damage Caused by Space Objects이다. 24 UST 2389, *reprinted* in AJIL, Vol. 66, 1972, p. 702.

86) Riccardo-Pisillo-Mazzeschi, *supra* note 70, p. 17, footnote 9.

87) Karl Zemanek, "Causes and Forms of International Liability," in B. Cheng & E.D. Brown(eds.), *Contemporary Problems of International Law: Essays in Honor of Georg*

것이 아니므로 야기된 손해에 대하여 적합한 보상을 행하도록 하는 것에 그치고 손해를 야기한 행위를 금지할 의무까지 포함하고 있는 것은 아니다.[88]

이와 같이 국가책임의 형식은 명백하게 다른 체계를 보여주고 있다. 그럼에도 이러한 책임에 대한 개념적인 용어상 혼동이 자주 나타난다. 예를 들면, 많은 학자들이 위법행위가 없이도 지게 되는 책임을 객관적 책임 또는 엄격책임이라고 말하고 있다.[89] 그리고 위험책임도 엄밀히 말하면 국내법에서 말하는 무과실책임과는 차이가 있음에도 많은 학자들은 무과실책임이라는 표현을 쓴다.[90] 그러나 이러한 이해는 '위법행위에 대한 책임과 위법행위가 없이도 지게 되는 책임' 간의 차이를 '과실책임과 무과실책임' 간의 차이에 대응시키고 있는 것으로 잘못된 것이다.[91]

(3) 비판적 검토

국가책임의 성립요건으로 고의 또는 과실이 필요한가에 대한 국제관습법은 분명하지 않다. 또한 국제판례도 어느 경우에는 과실책임을, 또 다른 경우에는 무과실책임을 지지하고 있어 두 가지 이론 중에서 어느 한 이론이 결정적인 지지를 받고 있다고 결론을 내릴 수 없는 상황이다.[92] 예를 들면, Trail Smelter사건, Corfu해협사건, Gut댐사건과 Lanoux호사건 등의 판결이 과실책임에 의한 것인지

Schwarzenberger on His Eightieth Birthday(London: Stevens and Sons, 1988), p. 331.

88) Karl Zemanek, *supra* note 5, p. 193.

89) Riccardo-Pisillo-Mazzeschi, *supra* note 70, p. 17.

90) 김찬규 · 이영준, 앞의 책(주 66), 367-372면 참조; 김정건, 『국제법』(서울: 박영사, 1990), 113면, 주 36 참조.

91) Riccardo-Pisillo-Mazzeschi, *supra* note 70, p. 17.

92) 김대순, 앞의 책(주 13), 501면.

또는 무과실책임에 대한 견고한 판례로 제공되는지에 대하여 많은 학자들의 견해가 대립하고 있다.[93] 즉 무과실책임론자들은 Trail Smelter사건, Corfu해협사건, Gut댐사건과 Lanoux호사건, 핵실험사건, 인공위성 코스모스954호사건 그리고 스톡홀름선언 원칙21과 리우선언 원칙2 등은 무과실책임을 인정하는 판례 및 선언이라고 한다.[94] 그러나 과실책임론자들은 이러한 국제판례들은 무과실책임론의 이론적 근거가 되지 못하며,[95] 스톡홀름선언 원칙21은 도리어 과실책임론을 뒷받침할 기초를 제공해 주는 것이라고 주장한다.[96]

국제법은 전통적으로 과실의 존재에 대하여 국가책임을 부과하였다.[97] 따라서 국가기관의 국제위법행위에 고의 또는 과실이 전혀 없는데도 행하여진 행위와 발생한 결과 사이에 인과관계만 있으면 책임을 부담시키는 것은 전통적인 국내사법상의 책임원칙으로나 국제법상 책임원칙에서 볼 때 쉽게 받아들이기에는 어려운 점이 많다.[98] 전통적인 이론을 취하는 경우 과실의 기준 설정은 국제환경법에서 대단한 난점을 지니고 있다. 즉 과실개념의 불명확성과

---

93) G. Handl, "Balancing of Interests and International Liability for International Watercourses," *Canadian Yearbook International Law*, Vol. 13, 1975, pp. 167-170.

94) Karl Zemanek, *supra* note 5, p. 193 참조.

95) 과실책임론자인 L. Oppenheim은 Corfu해협사건에 대해서 ICJ의 판결이 알바니아정부의 인식 없이 기뢰를 설치하는 것은 불가능하다는 점에 근거하고 있으므로 과실에 기초한 책임을 인정한 판례라고 한다(*Oppenheim's International Law*, *supra* note 1, p. 509).

96) 노명준, 앞의 책(주 63), 327-328면 참조.

97) *Oppenheim's International Law*, *supra* note 1, pp. 509-511.

98) 무과실책임론을 비판하면서, "화산폭발로 인한 천재지변 등과 같이 국가기관에 과실이 없는 경우에도 국가책임을 부담시키는 것은 불합리하다고 할 수 있다"고 주장하는 학자도 있으나(최승환, "초국경적 환경오염피해에 대한 방지의무," 『서울국제법연구』 제2권 제2호, 1995, 177-178면), 이는 무과실책임의 법리를 잘못 적용하고 있는 것이다. 화산폭발 같은 자연작용으로 야기된 피해에 대하여 국가책임을 물을 수 없는 것은 고의 또는 과실이 존재하지 않기 때문이 아니라 그러한 자연작용은 그 어떤 국가로도 귀속되는 행위가 아니며, 또한 그 자체가 어떤 국제의무를 위반한 경우도 아니기 때문이다. 자연현상에 고의 또는 과실을 적용하는 것은 법이론적으로 잘못된 해석이다.

주관성은 국가책임의 법전화를 저해하고 있다. 과실은 극단적으로 그 자체의 주관적인 개념으로부터 국가책임제도라는 보편적 제도를 창조하는 패러독스를 보이고 있는 것이다. 이러한 패러독스는 국가책임제도가 국제사회에서 원래 의도하고 있는 기능을 다하는데 필요한 합의(consensus) 형성을 방해하고 있다. 만약 각국이 과실의 의미에 대하여 규범적인 견해를 주장한다면 과실책임론은 그러한 국가들 사이의 공유된 이해력을 통하여 그 주관성을 극복할 가능성이 매우 높기는 하다. 그러나 특정한 국내사법체계 내에서도 판사들이 과실의 의미를 서로 다르게 해석할 수 있듯이 정치, 문화, 경제의 상이성이 존재하는 국가간에 과실에 대한 국제적이고 통일적인 이해는 더욱 어려운 문제이다.

과실에 대한 접근에서 이러한 난점은 국경을 넘는 환경오염에 엄격책임을 적용하는 데 관심을 촉진하는 동인(動因)이 되었다.[99] 엄격책임론은 심각한 손해가 발생한 후에 자동적으로 구제를 인정하는 이론이다.[100] 엄격책임론자들에 의하면 엄격책임은 객관성을 정당화하는 징표를 모은다고 주장한다.[101] 그러나 엄격책임의 승인과 국가이익 사이의 분열은 엄격책임에 대한 국제적 합의를 어렵게 한다. 이와 관련하여 Dupuy는 "이와 같은 자동적 구제권은 오염희생자에게는 너무 매력적이지만, 많은 선진공업국에게 그 제도에 대한 믿음을 주지 못하고 있다. 또한 그러한 권리는 특정한 국가의 특수한 지리적 조건을 무시하고 있다. 예를 들어 국제하천의 일방적 오염(one-way pollution)의 경우에 상류국가는 하류국가의

99) 예를 들어, WCED는 국경을 넘는 환경오염에 대한 법적 원칙으로 엄격책임을 제안하였다(WCED, *Our Common Future*, 1987, p. 349).

100) WCED는 엄격책임과 관련하여 "각국은 행위가 착수된 당시에 해로운 것으로 알려지지 않은 활동일지라도 국경을 넘는 위해가 실재하는 경우에 배상이 이루어지는 것을 보장하여야 한다"라고 설명하고 있다(*Ibid.*).

101) Briand D. Smith, *supra* note 10, pp. 15-21 참조.

배타적 이익에 대하여 배상을 계속하여 지불하여야 한다"고 지적하고 있다.[102] 또한 엄격책임은 개발도상국에게도 엄청난 파문을 일으킨다. 대부분의 개발도상국은 국내적 활동, 특히 이들 국가들이 경제발전을 위해 의존하게 되는 대외활동으로 야기될 수 있는 국경을 넘는 환경위해의 범위를 예측하는 데 필요한 정보가 부족하다.[103] 엄격책임을 적용하게 되면 산업활동비용이 증가하여 이로 인하여 개발도상국의 국제경쟁력을 저해할 수도 있고, 그들의 경제성장에 큰 짐이 된다. 그래서 개발도상국들은 선진국에 의해서 옹호된 환경규범은 제3세계국가의 경제목표달성을 방해할 수도 있다는 의혹을 제기하고 있다.[104] 더욱이 엄격책임은 보편적인 국가책임제도의 기초인 과실을 무력하게 하는 주관성을 결코 완전하게 벗어날 수 없다. 국경을 넘는 모든 환경피해에 대하여 책임을 일괄적으로 부과하는 것은 상상할 수 없는 복잡한 문제를 야기할 수 있으며, 이는 도리어 국가책임제도를 실행할 수 없는 제도를 만들 수도 있다. 거의 모든 인간 활동과 기술은 환경에 영향을 주고 있는데, 엄격책임을 적용하면 이러한 모든 인간 활동이 법적 책임에서 벗어날 수 없기 때문이다. 이러한 복잡한 문제로 인하여 현재 국제환경협약들은 주의의 기준이 과실이냐 또는 엄격책임이냐에 대하여 통일적인 기준을 제시하는 데 합의를 보지 못하고 있다.

최근에 고도로 위험한 활동과 관련 있는 분야에서는 국가의 무과실책임의 법리가 받아들여지고 있는 모습을 보이지만 확고한 국제관행으로 인정되고 있는 것은 아니다. 그동안 국제적인 환경오염에

102) Pierre-Marie Dupuy, *supra* note 34, pp. 373-374.

103) Daniel B. Magraw, *supra* note 45, p. 1050.

104) A. Robinson, "Problems of Definition and Scope," in Law, Institutions and the Global Environment, 1972, pp. 48-49 참조. 선진국에 의해 옹호되고 있는 환경규범은 제3세계국가의 경제발전을 방해하고 있다고 의심하는 개발도상국들의 입장을 설명하고 있다.

대한 국가책임을 인정한 사례들을 살펴보더라도, 분쟁당사국간의 계약적 합의에 의해서 무과실책임을 받아들였거나 또는 분쟁당사국이 모두 가입하고 있는 조약이 무과실책임을 규정하고 있는 경우에 당해조약을 적용하여 무과실책임을 제한적으로 승인하였을 뿐이다. 그러나 국가기관 또는 사인이나 사법인의 행위로 인하여 환경오염이 야기되어 다른 국가의 불특정 다수의 사람이나 재산에 막대한 피해를 끼쳤을 경우에는 비록 국가의 과실이 없더라도 국가책임을 지도록 하는 것이 바람직하다고 생각한다. 특히 환경은 한번 파괴되면 원상회복이 불가능한 경우가 많거나 회복이 가능하더라도 엄청나게 오랜 시간이 요구되는 경우가 많기 때문에 환경오염 예방 차원에서도 무과실책임론의 적용이 바람직하다고 생각한다.[105)][106)] 그리고 많은 국제환경협약은 당사국으로 하여금 당해 협약상의 의무이행을 위해 국내법을 제정하여 국경을 넘는 환경오염을 방지할 의무를 부과하고 있는데, 이러한 의무의 이행을 소홀히 하여 다른 국가 환경에 피해를 야기한 경우에 당해국가에 책임을 부담하게 하는 것이 협약상의 의무준수를 강제하기 위해서도 바람직하다. 그러므로 국제환경입법론적으로도 원칙적으로 무과실책임을 채택하는 것이 바람직하다고 생각한다.[107)]

---

105) 최승환, 앞의 논문(주 98), 178면.

106) 호주출신의 국제법학자 Goldie 교수는 핵에너지 및 우주공간의 이용 같은 고도로 위험한 활동분야에서 무과실책임을 도입해야 할 이유를 다음과 같이 제시하고 있다. 첫째, 이 분야에서의 활동은 그 결과에 대하여 손해를 예측하기 어렵다. 둘째, 이 분야에서는 주의를 기울이더라도 손해발생을 방지하기 위한 적절한 조치를 취하기가 사실상 곤란하다. 따라서 과실로 간주할 가해자의 행태 범위가 확정될 수 없다. 셋째, 이 분야의 산업기술은 외부의 제3자가 알 수 없는 경우가 많아 기울여야 할 주의의 정도에 대해서는 전문가라 할지라도 잘 모르는 경우가 많다. 넷째, 목적물의 실험, 개발, 사용 등에 대해서는 기업 또는 국가적 차원에서 기밀요지가 요청되는 경우가 많아 피해자측에서 필요한 증거를 입수하기 어렵다(이영준, 『국제환경법』(서울: 법문사, 1995), 66면에서 재인용).

107) 노명준 교수도 이와 같은 주장을 하고 있다(노명준, "환경보호와 오염방지를

3) 손해의 발생

국가책임의 성립요건과 관련하여 또 다른 논쟁은 손해(damage)의 발생이 국가책임의 성립요건인가와 관련된 문제이다. 즉 국가책임의 성립요건으로서 국가의 당해 행위로부터 구체적이고 실질적인 손해의 발생이 필요한가에 대하여 논란이 되고 있다. 전통적인 국가책임이론에 의하면 국가책임이 성립하기 위해서는 국가의 국제위법행위가 존재하고 그 행위는 고의 또는 과실에 의해서 행해지고, 또한 그러한 행위로 인하여 손해가 발생하여야 한다고 보았다.[108] 다시 말해서 전통적으로 손해의 발생을 국가책임의 성립요건으로 주장하였다. 그러나 일반적 국가책임이론의 입장에서 손해발생이 국가책임성립의 절대적인 요건은 아니다.[109] 손해는 국제법상 구제를 위한 속성(predicate)일 수 있지만, 모든 경우에서 개별국가가 유형적이거나 또는 직접적으로 손해를 입는 것이 필요한 것은 아니다. 그 이유는 다음과 같다. 첫째, 손해발생이 국가책임의 성립요소인가의 여부는 1차적 의무의 내용(content of the primary obligation)에 달려 있다.[110] 그런데 이 문제에 대한 국제법상 일반규칙은 존재하지 않는다. 둘째, 국가의 국제책임은 국제불법행위와

위한 국제법에 관한 연구," 『국제법학회논총』 제27권 제1호, 1982, 124-125면 참조).

108) E.J. de Arēchaga, *supra* note 64, p. 534.

109) ILC는 국가책임에 관한 규정초안 작성과정에서 국가책임의 성립요건으로 행위의 국가귀속과 국제의무위반 두 가지만 규정하고 실질적인 손해가 발생하지 않은 경우에도 국가책임이 성립할 수 있음을 인정하였다(Yearbook of ILC 1973, Vol. II, p. 186, para. 12).

110) 2001년 국가책임에 관한 규정초안 제2조에 대한 주석에서도 이와 같은 논리를 전개하고 있다. 예를 들면, 어떤 법을 제정해야 할 조약상의 의무는 그 법을 제정하지 않으면 위반한 것이 되며, 다른 체약국이 그 불이행에 의하여 입은 구체적 손해를 적시할 필요는 없다. 어떤 특별한 의무에 대하여 책임 있는 국가가 행동하지 않은 즉시 이를 위반하는 것이 되는지 아니면 추가적인 요소가 필요한가는 1차적 의무의 내용과 해석에 달려 있다(ILC Report(2001), p. 73).

국제범죄에 의해서 발생하는데[111] 국제범죄의 경우에는 전체로서 국제공동체에 대한 법익의 침해로 간주하므로 특별한 손해를 입지 않은 국가에 대해서도 중대한 의무위반이 되기 때문이다. 셋째, 국제법의 일부 분야에서 대세적 의무(duties *erga omnes*) 또는 당사자간 대세적 의무(duties *erga omnes* partes) 개념이 도입되고 있는데,[112] 이 개념에 따르면 실제로 손해를 입지 않은 국가도 조약 규정 또는 국제관습법에 의해 국제청구를 제기할 수 있다. 넷째, 손해가 정신적 손해(moral damage)까지 포함되는 것으로 한다면 손해발생은 국가의 의무위반에 내포되거나 필연적으로 수반되기 때문에 이를 국제의무위반과 별도로 요건화할 필요가 없다.[113] 이런 이유로 손해발생을 국가책임의 절대적인 성립요건의 하나로 취급하는 것은 타당하지 않다. 그러나 다음에서 설명할 국제법상 금지되지 않은 국가의 적법한 활동으로부터 발생한 손해에 대한 국제책임에서는 '손해의 발생'이 국제책임의 성립요건의 결정적인 요소이다. 행위의 국가귀속성을 배제하고 국제의무위반 여부와 관계없이 성립하는 이와 같은 국제책임은 손해 발생 때문에 인정되는 보상책임이기 때문이다.

이와 같이 국제법상 위법하지 않은 행위로 인하여도 국제책임이 성립될 수 있음이 '고도로 위험한 활동'영역에서 인정되고 있음을 볼 때 손해발생이 국가의 국제책임의 성립요건이 아니라는 점에 대하여도 재검토를 하여야 할 것이다. 국가의 국제책임에 관한 일

111) 앞에서 살펴본 바와 같이 2001년 국가책임에 관한 규정초안이 채택되기 이전에 논의되었던 잠정초안은 제19조에 국제위법행위를 국제불법행위와 국제범죄로 구분하여 규정하고 있었다(Yearbook of ILC 1976, Vol. Ⅱ(part 2), pp. 95-122; Yearbook of ILC, 1980, Vol. Ⅱ(part 2), p. 30).

112) 예를 들면, 2001년 국가책임에 관한 규정초안 제48조 제1항 (a)는 국가책임을 원용할 자격이 있는 국가의 범위를 확대하기 위해 이러한 개념을 규정하고 있다. 이에 대해서는 김대순, 앞의 책(주 13), 487면, 516-517면 참조.

113) Yearbook of ILC 1976, Vol. Ⅱ(part 2), pp. 95-122.

반론에서 손해발생을 절대적 요건으로 하지 않는 점에서는 동의할 수 있으나, 특히 국경을 넘는 환경오염은 국가의 적법한 활동과정에서 충분히 발생할 수 있기 때문에, 이런 경우 오염원인국에게 국가책임을 묻기 위해서는 일반적 국제책임론과는 다른 연결고리가 필요하다. 바로 이 연결고리가 되는 것이 손해이다.[114] 즉 한 국가가 국제법상 위법하지 않은 국가활동의 수행 결과로 인하여 다른 국가에 대하여 책임을 부담하게 되는 근거는 손해가 발생하였기 때문이다. 특히 국경을 넘는 환경오염에 대한 국가책임에서 결정적인 요소는 손해의 발생이다.[115] 국경을 넘는 환경손해에 대한 국제책임을 인정함에 있어서 행위의 국가귀속성 및 국제의무위반의 여부와 관계없이 발생한 손해에 대하여 행위국에게 배상책임을 인정하는 경우에는 특히 손해의 발생이 국제책임의 결정적인 요소가 된다. 그동안 ILC가 작업하였던 '국제법상 금지되지 않은 행위로 인한 위험한 결과에 대한 국제책임'(International Liability for Injurious Consequences arising out of Acts not Prohibited by International Law)에 관한 논의에서도 손해를 책임원칙이 적용되는 근거로 하고 있다.[116] 2001년에 채택된 '위험한 활동에서 야기되는 국경을 넘는 손해의 방지에 관한 규정 초안'(Draft Articles on Prevention of Transboundary Harm From from Hazardous Activities)도 국경을 넘는 손해는 활동의 물리적 결과(physical consequence)의 소산이어야 함을 규정하고 있어,[117] 물리적인 것이 아닌 손해에 대해서는 초안규정이 적용되지 않는다.

---

114) G. Handl, "Territorial Sovereignty and the Problem of Transnational Pollution," *AJIL*, Vol. 69, 1975, p. 60.

115) *Ibid*.

116) Yearbook of ILC 1990, Vol. II(part 1), pp. 104-107.

117) 2001년 위험한 활동에서 야기되는 국경을 넘는 손해의 방지에 관한 규정 초안 제1조: ILC Report(2001), p. 380.

3. 해로운 결과에 대한 국제책임

전통적으로 국가의 국제책임은 국제의무위반에 대한 배상책임을 의미하였다. 그러나 오늘날 국가의 국제의무위반이 없이도 발생할 수 있는 국제책임이 존재함을 인정하는 징표가 나타나고 있다.[118] 즉 오늘날 국제법은 전통적인 '위법행위에 대한 국가책임'과 별도로 '해로운 결과에 대한 국가책임'의 존재를 인정하려는 움직임이 나타나고 있다. 원래 전통적인 국제책임이론은 국제법상 위법행위로 인해 발생된 손해에 대한 배상책임을 의미하는 것이었다. 그러나 오늘날 첨단과학기술의 발달로 고도의 위험한 활동이 환경적으로 해로운 결과를 초래하는 경우가 증대함에 따라 그러한 활동, 즉 적법한 행위임에도 불구하고 환경피해가 발생한 경우에 국제책임을 인정하는 경향이 나타나고 있다. 이와 관련하여 ILC는 전통적인 국가의 국제책임과는 별도로 1978년부터 '국제법에 의하여 금지되지 않은 행위로 인한 위험한 결과에 대한 국제책임'에 관한 논의를 오랫동안 진행해 왔는데, 여기서 논의된 주요한 책임이 이른바 '해로운 결과에 대한 책임,' '위험책임,' '적법행위책임' 등으로 불리고 있다. 이러한 해로운 결과에 대한 국제책임은 한 국가의 영역 내 또는 관할권 아래에서의 활동에 대해서 적절한 통제와 방지조치를 취하였는데도 다른 국가에게 해로운 결과를 야기한 경우에, 그러한 활동이 국제의무를 위반하였는지와 관계없이 당해 국가에게 발생한 피해에 대해 보상할 책임을 부과하는 것을 말한다. 국가가 수행한 활동이 국제법에 의해 금지되지 아니한 합법적인 활동이라고 하더라도 그 해로운 결과에 대하여 책임을 인정하는 것이 이에 해당한다. 그러나 위법행위

118) 김석현, "초국경적 손해에 대한 국제책임의 특수성－일반적 국가책임과 비교하여," 『국제법평론』 통권 제3호, 1994－II, 55면 참조.

에 대한 국가책임과 비교하여 볼 때 상대적으로 해로운 결과에 대한 국제책임분야는 더 복잡한 논쟁이 존재하고 있으며, 해결되지 않은 쟁점이 많은 편이다.

이러한 적법행위책임은 고도로 위험한 활동분야를 다루고 있는 개별조약에서 인정하고 있는 것이 국제법의 현단계이고, 일반적으로 국제법체제 내에서 인정되고 있는 것은 아니다. 이는 ILC의 그 동안의 작업현황을 분석해 보면 명확하다. ILC가 "국제법에 의하여 금지되지 않은 행위로 인한 위험한 결과에 대한 국제책임"(International Liability for Injurious Consequences arising out of Acts not Prohibited by International Law)이란 제목으로 다루었던 원래의 주제가 논의과정에서 축소되어, 2001년 "위험한 활동에서 야기되는 국경을 넘는 손해의 방지에 관한 규정 초안"(Draft Articles on Prevention of Transboundary Harm From from Hazardous Activities)을 채택하였다. ILC의 2001년 채택된 초안에 따르면 당분간은 '방지'(prevention)에 초점을 맞추고, '책임'(liability)은 나중에 계속 다루기로 하였는데, 이는 적법행위에 대한 국제책임을 일반적으로 인정하는 데 많은 문제점이 제기되었기 때문이다.[119] 현재 ILC는 방지(prevention)와 책임(liability)의 상호연관성을 염두에 두면서, 원칙적으로 적법하지만 위험한 활동의 경우에 적용될 책임—국가의 국제책임(international liability)과 개인의 민사책임(civil liability)—의 원칙 내지 규칙을 마련하고, 위법하지 아니한 활동으로 인해 국경을 넘는 손해를 입은 개인이 적절한 보상을 받을 수 있는 충분한 수단에 관하여 연구·검토하는 작업을 진행하고 있다.[120]

119) 김대순, 앞의 책(주 13), 544-546면 참조.

120) 2001년 '위험한 활동에서 야기되는 국경을 넘는 손해의 방지에 관한 규정 초안'에 대해서는 김대순, "적법행위에 대한 국가책임이론의 정립을 향하여: 2001년 ILC초안을 중심으로,"『국제법학회논총』 제48권 제1호, 2003, 15-37면; J.G. Lammers, "Prevention of Transboundary Harm from Hazardous Activities: ILC Draft Articles," *Hague Yearbook of International Law*, Vol. 14, 2001, pp. 3-24 참조.

제 3 장

지구환경보호와 강행법규

제 3 장 지구환경보호와 강행법규: 환경오염은 강행법규위반인가?

1. 국제법상 강행법규

전통적으로 국가는 국제법규를 자기의 의사에 기초하여 그 적용을 배제할 수 있는 것으로 이해하였다. 다시 말해서 국가주권에 기초하여 국제법규에 대하여 관련 국가의 의사에 의하여 그 적용이 배제될 수 있는 임의법규(任意法規, jus dispositivium)로 이해하였다. 그러나 제2차 세계대전 이후, 즉 현행 UN헌장의 구조 내에서는 자국의 의사에 의해서도 그 적용을 배제 또는 변경시킬 수 없는 기본적 법규, 즉 강행법규(强行法規, jus cogens)가 존재한다는 것을 인정하고 있다.[1] 1969년 조약법에 관한 비엔나협약 제53조는 "이 협약의 목적상 일반국제법의 강행법규란 국가들로 구성되는 국제공동체 전체에 의해 수락되고 승인된 법규로서, 그로부터 이탈이

---

1) 국제법상 임의법규와 강행법규의 구별은 국제법 발달의 초창기였던 H. Grotius에 의해서 이루어졌다고 볼 수 있다. 자연법학자이며 국제법 창시자인 Grotius는 자연법은 영구불변한 것이므로 신(神)도 이것을 변경할 수 없다고 하였다. 즉 그는 자신의 자연법이론에서 오늘날 강행법규와 유사한 국가주권의 제한을 주장하였다(H. Grotius, *De Jure Belli Ac Pacis*—Libri Tres(*The Law of War and Peace*—Three Books), translated by Francis W. Kelsey, Book Ⅰ(Oxford: Clarendon Press, 1925), p. 40). 그러나 국제법학자 중에는 실효적인 법체계가 결여되어 있는 국제법체계 내에서 강행법규의 존재에 대하여 회의적인 생각을 하는 자도 있다((G. Schwarzenberger, *A Manual of International Law*, 5th ed.(London: Stevens and Sons Limited, 1967), pp. 29-30.

허용되지 아니하며, 또한 동일한 성격을 갖는 일반국제법의 사후법규에 의해서만 수정될 수 있는 것이다"라고 규정하고 있다. 강행법규는 일정한 기본적인 실체법규에 반하는 조약을 무효화하는 규범으로써 이해되고 있다.[2] 즉 강행법규는 국제법의 서열화를 위하여 도입된 실체법적 개념으로서 일차적으로 조약체결 등 일정한 행위의 법적 효력을 부인하기 위한 개념으로 인식되었다.[3] 이는 국가주권을 중심에 두고 있는 20세기 국제법체계에서 혁명적인 변화임에 틀림없다. 그러나 아직 강행법규의 적용범위 및 법적 효력에 관한 이론이 완전하게 확립되어 있지 못하다.[4] 그럼에도 확실한 사실은 '국제공동체의 기본적 가치를 보호하는 가장 근본적인 규범'이 강행법규라는 인식에는 각국이 동의하고 있다는 점이다.[5] 그동안 강행법규로 생명권, Genocide, 고문의 금지, 자결권, 해적행위, 침략행위, 전쟁범죄, 인도에 반하는 범죄 등 인권관련 규범이 제시되었다.[6] 따라서 이러한 인권규범들은 국제공동체의 기본적 가치를 보

2) Eva M. Kornicker Uhlmann, "State Community Interests, Jus Cogens, and Protection of the Global Environment," *Georgetown International Environmental Law Review*, Vol. 11, 1998, p. 101.

3) 김대순, "'일반국제법의 강행규범' 개념에 관한 연구," 『국제법학회논총』 제42권 제2호, 1997, 14-15면.

4) 현대 국제법학에서 강행법규에 관한 논쟁은 국가주권의 제한문제와 결부되어 격렬하게 진행되고 있는 상태이다. 이러한 논쟁은 강행법규의 본질에 관한 논쟁에서부터 국내법상 강행법규개념과의 동일성 여부, 대세적 의무(obligations erga omnes) 및 국제범죄(international crimes)와의 관계 등에 이르기까지 매우 이론적이면서도 실제적인 내용에 걸쳐 논쟁이 진행되고 있다(A.J.J. de Hoogh, "The Relationship between *Jus Cogens*, Obligations *Erga Omnes* and International Crimes: Peremptory Norms in Perspective," *Austrian Journal of Public and International Law*, Vol. 42, 1991, pp. 163-214; G.A. Christenson, "*Jus Cogens*: Guarding Interests Fundamental to International Society," *Virginia Journal of International Law*, Vol. 28, 1988, pp. 585-648).

5) R. St. J. Macdonald, "Fundamental Norms in Contemporary International Law," *Canadian Yearbook of International Law*, Vol. 25, 1987, pp. 133-134.

6) 박진아, "국제인권법의 서열에 관한 연구," 고려대학교 석사학위논문, 2006. 8, 43-44면.

호하는 가장 근본적인 규범이라고 볼 수 있다. 그렇다면 여기서 국제법상 강행법규에 대한 내용을 국제환경법 분야에 적용해 보자. 국제환경 법분야에서 지구환경보호도 역시 전체로서 국제공동체의 기본적 가치로 강행법규라고 볼 수 있는가? 오늘날 대기의 보호, 해양환경의 보존, 생물다양성의 보존, 오존층보호 및 지구기후의 보존문제는 국제공동체이익의 대표적인 사례이다. 이와 같은 내용이 강행법규로서 법적 지위를 확보하게 되면 일차적으로 이를 위반하는 조약은 무효가 된다. 또한 지구환경보호와 관련한 강행법규는 그러한 법규가 침해되었을 때 그로 인한 직접적인 피해국가뿐만 아니라 유형적이고 물질적인 피해를 보지 않은 국가에게도 침해국가에 대하여 법적 조치를 취할 수 있는 지위를 부여하는 역할을 한다. 이것은 어느 국가의 관할권에도 속하지 않는 소위 지구공공물[7](global commons)의 환경오염문제를 해결할 때 특히 중요하다.[8] 왜냐하면 전통적인 국제법이론에 따르면, 지구공공물에 환경

7) 지구공공물(global common)은 어떤 특정국가의 영토적 관할권 아래에 있지 않은 것으로 세 가지로 분류할 수 있다. 첫째는 한 국가 또는 특정한 국가그룹(group of states)의 영토적 경계 내에 포함되어 있지만 지구환경에 중대한 영향을 미치는 것으로 아프리카의 코끼리떼와 브라질의 열대우림(tropical rain forests) 등과 같은 자연자원으로 구성되어 있다. 예를 들면 브라질의 우림지역 파괴는 지구기온을 변하게 할 수 있고, 아프리카코끼리의 멸종은 지구에 생존하는 야생동식물의 풍부한 다양성을 감소시킬 것이다. 그러나 브라질을 비롯한 해당국가들은 그러한 자원들은 자국에 속한다고 주장한 반면 탄자니아 Ali Hassan Mwiny 대통령이 "탄자니아에 있는 풍부한 야생동식물은 지정학적 환경의 덕택으로 갖게 된 것이므로 그것은 모든 인류에게 속한다"고 주장한 점은 시사하는 바가 크다. 두 번째 유형은 공해(high sea), 남극, 우주공간 등과 같이 어느 국가의 영토관할권 아래에 있지 않은 지구공유공간(global common spaces)이다. 세 번째 유형은 어느 국가에게도 포함되어 있지 않고 소유권의 분할이 불가능한 채로 존재하는 대기(atmosphere)와 지구의 기후 같은 '순수한 공공물'(true commons)이다(Note, "Development in Law: International Environmental Law," *Harvard Law Review*, Vol. 104, 1991, pp. 1534-1535).

8) P. W. Birnie & A. E. Boyle, *International Law and the Environment*, 2nd ed.(Oxford: Clarendon Press, 2002), pp. 196-197; 이 문제에 대해서는 제7장에서 자세하게 검토한다.

오염이 발생한 경우에 직접적인 피해국가가 없어 아무런 구제조치를 취할 수 없기 때문이다. 이렇게 되면 지금까지 대체로 그래왔듯이 지구공공물의 환경손상에 대하여 거의 대응할 수 없게 된다.

2. 국제공동체이익과 지구환경보호

1) 국제공동체이익의 개념

국제공동체이익의 보호가 강행법규의 본질적 기준이기 때문에 가능한 한 명확하게 이러한 개념을 구체화하는 것은 필수적인 일이다. 우선, 국제공동체이익은 집단적 국가이익과 구별되어야 한다. 집단적 국가이익(collective state interests)이란 몇몇 또는 모든 국가가 공통으로 가지고 있는 이익으로, 그것은 관련된 개별국가 이익의 합계를 넘지 않는다. 국제공동체이익의 보호도 또한 항상 한 국가의 국가적 또는 개별적 이익 내에 있는 것이 사실이지만, 국제공동체이익은 전체로서 공동체의 이익에 이바지하는 것이며, 전형적인 국제공동체이익은 상호의존상태로부터 나온다는 점이다. 국제공동체이익은 긴밀한 국제협력의 구도 내에서 합리적으로 취급될 수 있다. 그래서 전통적으로 국제법규의 기초인 상호주의의 요소는 국제공동체이익이 위태로워지는 경우 쇠퇴하게 된다.[9] 즉 국제공동체이익은 "너희 국가가 우리 국가에게 떡 하나 주면 우리 국가도 너희 국가에게 빵 하나 준다"라는 식의 상호주의에 기초하고 있는 것이 아니라, "우리 국가의 쌀로 너희 국가가 떡을 만들고 너희 국

9) Antonio Cassese, *International Law in a Divided World*(Oxford: Oxford Univ. Press, 1989), p. 28.

가의 밀가루로 우리 국가가 빵을 만들어 잔치를 열자"라는 식의 협력적 의존관계에 기초하고 있다. 오늘날 국제사회의 현안문제를 해결할 때 국가간의 상호의존관계는 더욱 증대되고 있다. 각국은 자국의 국가이익이 다른 국가와 협력해서 실현될 수 있다는 점과 대부분의 현안문제가 국가간의 협력 속에서 다루어질 때 효과적으로 해결될 수 있다는 점을 깊이 인식하고 있다. 아직도 여전히 개별국가의 이익에 관심이 집중되기는 하지만 상호의존관계가 더욱 심화되었고, 이러한 상호의존관계가 협력의 동기로 작용하였다.[10] 그런데 패러다임이 다시 한번 바뀌었다. 국제법은 협력의 법적 구도로부터 공동체질서(community order)의 법적 구도로 전환되었다. 이것은 지구환경의 위기, 인간질병의 세계적 차원으로 확대, 시장의 세계화 등의 결과라고 볼 수 있다.[11] 이러한 문제들에 공동으로 대처하기 위해서뿐만 아니라 각국은 자국의 문제를 해결하는 데도 다른 국가와 서로 의존하는 경향이 더욱 짙어졌다. 한마디로 말해서 전체로써 국제공동체의 생존과 이익이 위태로운 곳에 공동체이익이 존재하고, 그러한 이익을 보호하기 위한 법규의 등장은 필연적인 관계를 맺고 있는 것이다.

'국제공동체이익'의 개념은, 적어도 용어 자체만 놓고 보면, 국제공동체이익을 보호하는 규범의 가장 전형적인 주체로서 국가뿐만 아니라 국제기구 및 개인에게도 적용된다. 모든 국제공동체이익은 전체로써 인류 및 개인의 이익과 연결되거나 연결되어야 한다. 따라서 '국가'만이 포함되는 용어를 피하고 국가 이외의 국제법상의 주체를 포함하는 용어를 사용함으로써 '국제공동체이익'에 대한 일정한 침해 및 손해에 대하여 개인 및 다국적 기업에게도 국제법적

10) Eva M. Kornicker Uhlmann, *supra* note 2, pp. 104-105.

11) E. Riedel, "International Environmental Law-A Law to Serve the Public Interest?," in J. Delbrück(ed.), *New Trends in International Lawmaking*, 1997, pp. 61-98.

책임을 할당하는 데 용이하게 할 수 있다.[12] 특히 지구환경보호를 통한 공동체의 이익은 개별국가에게만 주어져서는 안 되고 인류 전체에 제공되어야 하고, 환경에 대한 계획적이고 심각한 손상 및 대량적인 환경오염 행위는 국가뿐만 아니라 개인에 의해서 나타날 수 있는 가능성이 매우 높기 때문에 국가뿐만 아니라 국제기구, 비국가적 실체 및 개인도 공동체이익과 관련한 규범에 포함시켜야 한다.[13]

국제공동체이익은 두 가지 범주로 나눌 수 있다. 첫째는 좁은 의미에서 국제공동체이익이 있다. 즉 국제공동체 전체의 이익을 직접적인 목표로 삼는 공동체이익이 이에 해당한다. 예를 들면, 국제법질서의 존재에서 연유하는 이익, 국제평화의 유지에 따른 이익, 건전한 환경 보존에서 이익 및 지구공유물의 이용과 보존에서 이익 등이 이에 해당한다. 둘째는 개인 또는 개인의 단체(individuals or groups of individuals)를 보호하는 것을 직접적인 목표로 삼는 국제공동체이익의 범주이다. 여기서 개인의 보호는 국제공동체를 보호하는 것과 직접적으로 관련이 없으나, 간접적으로 그리고 최후의 수단으로 공동체이익에 이바지한다. 개인 보호 측면에서 국제공동체이익은 특히 Barcelona Traction사건에서 ICJ가 부수적 의견(obiter dictum)을 통하여 잘 보여주었다. ICJ가 '전체로서 국제공동체에 대한 국가의 의무'라고 언급하고 있는 것에는 Genocide의 금지, 노예제도와 인종차별 금지 같은 개인을 보호하는 기본적 원칙 등이 포함되어 있다.[14] ICJ의 이러한 특별하게 진보적인 판결과는 별도

12) *Ibid.*, p. 97.

13) 그러나 국가가 여전히 주요한 행위 주체인 현행 국제법 아래서 '공동체이익'이라는 추상적 개념에서 법적 의미를 끌어내는 것은 어려운 일인데, 국가 이외의 실체까지 포함시키면 이를 더욱 어렵게 만들기 때문에 '공동체이익'에 대한 필요한 정도의 합의를 용이하게 도출하기 위해서는 '공동체이익'을 '전체로서 국가들로 구성되어 있는 공동체의 이익'을 의미하는 것으로 제한해야 한다고 주장하는 학자도 있다(Eva M. Kornicker Uhlmann, *supra* note 2, p. 107).

14) ICJ Reports(1970), p. 33.

로, UN총회의 결의(Resolutions)[15] 그리고 UN이 주최한 다양한 국제회의에서 채택된 많은 선언 및 행동계획에도 국제공동체이익이 특히 명백하게 나타나고 있다. 또한 다자조약의 전문(前文)에도 국제공동체이익을 표현하는 내용들이 나타나고 있다. 예를 들면, 1992년에 채택된 생물다양성협약 및 기후변화협약은 각각 그 전문에 "인류공동의 관심사"(common concern of humankind)라는 표현을 사용하고 있다. 또한 국제공동체이익은 다수의 국가들에 의해 비준될 것이 의도되어 있는 다자간 국제협약들, 특히 지구환경의 보호와 관련한 조약들 속에도 암묵적으로 표현되어 있기도 하다. 이러한 협약들은 상호주의 요소를 포함하고 있지 않을 뿐만 아니라 개별국가의 실제적이고 구체적인 어떠한 이익도 규정하고 있지 않다.

2) 국제공동체이익의 본보기로서 지구환경보호

지구환경보호는 국제공동체이익의 본보기(prototype)로서 어떠한 규범이 강행법규에 해당하는가? 그동안 많은 학자들이 지구환경보호와 강행법규의 관계에 대해서 언급하였다.[16] 그러나 어떤 규범이 강행법규에 해당하는지에 대해서는 구체적으로 언급하지 않고 일반론적인 차원에서만 거론하였을 뿐이다. 이와 같이 지구환경보호와 관련하여 어떠한 규범이 강행법규인가를 결정하는 것이 어려운

---

15) 예를 들면 지구기후변화문제를 다루었던 1989년 유엔임시총회는 지구기후의 보호를 '인류의 공동관심사'로 표현하는 결의문을 채택하였다(UN G. A. Res. 43/53, UN Doc. A/Res/43/53, *reprinted in* ILM, Vol. 28, 1989, p. 1326).

16) G. Handl, "Environmental Security and Global Change: The Challenge to International Law," *Yearbook of International Environmental Law*, Vol. 1, 1990, p. 3; L. Hannikainen, Peremptory Norms(Jus Cogens) *in International Law*(Helsinki: Finnish Lawyer's Publishing Company, 1988), pp. 688-695; J. Brunnée, "'Common Interest'—Echoes from an Empty Shell?," 49 ZaöRV 791, 1989, pp. 804-807; Stefan Kadelbach, *Zwingendes Völkerrecht*(München: C.H. Beck Verlag, 1992), S. 315.

이유는 이러한 국제환경법규가 아직은 오래되지 않았고, 특히 환경보호와 관련한 국제의무가 법규의 운영에 필요한 정밀함이 결여되어 있기 때문이다. 그러나 이것은 국제강행법규에서만 나타나는 문제가 아니고 최근에 발전되고 있는 국제법분야에서 일반적으로 발생하는 현상이다.[17] ICJ가 국제적인 환경보호 차원에서 강행법규에 관하여 최초로[18] 언급한 것은 WHO의 부탁에 의해 이루어진 1996년 '핵무기의 위협 또는 사용의 합법성에 관한 권고적 의견'[19]에서 Weeramantry 재판관이 제시한 반대의견에서이다.

Weeramantry 재판관은 환경과 관련한 국가의무는 "대세적 의무로부터 강행법규의 성질을 가지는 의무에 걸쳐 국제범죄 수준에 이르기까지 모든 길에 분포되어 있다"[20]라고 하였을 뿐이다.

국제법구조를 공존으로부터 협력 및 국제공동체 공통의 이익으로의 근본적 변화를 가져온 대표적인 배경으로는 지구환경의 국제적 보호의 필요성을 들 수 있을 것이다. 1972년 UN인간환경회의(UNCHE)를 계기로 국제환경법은 협력의 시대로 돌입하였다고 볼 수 있다. 이 회의는 다수의 국제환경협약 체결의 시발점뿐만 아니라 유엔환경계획(UNEP) 설립의 계기가 되었다. 그리고 1992년 UN환경개발회의(UNCED)는 협력의 시대에서 국가공동체 이익의 시대로 변화하였음을 보여주었다. UN환경개발회의 이후에 적어도 각국은 지구가 처해 있는 환경위험에 관한 사실을 부인할 수 없게 되었다. 즉 각국이 여전히 자국의 정책입안과정에서 전통적인 국가

---

17) Eva M. Kornicker Uhlmann, *supra* note 2, p. 115.

18) ICJ는 1986년 Nicaragua사건에서 강행법규를 언급하였으나 환경보호와는 무관한 것이었다(ICJ Reports(1986), pp. 100-101).

19) The Legality of the Threat or Use of Nuclear Weapons, Advisory Opinion, ICJ Reports(1996), p. 66.

20) "State obligations in respect of the environment may range from obligations *erga omnes*, through obligations which are in the nature of *jus cogens*, all the way up to the level of international crime"(ICJ Reports(1996), pp. 142-143).

주권에 의지하고 있다고 하더라도 적어도 국가들은 국제공동체의 이익 및 모든 국가의 생존에 필요한 자연적 토대(natural basis)가 위태롭게 되었다는 점은 인정하고 있다. 예전에 경험하지 못했던 대규모적이고 대량적인 환경오염사고는 한 국가 영역을 넘어서 여러 국가에 피해를 야기하였고, 이는 곧 전형적인 국가주권문제와 갈등을 유발하게 되었다. 오존층파괴, 지구온난화, 사막화 등의 현상은 국제공동체가 환경문제에 대처하는 방법의 전환을 요구하게 되었다. 한 국가 내에서 이루어지는 해로운 활동의 영향이 국가적 차원에서는 미미하거나 별로 해로운 결과를 유발하지 않더라도 이러한 활동이 결합되어 상승작용을 일으켜 전체로써 국제공동체에 심각하게 해로운 결과를 가져오는 경우에 전통적인 국제법의 접근 방법으로는 이러한 문제를 해결할 수 없게 된 것이다.[21]

3. 국제환경법상 강행법규의 내용

1) 의 의

국제환경법의 모든 측면이 국제공동체의 이익을 다루고 있는 것은 아니다. 국제환경법상의 법규와 사항 중에는 국제공동체의 이익을 보호하는 것과 관련이 없는 내용이 존재한다. 법규의 목적이 전적으로 개별국가의 이익 또는 집단적인 국가이익(collective state interests)에 있는 것은 강행법규의 자격이 없다. 이러한 법규는 규율대상이 환경보호 자체에 있는 것이 아니라 영토주권 보호에 있는 경우로, 주로 전통적인 국제환경법과 관련이 있다. 예를 들면,

21) Note, *supra* note 7, pp. 1487-1490.

전체로써 국제공동체에 심각한 피해 또는 피해의 위험이 없는 한, 선린성의 원칙 및 형평한 이용원칙은 강행법규의 범주에 속할 자격이 없다.[22] 이와는 반대로 대기의 보호, 해양환경의 보호, 생물다양성의 보존, 성층권의 오존층 보호 및 지구기후 보존이라는 이익은 국제공동체이익의 본보기이다. 이것은 명백한 상호의존상태에 놓여 있는 문제이다.[23] 이러한 것들은 국제공동체의 좀 더 긴밀한 협력과 공통의 기준을 통하여 효과적으로 다룰 수 있는 문제이다. 또한 이러한 문제를 다루고 있는 다자간국제환경협약은 전통적인 상호주의적 요소가 약화되고 있다는 점에서 국제공동체이익의 또 다른 뚜렷한 특징을 보여주고 있다.[24] 이러한 분야에서 국제공동체이익이라는 관념은 관련 국제환경협약의 내용에 규정됨으로써 강조되었다. 예를 들면, 기후변화협약 및 생물다양성협약은 각각 그 전문(前文)에 그 목적이 '인류의 공동관심사'(common concern of humankind)에 있음을 선언하고 있다.[25]

국제환경법은 지구환경보호를 목적으로 하는 법이며, 지구환경보호는 국제공동체이익의 본보기에 해당한다. 그렇다면 이러한 국제환경법규 중에 어떠한 내용이 강행법규에 해당하는가? 지구환경보호와 관련하여 강행법규로 자주 거론되는 내용은 첫째, 국제공동체 전체를 위협하는 대량적인 환경오염의 금지, 둘째, 무력충돌시 환경에 대한 계획적인 심각한 손상의 금지, 셋째, 건전한 환경에 대한 인간의 권리 등이다. 그리고 국제환경법에서 빈번하게 거론되는 사전주

22) J. Brunnée, *supra* note 16, p. 805.

23) 예를 들어 A라는 국가가 온실가스의 인위적 배출을 꾸준하게 줄이는 유일한 국가인 한 지구온난화현상이 감소하는 일은 거의 없을 것이다.

24) Eva M. Kornicker Uhlmann, *supra* note 2, p. 117.

25) 세계자연보존연맹(World Conservation Union)의 1995년 '환경과 개발에 관한 국제규약초안'(Draft International Covenant on Environment and Development) 제3조는 "지구의 환경은 인류의 공동관심사(common concern of humanity)이다"라고 하고 있다.

의 원칙[26](precautionary principle), 지속가능한 개발 원칙(principle of sustainable development) 등은 적어도 현재 강행법규의 지위를 얻지 못하고 있다.[27] 이론적으로 보면 이들은 둘 다 원칙(principles)이지 규칙(rules)은 아니다.[28] 원칙은 규칙과는 달리 제시된 조건이 충족되었을 때 자동적으로 나타나는 법적 결과를 명백히 하지 못한다. 또한 국제환경법의 실체법적 규정과 별도로 국가의 절차적 의무[29]와 절차적 권리[30]가 국제환경법에 나타나 법규로 존재하는데, 이러한 절차적 법규는 1992년 리우선언 원칙9, 원칙10, 원칙12, 원칙18, 원칙19 등에서 이미 구체화[31]되었지만 현재 국가관행은 이러한 원칙 속에 나타난 절차적 규범에 대하여 국제환경법상 강행법규로서 지지하고 있지 않다.[32] 여기서는 전체로서 국제공동체를 위협하는 대량적인 환경오염의 금지가 강행법규의 성격을 갖고 있는지 분석해 보자.

---

26) 사전주의 원칙의 정확한 내용에 대한 합의는 없지만, Weiss 교수는 사전주의 원칙이란 장기간에 걸쳐 해로운 결과를 가져올 수 있는 활동에 대하여 소송을 제기하는 데 요구되는 입증책임(burden of proof)을 완화하기 위하여 행동하는 것이라고 한다(Edith B. Weiss, "International Environmental Law: Contemporary Issues and the Emergence of a New World Order," *Georgetown Law Journal*, Vol. 82, 1993, p. 690; 또한 사전주의원칙은 해로운 결과를 방지하기 위한 예방적 조치를 취해야 한다는 것이다(Owen McIntyre & Thomas Mosedale, "The Precautionary Principle as a Norm of Customary International Law," *Journal of Environmental Law*, Vol. 9. No. 2, 1997, pp. 221-222; Peter H. Sand, *Transnational Environmental Law Lessons in Global Change*(London: Kluwer Law International Ltd., 1999), pp. 129-130).

27) Eva M. Kornicker Uhlmann, *supra* note 2, p. 119.

28) 법규범은 규칙뿐만 아니라 원칙, 목적(ends) 등도 포함한다. 규칙의 가장 큰 특징은 원칙, 목적과는 달리 그 내용이 특정적이라는 데 있다. 원칙의 경우 그 내용이 열려 있는(open-textured) 데 반하여 규칙은 그 내용이 구체적이다. 국제법은 역사적으로 규칙 중심적으로 규정되어 있었으나 현대 국제법 체계는 다수의 원칙으로 구성되어 있는 점은 유념해 두어야 할 변화이다.

29) 국제환경법에서 말하는 국가의 절차적 의무는 정보제공의무, 협력의무, 협의의무, 통지의무, 환경영향평가의무 등을 말한다.

30) 이에 해당하는 것은 정보를 요구할 수 있는 권리, 참여할 권리, 재판을 청구할 수 있는 권리 등이 해당된다.

31) 이러한 절차적 의무에 대해서는 제9장을 참조하라.

32) J. Brunnée, *supra* note 16, p. 806.

2) 국제공동체를 위협하는 대량적인 환경오염 금지

(1) 대량적인 환경오염 금지의 절대적 성격

1980년 잠정 채택했던 ILC의 국가책임에 관한 규정초안은 제19조 3항에서 국제범죄에 해당하는 행위 네 가지를 규정하고 있는데, 그 중 하나가 "대기권 또는 해양의 대량적인 오염금지와 같이 인간환경의 보호 및 보존을 위해 필수적으로 중요한 국제의무의 중대한 위반"이다. 아직 국제범죄와 강행법규의 관계가 명확하지 않음에도 국제의무 중에서 그것의 위반이 국제범죄로 간주되는 의무는 대개 강제적 성격을 갖는 것으로 폭넓게 이해되고 있다.[33] 물론 국가책임에 관한 협약초안은 조약으로서 발효된 것이 아니기 때문에 법적 구속력은 없다. 그러나 국제관습법의 구성요건으로 관행의 존재로서는 인정될 수 있을 것이다. 당시 이 규정이 ILC에서 만장일치로 채택되었다는 점은 환경의 대량적 오염금지가 절대적 성격을 가지고 있다는 징표의 하나로 볼 수 있다. 초안 제19조 3항을 국제환경법 분야에 유추 적용하면, 인간환경에 필수적으로 중요한 국제의무를 중대하게 위반한 경우에 국제환경범죄가 된다고 해석할 수 있을 것이다. 즉 대기권 및 해양의 대량적인 오염행위(massive pollution)가 발생한다면 국제범죄의 구성요건을 충족하는 것이 된다.

전체로서 국제공동체에 대한 위협에 대항하여 환경을 보호하기 위한 일반적 의무의 절대적 성질을 보여주고 있는 또 다른 징표는 '오존층파괴물질에 관한 몬트리올의정서'[34]에서 찾을 수 있다. 규제물질의 방출의 범위, 양, 조정 및 감축의 시기는 당사국 3분의 2

---

33) Yearbook of ILC 1976, Vol. II, p. 120; G. Gaja, "Jus Cogens beyond the Vienna Convention," 172 RdC 271, 1981-III, S. 301.

34) 이 의정서의 정식명칭은 Montreal Protocol on Substances That Deplete the Ozone Layer이다. 일명 Montreal의정서라고 한다. *reprinted* in ILM, Vol. 26, 1987, p. 1550.

찬성이라는 특별다수결로 결정하도록 규정하고 있다(이 경우에 개발도상국과 기타 국가들의 특별한 상황과 이익을 고려하도록 하고 있다). 더욱이 비당사국에 대한 보복(retortion)으로서 규제물질을 포함한 상품에 대하여 일반적으로 승인된 무역규제를 허용하고 있는데, 이것 또한 절대적 성격을 보여주는 증거라고 볼 수 있다. 국제사회의 의사결정과정에서 원래 만장일치를 요구하던 것이 다수결제도로 바뀐 점[35]이라든가 일정한 협약에서 비당사국에 대하여 무역규제를 허용하고 있는 것과 같이 제3자에 대한 이행체제가 확대되고 있는 점 등은 특별한 분야에서 각국이 국제공동체이익을 보호하기 위하여 국가주권개념 및 개별 국가이익을 극복하고자 하는 의지를 보여주는 것이다.

UN해양법협약은 제12장(제192조-제237조)에서 해양환경의 보호 및 보존에 관하여 규정하고 있는데 유보(reservation)를 명시적으로 허용하고 있는 규정은 없다. 이 협약 제309조가 "이 협약의 다른 조문에 의하여 명시적으로 허용되지 아니하는 한 이 협약에 대한 유보 또는 예외의 설정은 허용되지 않는다"라고 규정하고 있기 때문에 해양법협약 중 환경의 보호 및 보존과 관련한 조항은 유보가 불가능하다고 해석된다. 바로 이러한 점, 즉 환경보호규정에 대하여 유보를 금지하고 있는 점도 이의 절대적 성격을 보여주는 징표이다. 1985년의 오존층보호를 위한 비엔나협약[36]은 제18조에 "이 협약에 대하여는 어떤 유보도 할 수 없다"라고 규정하고 있는데 이것도 또한 환경보호에 대한 규범의 절대적 성격을 보여주는 징표라고 볼 수 있다.

---

35) 국제연맹은 의사결정에서 만장일치제를 채택하고 있었으나 UN은 다수결제도를 채택하고 있다.

36) 이 협약의 정식명칭은 Vienna Convention for the Protection of the Ozone Layer 이다. *reprinted* in ILM, Vol. 26, 1987, p. 1516.

결론적으로 대량적인 환경손상을 일반적으로 금지하는 규정의 강행법규적 성격은 기후변화 및 생물다양성의 보존이 인류의 공동관심사로 선언되었다는 사실에 의해서 설명될 수 있다. 이러한 개념은 한 국가가 다른 국가의 환경을 손상시키는 행위에 대하여, 설령 그러한 행위가 자국에게 어떠한 직접적이고 실제적인 손해를 입히지 않았다고 하더라도, 필요한 조치를 취할 수 있음을 의미하는 것이다. 대세적 의무와 강행법규의 목적이 국제공동체이익의 보호에 있기 때문에, 이러한 의미에서는 대세적 의무의 영역과 강행법규의 영역은 일치하는 것이다

(2) 국제공동체에 의한 수락 또는 승인

국가는 자국의 관할권 내에서 또는 통제 아래에서의 활동이 다른 국가의 환경 또는 자국의 관할권 및 통제를 넘어선 영역의 환경을 존중해야 할 일반적 의무가 있다는 점은 국제환경법 내용의 중요한 한 부분이다.[37] 1996년 '무력충돌시 국가의 핵무기사용의 합법성에 관한 권고적 의견'에서 Weeramantry 재판관은 반대의견을 통해서 "환경을 보호할 의무는 국가에게 위해를 야기하는 것을 삼가도록 강제하는 것뿐만 아니라 환경의 개선에 기여할 것을 국가에게 요구한다"라고 강조하였다.[38] 이러한 내용은 일찍이 1971년 UN총회가 결의2849(XXVI)'개발과 환경'[39](Development and Environment)에서 '환경을 보존하고 강화하기 위한 행동을 취할 국제공동체의 책임'을 역설함으로써 등장하였다고 볼 수 있다.

---

37) ICJ Reports(1996), pp. 241-242.
38) ICJ Reports(1996), p. 141.
39) UN G.A. Res. 2849, reprinted in D. Rausching & K. Wiesbrock & M. Lailach(eds.). *Key Resolutions of the United Nations General Assembly 1946-1996*(Cambridge: Cambridge Univ. Press, 1997), pp. 205-207.

학자에 따라서는 어떤 법규의 절대적 성격에 요구되는 동의의 정도를 국가관행을 언급하지 않고 규범의 목적으로부터 추론하는 경우도 있다. 이들은 그 논리를 다음과 같이 세우고 있다. 즉 지구상에 인간이 존재해야 국가가 존재할 수 있는데, 이러한 인간의 생존을 보장하기 위한 지구환경보호가 일반적 의무의 목적인 경우에, 이러한 목적은 그 규범이 강행법규에 해당되는 경우에만 달성될 수 있다는 것이다.[40] 그러나 법규의 절대적 성격에 대하여 요구되는 동의의 정도는 단순하게 전적으로 법규의 목적으로부터 연유하지 않는다. 국제공동체 전체를 위협하는 환경손상의 일반적 금지의무는 지구환경보호라는 것이 국제공동체이익과 직결되면서 도덕성을 토대로 하고 있다는 점에서 강행법규로 간주될 수 있는 좋은 기회를 맞고 있다. 현재 이러한 의무를 강행법규로 인정하는 데 여전히 회의적이라고 하더라도, ILC가 그동안 국가책임에 관한 규정초안의 작업과정에서 국제불법행위와 국제범죄를 구별하였다는 점과 국제범죄에 대량적인 환경오염을 포함시키고자 했다는 점 등은 이러한 의무가 강행법규의 영역에 들어갈 것이라는 희망을 가지게 된다. 국제공동체 전체를 위협하는 환경손상을 예방하거나 야기하지 말아야 할 의무는 강행법규인가에 대한 완전한 합의를 보지는 못하고 있으나, ICJ는 1997년 Gabcikovo-Nagymaros Project사건[41]의 판결에서 환경법규와 관련하여 강행법규를 언급하였다. 그런데 아쉽게도 ICJ는 이 판결에서도 최종적으로 강행법규문제를 연구해야 할 필요성을 제기하는 데 그치고 적극적으로 강행법규에 대한 구체적인 결론을 내리지 않았다. 그럼에도 이 판례는 환경분야에서 강행법규의 범위 및 의미는 미래에 무엇이 되어야 하는가에 대한 하나의 예를 제공한 판결이었다.

---

40) J. Brunnée, *supra* note 16, pp. 805-806.

41) Gabcikovo-Nagymaros Projet case(Hungary v. Slovakia), ICJ Reports(1997), p. 7.

제 4 장

국제관습법상 환경오염에 대한 국가책임

1. 국제환경법의 법원으로서 국제관습법
2. 국제관습법상 책임원칙의 존재를 부인하는 주장
3. 국제관습법상 책임원칙의 존재를 인정하는 주장
4. 국제관습법의 적용에 관한 비판적 검토

제 4 장 국제관습법상 환경오염에 대한 국가책임

1. 국제환경법의 법원으로서 국제관습법

국제환경법의 주요한 법원(法源)은 국제환경협약들과 국제관습법이다.[1] 따라서 환경과 관련 있는 각종의 국제환경협약들에서 환경오염에 대한 국가책임 규정이 존재하는가 아니면 환경오염에 대한 국가책임 원칙이 국제관습법에서 발견되는가를 검토하는 것이 필요하다. 먼저 국제관습법이 성립하기 위해서는 한편으로 '반복적이거나 규칙적이고 일관된 관행(a repeated or regulatory uniform practice)의 존재'(객관적 요건)와 다른 한편으로는 그러한 관행대로 행동해야 된다는 법적 확신(opinio juris)(주관적 요건)을 요구한다.[2] 오늘날 자연자원의 이용문제와 관련한 조약 및 법원(法院)의 관행뿐만 아니라 국가관행을 보면, 절대적 영토주권 및 영토보전(absolute territorial sovereignty and integrity)의 원칙이 더 이상 지지를 받지 못하고 있음을 확인할 수 있다. 이러한 관행에 입각해서 판단해 보면, 국가는 기본적으로 그 자신의 영역을 이용할 때 다른 국가에 손해를 주지

1) Patricia W. Birnie & Alan E. Boyle, *International Law and the Environment*, 2nd ed.(Oxford: Clarendon Press, 2002), pp. 12-18.

2) *Oppeenheim's International Law*, 9th ed.(Harlow, Longman, 1992), pp. 25-31; Malcolm N. Shaw, *International Law*, 4th ed.(Cambridge Univ. Press, 1997), pp. 57-59; Peter Malanczuk, *Akehurst's Modern Introduction to International Law*, 7th ed.(London: Routledge, 1997), pp. 44-45.

않는 방법으로 사용해야 한다. 이는 로마법언(法諺)인 sic utere tuo ut alienum non laedas[3]을 반영하고 있는 것이다. 이 법언이 오늘날에는 어떤 국가도 자기의 영역에서의 활동이 인접국가의 영토에 심각한 피해를 야기해서는 안 되고 그러한 행위를 허용해서도 안 된다는 내용으로 발전되고 있다. 이 격언은 그동안 환경문제와 관련 있는 사례들에서도 증명되고 확인되었다.[4] 그리고 국경을 넘는 환경피해에 대한 국가책임의 원칙은 많은 국제문서(international texts)에서도 확인되고 있다. 이와 관련하여 국제법학자들은 조약으로서 형식과 효력이 결여된 국제적인 선언, 결의 및 권고 등이 환경오염에 대한 국제책임과 관련한 국제관습법규 형성의 시발점이 되고, 관행의 증거가 된다고 주장한다.[5] 그리고 이들은 국제관습법의 증거를 국가관행(state practice), 조약, 헌장, 선언, 국제기구의 결의, 국제법률가(international lawyers)의 입법작업, 국제재판소의 사법적 판결에 두었다. 그런데 국경을 넘는 환경오염에 대한 국가책임과 관련한 관행, 학설 등이 일정하지 않아 많은 논란과 다른 견해가 존재하고 있다.

1) 일반조약상의 관행

간접적으로 환경보호와 관련 있는 일반조약을 살펴보면 일반적 방법으로 피해예방과 책임의 문제를 다루고 있는 조약들보다 특히

---

3) sic utere tuo ut alienum non laedas원칙은 "너의 것으로 말미암아 남의 것을 해하지 않도록 사용하라"는 법언에서 유래한 것으로, 이 원칙은 "자기의 재산을 타인의 재산에 손해를 주지 않는 방법으로 사용하여야 한다"(Use your property in such a manner as not to injure that of another)는 것을 의미한다(Black's Law Dictionary, 6th ed. 1990, p. 1380).

4) 대표적인 사례로 Trail Smelter중재사건과 Lanoux호중재사건을 들 수 있다.

5) J. Barros & D.M. Johnston, *The International Law of Pollution*(London: Collier Macmillan, 1974), p. 74.

발생된 손해의 심각성과 그 범위에 초점을 맞추고 있을 뿐 강력한 실체적 의무규정이 없는 조약이 대다수이다. 예를 들면, 1969년 '유류에 의한 북해 오염을 취급하기 위한 협력에 관한 Bonn협정'[6) 제1조는 "하나 또는 그 이상의 체약당사국의 해안 또는 관계이익에 중대하고 긴박한 위험을 초래하는 유류로 인한 오염은 현재 나타나고 있든 장래에 나타나든 막론하고 이 협정이 적용된다"고 규정하고 있다. 비슷한 내용은 1969년 '공해상의 유류오염사고 조치에 관련한 브뤼셀국제협정'[7)]에서도 발견된다. 즉 제1조 1항에 "협약 당사국은 현저하게 유해한 결과를 발생시킬 것이 합리적으로 예측되는 …… 자국 연안에 대한 중대하고 긴박한 위험을 방지하고 감소시키거나 제거하기 위하여 필요한 조치를 취할 수 있다"고 규정하고 있다. 또한 1979년 '국경을 넘는 광역대기오염에 관한 제네바협약'[8)] 제2조도 "체약당사국들은 대기오염으로부터 인간과 환경을 보호할 것을 결정하고 국경을 넘는 광역대기오염을 포함한 대기오염을 가능한 한 점차적으로 줄이고 방지하고 제한하기 위해 노력하여야 한다"라고 규정하고 있을 뿐 구체적 의무를 규정하고 있지 않다. 또한 1992년 UN환경개발회의에서 채택된 기후변화협약[9)]도 이산화탄소의 배출규제방법 및 시기 등 핵심적 사항을 규정하지 못하고 협약당사국이 기후변화방지에 노력한다는 일반 원칙을 도출하는 데 그치고 있다. 이와 같이 일반 조약의 관행에 비추어 볼 때에 일반조약에서 국경을 넘는 환경오염에 대한 국가책임을

6) 이 협정의 정식명칭은 Bonn Agreement for Cooperation in Dealing with Pollution of the North Sea by Oil이다. 704 UNTS 3, *reprinted* in ILM, Vol. 9, 1970, p. 359.
7) 이 협약의 정식명칭은 Brussels International Convention relating to Intervention on the High Sea in Cases of Oil Pollution Causalities이다. 970 UNTS 211; 26 UST 765.
8) 이 협약의 정식명칭은 Genneva Convention on Long-Range Transboundary Air Pollution(LRTAP)이다. *reprinted* in ILM, Vol. 18, 1979, p. 1442.
9) 이 협약의 정식명칭은 United Nations Framework Convention on Climate Change 이다. *reprinted* in ILM, Vol. 31, 1992, p. 849.

직접적으로 도출하기는 어렵다고 할 수 있다.

2) 국제판례의 태도

국제공동체가 그동안 국경을 넘는 환경오염에 대한 국가책임의 문제를 제기하는 데 많은 관심을 보였음에도 불구하고 이에 전통적인 국가책임이론을 적용하여 환경피해를 구제하는 사법적 판단을 운영할 수 있는 통일된 국제환경책임제도는 확립되어 있지 못하다. 그 이유 중 하나는 환경문제는 전통적인 법적인 접근방법으로는 해결하기 어려운 측면이 강하여 각국이 환경문제에 대하여 법적 해결방법을 기피하기 때문이다.[10] 실제로 환경문제와 관련된 국제사법재판은 ICJ가 다룬 Nuclear Tests사건[11]을 비롯한 소수에 불과하고,[12] 국제중재재판도 Trail Smelter사건, Lanoux호사건, Gut Dam 사건[13] 등의 중재가 있었을 뿐이다. 그나마도 이들 사건 중에서 환경오염에 대한 국제책임을 언급한 것은 Trail Smelter사건뿐이다.[14]

(1) Trail Smelter사건

Trail Smelter사건[15]은 국제법학(international jurisprudence)에서

---

10) 노명준, "국제환경분쟁의 해결," 『국제법학회논총』 제37권 제1호, 1992, 99면.

11) Nuclear Tests case(Australia v. France, New Zealand v. France), ICJ Reports(1974), pp. 253-457.

12) ICJ에서 환경문제를 직・간접적으로 다룬 사례는 핵실험사건 이외에도 비교적 최근인 1996년 '핵무기의 위협 또는 사용의 합법성에 관한 권고적 의견', 1997년 Gabcikovo-Nagymaros Project사건 등이 있다.

13) Gut Dam Claims case(Canada v. U.S.), *reprinted* in *ILM*, Vol. 8, 1969, p. 118.

14) 김석현, "환경관련 국제분쟁 사례," 『환경보호와 국제법 질서』(서울: 도서출판 아사연, 1997), 221면.

15) Trail Smelter case(U.S. v. Canada), *R. Int'l Arb. Awards*(final decision), Vol. 3. 1941, p. 1905, *reprinted* in *AJIL*, Vol. 35, 1941, p. 684.

자국의 영토 또는 관할권 내의 활동으로 인해 다른 나라의 환경에 피해를 야기해서는 안 된다는 원칙의 존재를 증명하는 사례로 가장 자주 언급되고 있다. 이 사건의 판결을 국제관습법 규칙의 명백한 형성으로 간주하는 학자들도 있다.[16] 오늘날 국제환경법이 인접국가 사이의 국경을 넘는 영향을 야기하는 활동뿐만 아니라 자국의 영토관할권 밖의 영역에 영향을 주는 활동에도 적용되는 발전적인 과정을 보여주는 가장 의미 있는 결정은 이 사건의 중재판정에서 나타났다.[17] 이 중재판정의 영향을 받아 국제환경법은 기인국가(state of origin)의 국내적 차원에서 초국가적 차원으로 발전하였고 국제적 또는 전지구적 역할을 하게 되었다. 국경을 넘는 대기오염 문제를 다루고 있는 이 사건은 1941년 개정한 미국-캐나다중재재판소(US-Canadian Court of Arbitration)가 담당하였는데, 이 중재재판의 재정(award)의 기초가 된 사실관계는 다음과 같다.

콜롬비아계곡의 캐나다영역인 Trail에 소재한 제련소로부터 엄청난 양의 sulphur dioxde gases가 미국 워싱턴주의 영토로 유입되었고, 이로 인하여 워싱턴주의 농업이 심각한 타격을 받았다. 1927년까지 그 기업은 비사법적 방법으로 배상문제를 해결하였다. 1935년에 미국과 캐나다는 양국간의 조약에 의해 1932년까지 발생한 손해에 대하여 캐나다가 보상할 것에 합의하였다. 그리고 장래에 발생하는 사건에 대하여는 혼합중재재판소(mixed court of arbitration)가 결정하기로 하였다. 1932년 이후에 발생한 피해의 배상문제가 제기되었을 때 재판소는 수질오염의 경우를 유추하여 기인국가가

16) Philippe Sands, *Chernobyl: Law and Communication: Transboundary Nuclear Air Pollution: The Legal Materials*(Cambridge: Grotius, 1988), p. 11.

17) Francisco Orrego Vicuña, "State Responsibility, Liability and Remedial Measures under International Law: New Criteria for Environmental Protection," in Edith B. Weiss(ed.), *Environmental Change and International Law: New Challenges and Dimensions*(Tokyo: United Nations Univ. Press, 1992), p. 129.

심각한 피해를 방지해야 할 의무가 있다고 판결하였다.[18)]

이 중재재판소의 재정(裁定)에서 특기할 만한 사실은 국가는 자국의 국민에 의해 행해질 수 있는 소위 '해로운 활동'(injurious act)으로부터 다른 국가를 보호할 의무를 진다고 판결하였다. 여기서 중재재판소는 무엇이 '해로운 활동'인가를 다음과 같이 명확히 하였다.

> 미국법의 원칙뿐만 아니라 국제법의 원칙 아래서도 어떤 국가도 매연에 의해 타국의 영토, 그 속에 있는 사람, 재산에 피해를 야기하는 방법으로 자국의 영토를 이용할 권리나 이용을 허가할 권리를 가지고 있지 않다.[19)]

이 판결에서 주목할 만한 점은 중재재판소가 미국의 국내법원칙에 의해 그와 같은 견해를 지지했을 뿐만 아니라 국제법의 일반원칙에 근거를 두고 판결을 내렸다는 것이다.[20)] 그런데 기본적으로 양국간의 조약[21)]에 의해 손해를 배상할 캐나다의 의무가 선행되어 있었기 때문에 중재재판소는 국제법상의 책임문제에 관해서는 결정하지 않았다. 이러한 측면에서 보면 국제법상 국경을 넘는 환경오염에 대한 국제책임의 일반원칙이 존재한다는 것을 이 중재판정으로부터 이끌어내는 것은 중재판정의 의도를 살펴볼 때 적합하지 않다고 볼 수도 있다. 그러나 그러한 원칙이 국제적 환경보호의

---

18) D.J. Harris, *Cases and Materials on International Law*, 4th ed.(London: Sweet & Maxwell, 1991), pp. 243-246.

19) Trail Smelter case(U.S. v. Canada), R. Int'l. Arb. Awards(final decision), Vol. 3, 1941, p. 1965, *reprinted* in AJIL, Vol. 35, 1941, p. 716.

20) Francisco Orrego Vicuña, *supra* note 17, p. 129.

21) 1935년 4월 15일 Ottawa에서 서명된 이 협약의 정식명칭은 Convention for the Settlement of Difficulties arising from Operation of Smelter at Trail이다. *reprinted* in AJIL, Vol. 30, p. 163.

분야에서 국제법학에 소개되는 계기가 되었고,[22] 그 이후 그와 같은 원칙이 많은 국제문서에서 인용되고 있으며,[23] 일부이기는 하지만 국제환경협약에도 동일한 취지의 내용이 포함되어 있다. 따라서 국가의 활동이 인접국가에 피해를 야기하지 않아야 하는 원칙은 국제사회에 인정되고 있으며, 사인간의 법률관계에서도 이러한 판결은 유지해야 한다고 생각한다.

(2) Lanoux호사건

Trail Smelter사건의 중재판정과 유사한 결정은 수질오염의 영역분야에서 1957년 프랑스와 스페인 간의 Lanoux호사건[24]에서 있었다. 이 사건에서 프랑스는 프랑스와 스페인의 경계인 캐롤강을 향해 그 호수(전적으로 프랑스영토에 위치)로 흘러들어가는 퐁비브(Font-Vive)강물을 수력전기의 생산을 위해 프랑스의 아리에즈(Arriēge)계곡으로 돌릴 예정이었다. 이렇게 활용한 물은 나중에 스페인국경 위의 캐롤강으로 되돌아가게 되어 있었다. 1929년의 중재재판조약에 의해 설치된 혼합중재재판소는 프랑스의 수력발전소 건설계획에는 스페인이 우려하는 어떤 심각한 손해도 없고, 1966년의 Bayonne조약에도 위배되지 않기 때문에 국제법상 아무런 규정도 위반하고 있지 않다고 판시하였다. 동시에 중재재판소는 되돌려진 강물이 심각하게 오염되었거나 수온이 상승되었

---

22) Francisco Orrego Vicuña, *supra* note 17, pp. 129-130.

23) 이 판례를 국제관습법 규칙의 명백한 형성으로 간주하는 학자들도 있다(Philippe Sands, *supra* note 16, p. 11; William A. Nitze, "Acid Rain: A United States Perspective," in Daniel B. Magraw(ed.), *International Law and Pollution*(Philadelphia: Univ. of Pennsylvania Press, 1991), p. 246).

24) Lac Lanoux case(Spain v. France, Special Mixed Commission), *R. Int'l Arb. Awards*(final decision), Vol. 12, 1957, p. 281, *reprinted* in *AJIL*, Vol. 53, 1959, 30ff.

다면 스페인이 손해배상을 청구할 수 있는 지위에 있게 될 것임을 명확하게 하였다.[25)]

(3) Corfu해협사건

환경문제와 직접적인 관련은 없지만 Corfu해협사건[26)]에 대한 ICJ의 판결도 책임문제와 관련이 있기 때문에 자주 인용되고 있다.[27)] 1946년 10월 Corfu해협에서 무해통항권을 주장하던 영국의 군함 두 척이 알바니아영해에 속하는 코르푸해협을 통항하던 중에 그곳에 설치되어 있던 기뢰의 폭발로 인하여 파손되었다. 이에 대하여 영국은 알바니아에 대하여 손해배상을 ICJ에 청구하였다. ICJ는 비록 알바니아가 기뢰를 설치하지 않고 유고슬라비아가 부설하였다고 하더라도 알바니아에 책임이 있다고 결론을 내렸는데, 그 이유는 알바니아가 유고슬라비아에 의한 기뢰 부설을 승인한 사실에 비추어 그 기뢰밭의 존재를 알고 있으면서도 자국의 영해를 항해하는 선박에 접근하여 그 위험을 고지하지 않았다는 사실에서 유래한다고 하였다. 항해에 대한 위험을 알면서도 코르푸해협을 통항하는 선박에 그러한 위험을 고지·경고하지 않은 것은 부작위에 의한 책임을 면할 수 없으므로 알바니아는 손해를 배상하여야 한다고 판결하였다. 알바니아정부는 외국선박의 통항안전을 위하여 자국영해 내의 기뢰밭의 존재를 고지할 의무와 항해 중인 영국군함에 그와 같은 위험에 대하여 경고할 의무가 있다고 판결하였다.

---

25) 이 사건의 자세한 내용은 J.G. Lammers, *Pollution of International Watercourses: A Search for Substantive Rules and Principles of Law*(Boston: Martinus Nijhoff, 1984) 참조.

26) Corfu Channel case(U.K. v. Albania), ICJ Reports(1949), p. 4.

27) 이 사건의 주요쟁점은 영해에서 외국선박의 무해통항권(right of innocent passage)에 관한 것이었으나, 국제법상 국가책임에 관한 내용도 혼합되어 있다.

(4) ICJ 판례

ICJ에서 환경문제를 직·간접적으로 다룬 사례는 Nuclear Tests case (핵실험사건) 이외에도 1996년 '핵무기의 위협 또는 사용의 합법성에 관한 권고적 의견', 1997년 Gabcikovo-Nagymaros Project사건 등이 있다. '핵무기의 위협 또는 사용의 합법성에 관한 권고적 의견'에서 국가는 자국의 관할권 내에서 또는 관할권 아래에서의 활동이 다른 국가 또는 관할권을 넘어선 지역의 환경을 존중하도록 보장하여야 한다는 국가의 일반적 의무가 환경과 관련한 국제법의 일부가 되었음을 명확히 하였다.[28] 이러한 내용은 Gabcikovo-Nagymaros Project사건에서도 확인되었다.[29]

위에서 소개한 사건들을 바탕으로 국가책임의 문제를 설명하는 경우에 "각국은 자국의 영토가 다른 국가의 권리에 반하여 활동하는데 이용되는 것을 알면서도 허용해서는 안 된다"는 것은 모든 국가의 의무로써 "확정적이고 일반적이고 잘 승인된 원칙"이라고 언급할 수 있을 것이다.[30] 따라서 국제판례의 분석을 바탕으로 한 국제법학의 태도는 국가가 자국의 국경을 넘어 다른 국가에 환경피해를 야기한 경우 국가책임이 발생함을 인정하고 있다고 볼 수 있다.

3) 국제사회의 관행

국제환경법의 연성법(soft law)적 성격을 가져다주는 환경관련

---

28) The Legality of the Threat or Use of Nuclear Weapons, Advisory Opinion, ICJ Reports(1996), p. 241.

29) ICJ Reports(1997), p. 143.

30) A. Rest, "Responsibility and Liability for Transboundary Air Pollution Damages," in C. Flinterman, B. Kwiatkowska & J. G. Lammers(eds.), *Transboundary Air Pollution: International Legal Aspects of the Co-operation of States*(Dordrecht: Martinus Nijhoff Publishers, 1986), p. 310.

국제기구 또는 국제환경회의에서 채택한 결의(resolution), 권고(recommendation), 지침(guidelines), 선언(declaration) 등을 검토하는 것도 중요하다. 이러한 것들은 법적 구속력은 없지만 국제환경협약의 체결에 기여하고 국제관습법의 형성과정에서 관행의 증거가 될 수 있다. 구속력 있는 조약이 체결되기 전에 나타나는 이와 같은 결의, 권고, 지침, 선언, 행동원칙 등은 국제환경법의 발달을 선도하는 역할을 하고, 중앙집권적인 입법기관이 존재하지 않는 분권화된 국제사회에서 매우 중요한 역할을 한다.[31] 국경을 넘는 환경오염에 대한 국가책임의 기초적인 연원으로서 국제관습법을 선택하는 국제법전문가들은 환경책임에 관한 국제법원칙은 입법조약으로서 형식과 효력이 결여된 국제적인 선언, 결의 및 권고, 또한 한정된 범위의 협정이지만 다양한 국제환경협약에 공통된 명백한 언명(express commitments)과 함축된 가설(implied assumptions) 등으로부터 나타나기 쉽다고 주장한다. 그리고 이들은 이러한 연원으로부터 추정된 규범이 국제관습법규를 구성한다고 한다.[32] 여기서 각국은 인접국가에게 환경적으로 심각하게 손상을 입히지 말아야 한다는 내용을 포함하고 있는 국가의 관행, 국제기구 및 국제법분야의 연구를 수행하는 학회 등에 의한 수많은 선언, 결의, 권고 및 행위규칙 등에 대해 살펴보자.

31) A. Kiss & D. Shelton, *International Environmental Law*(New York: Transnational Pub., 1991), pp. 108-113.

32) J. Barros & D.M. Johnston, *supra* note 5, p. 74; M. Akehurst, "Custom as a Source of International Law," *British Yearbook of International Law*, Vol. 47, 1974/75, pp. 1-53; Ulrich Beyerlin, "Transfrontier Environmental Protection and General International Law," *Law and State*, Vol. 43, Tübingen, 1991, p. 100.

(1) 국제기구의 선언, 결의, 권고 등에 나타난 관행

대다수 국가가 참가한 국제회의에서 채택된 선언문, 결의문 및 권고문 등은 '연성법'(soft law)의 성격을 가지고 장차 구속력 있는 조약의 체결에 많은 영향을 줄 뿐만 아니라 국제관습법의 성립인 관행의 증거가 될 수 있다.[33] 국제기구 또는 국제회의에서 채택된 선언, 결의 및 권고 중에는 국경을 넘는 환경오염에 대한 국가책임과 관련한 것들이 있다. 예를 들면, '국가의 경제적 권리의무헌장'[34](Charter of Economic Rights and Duties of States) 제3조에서 자연자원은 "다른 사람의 정당한 이익에 손해를 초래함이 없이" 최적으로 이용되어야 한다고 규정하고 있다.[35] 그리고 '2국 또는 그 이상 국가들에 의해 공유되고 있는 자연자원의 보존과 조화로운 이용에 있어서 각국에 대한 지침을 위한 환경분야에서의 UNEP의 행동원칙초안'[36]의 원칙3(Principle 3) 1항에서도 또한 스톡홀름 선언 원칙21과 동일한 내용으로 인접국가의 환경에 손해를 초래하는 활동을 금지하는 규정을 포함하고 있다.[37] 또한 이 원칙 3항에 환경보호를 위한 공유자연자원의 이용으로 인하여 발생하는 관할

---

33) G. Handl, "Environmental Security and Global Change: The Challenge to International Law," *Yearbook of International Environmental Law*, Vol. 1, 1990, p. 8.

34) UN GA Res. 3281(XXIX), U.N. Doc. A/9946 (1974), *reprinted* in IEL, p. 178.

35) 이에 관하여 자세한 내용은 Philippe Sands, *supra* note 16, p. 12 참조.

36) UNEP G. A. Res. 3129(XXVIII), U.N. Doc. UNEP/IG 12/2(1978), UNEP Draft Principles of Conduct in the Field of the Environment for the Guidance of States in the Conservation and Harmonious Utilization of Natural Resources Shared by Two or More States, *reprinted* in ILM, Vol. 17, 1978, p. 1097.

37) Principle 3

1. States have, in accordance with the Charter of United Nations and principles of international law, the sovereign right to exploit their own resources pursuant to their own environmental policies, and the responsibility to ensure that activities within their jurisdiction or control do not cause damage to the environment of other States or of areas beyond the limits of national jurisdiction(*Ibid*.).

권 밖의 환경에 미치는 악영향을 가능한 한 최대한도로 피하고 가능한 한 최소한도까지 감소시키도록 규정하면서, 특히 다른 공유국의 자원이용을 방해하여 환경에 손해를 야기하거나 재생가능한 공유자원의 보존을 위협하거나 또는 다른 국가의 국민건강을 위협하는 활동을 삼가고 줄이도록 하고 있다.

국가의 관행은 1972년 스톡홀름선언 원칙21과 1992년 리우선언 원칙2에서도 뚜렷하게 주지되어 있다고 볼 수 있다. 이들 원칙에서는 UN헌장 및 국제법원칙에 따라 각국은 그들의 환경정책에 의거한 자원을 개발하는 주권적 권리를 가지고 있음을 천명하고, 동시에 자국의 관할권 내에서 또는 통제 아래에서 활동이 다른 국가의 환경 또는 자국의 국가관할권의 한계를 넘어선 영역의 환경에 손해를 야기하지 않아야 할 것을 보장할 책임(responsibility, devoir, Pflicht)이 있음을 선언하고 있다.[38] 이는 절대적 영토주권원칙에 대한 제한이 국가관행으로 나타나고 있는 증거라고 해석할 수 있다.[39] 이러한 제한은 1972년 12월 15일 UN총회 결의2995(XXVII)에 의해 반대 없이 채택되었다.[40]

(2) 국제법연구 관련단체의 선언, 결의 및 권고

몇몇 국제법연구 관련단체들은 자신들의 특별 프로그램에서 국

38) Rest는 responsibility를 프랑스어 및 독일어로 번역하는 경우 devoir나 Pflicht 개념을 상대적으로(respectively) 사용하지 않는 것이 바람직하다고 하는데, 그 이유는 이러한 용어는 절대성(absoluteness)을 함축하기 때문이다. 이 개념보다는 responsabilitē나 Verantwortung을 사용하는 것이 낫다고 한다(A. Rest, *supra* note 30, p. 311).

39) Philippe Sands, *Principles of International Environmental Law*, 2nd ed.(Cambridge: Cambridge University Press, 2003), pp. 241-246.

40) 이 결의는 적어도 국경을 넘는 환경오염으로 인한 심각한 손해가 불법임을 규정하고 있다(J. Brunnēe, *Acid Rain and Ozone Layer Depletion*: International Law and Regulation(New York: Transnational Publishers, 1988), pp. 92, 104).

제적인 자원이용문제에 관한 선언을 내놓고 있다. 예를 들면, 국제법협회(International Law Association: 이하에서 ILA로 칭함)에서 제안되어 1966년 40여 개국 전문가들에 의해 채택된 '국제하천의 수류이용에 관한 헬싱키규칙'[41]이 있다. 이 규칙은 국제하천유역에서 방대하고 다양한 국가이익이 국가상호간에 조화될 수 있도록 '공평한 이용'(equitable utilization)의 이념에 바탕을 두고 있다. 그리고 이러한 원칙을 제10조 1항에서 더욱 확대하고 있다. 즉

> 국제하천유역 수류의 공평한 이용원칙에 따라
> a) 인접국가의 영토에 실질적인 피해를 야기할 수 있는 국제배수구유역에 존재하는 수질오염의 양을 증가시키거나 새로운 유형의 수질오염을 방지하고,
> b) 현존하는 수질오염을, 인접국가의 영토에 어떤 실질적인 피해도 야기하지 않는 그러한 방법으로, 감소시키기 위한 합리적인 모든 조치를 취해야 한다.

또한 ILA가 1982년 채택한 '국경을 넘는 환경오염에 관한 국제법규칙'(Rules on International Law on Transfrontier Pollution) 제3조 1항은 "각국은 자국의 적법한 활동이 다른 국가의 영토에 실질적인 손해를 야기하지 않는 범위 내에서 현존하는 국경을 넘는 환경오염을 방지, 감소, 규제할 의무가 있다"[42]고 규정하고 있는데, 이 조항에 관한 주석에서 "이는 오랫동안 유지되고 있는 원칙이고 세계적인 주지사항"이라고 지적하고 있다.[43] 유사하게 1987년 '국경을 횡단하는 대기오염에 관한 국제법학회의 결의'(Resolution

---

41) Helsinki Rules on the Use of Waters of International Rivers, ILA, Report of Fifty-Second Conference, 1967, p. 484, *reprinted* in IEL, p. 395.

42) ILA, Report of 60th Conference, 1983, p. 2.

43) *Ibid.*

of the Institut de Droit International on Cross-Border Air Pollution) 제2조도 "각국은 그들 각자의 환경정책에 의거하여 자원을 개발할 자기의 주권을 행사 할 때 자국의 관할권 내 또는 통제 아래에서 수행된 활동이 국경을 넘는 대기오염을 유발하지 않도록 보장할 수 있는 적절하고 효과적인 조치를 취해야 할 의무가 있다"[44]라고 규정하고 있다. 또한 1979년 국제법학회(Institut de Droit International)의 '국제법상 하천과 호수의 오염에 관한 Athens결의'[45]도 특히 중요한 내용을 포함하고 있다. 이 결의에서 주목할 만한 점은 한편으로 제2조에서 각국의 활동이 국경을 넘어서 수질오염을 유발해서는 안 된다고 규정함으로써 국가주권을 제한하고 있다. 결의 제3조에서는 제2조상의 의무를 이행하기 위하여 각국은 오염을 방지하고 감소시킬 수 있는 모든 조치를 강구하도록 하고 있다. 이러한 점에서 이 결의가 헬싱키규칙보다 더 엄격하다고 볼 수 있다. 그리고 ILA는 1984년 파리회의에서 특히 광역대기오염(long-range air pollution)의 분야에서 어떠한 손해도 방지하기 위하여 '인간의 건강에 심하게 해가 되는 것으로 일반적으로 간주되는 물질'에 의한 대기오염을 발생시켜서는 안 된다는 점을 분명히 하였다.[46]

1990년 4월 이탈리아에서 개최된 Siena포럼에서도 국경을 넘는 환경오염에 대한 국가책임을 인정하고 있다. 즉 Siena 포럼의 기조발제문을 보면 다음과 같은 내용이 있다.

> 그러나 대체로 국제관행을 보면 오늘날 각국은 환경위해에 대한 책임의 일반원칙을 승인하고 있음을 알 수 있다. 즉 각국은 그들이

44) Ulrich Beyerlin, *supra* note 32, p. 101에서 재인용.

45) Resolution on the Pollution of Rivers and Lakes in International Law, Athens, September 12, 1979, 외무부, 『국제하천관계자료집』, 1987, 1063-1065면에서 재인용.

46) A. Rest, *supra* note 30, p. 313에서 재인용.

자신의 관할권 내에서 수행하거나 또는 허용한 활동과 그들의 통제 아래에서의 활동에 의해 야기된 환경손해에 대하여 책임을 져야 한다는 원칙을 승인하고 있다.[47)]

이와 같이 그동안 국가의 관행, 판례, 국제기구 및 국제법연구 관련단체의 태도를 보면, 오늘날 국제법의 실행에서, 자연자원을 이용함에 있어서 다른 국가에 심각한 피해를 주어서는 안 된다는 원칙을 인정하고 있다고 잠정적인 결론을 내릴 수 있다. 상설국제사법재판소(PCIJ)가 Chorzow Factory사건[48)]에서 "모든 작위 또는 부작위에 의해 초래되는 계약위반은 반드시 적합한 형태로 배상할 의무를 수반한다는 것이 국제법원칙이다"라고 판결한 이후 이 원칙이 국제사회에서 승인되고 있음을 기억한다면, 논리적으로 현재 국제관습법상으로 책임의무(duty of liability)가 존재한다는 결론에 도달하게 된다. 이와 같은 결론은 특히 ILC의 '국가책임에 관한 규정초안'에서도 확인할 수 있다. 즉 국제불법행위법에서 유래된 초안 제1조는 "국가의 모든 국제위법행위는 그 국가의 국제책임을 수반한다"라고 규정하고 있다. 또한 국제법상 위법행위로 인정되는 행위에 대해 그 행위가 귀속되는 국가는 국제법상 책임이 있다는 원칙은 각국의 관행과 판례에 의해서도 지지를 받고 있다.

---

47) Forum on International Law of the Environment, Siena 17-21 April 1990, Introductory Document Prepared by the Italian Government, Rome 1990, p. 53(paragraph 129), *reprinted* in Karl Zemanek, "State Responsibility and Liability," in W. Lang & H. Neuhold & K. Zemanek(eds.), *Environment Protection and International Law*(London: Graham & Trotman, 1991), pp. 187-188.

48) Chorzow Factory case(Germany v. Poland), PCIJ Ser. A, No. 17, 1928, pp. 46-48, *reprinted* in D.J. Harris, *supra* note 18, pp. 490-492.

2. 국제관습법상 책임원칙의 존재를 부인하는 주장

1) Harmon주의

고전적 국제법이론에 의하면, 주권국가가 자신의 영토를 사용할 수 있는 권리에는 제한이 없으며 절대적이라고 보았다. Harmon주의는 이와 같은 절대적 영토주권이론(theory of absolute territorial sovereignty)을 반영하고 있는 주장으로, 국가는 자국의 영토를 다른 국가를 고려함이 없이 이용할 수 있다는 이론이다. 이러한 주장에 의하면 국가는 자국의 영토를 이용할 때 어떠한 책임이나 의무도 부담하지 않는다.[49] Harmon주의가 등장하게 된 배경은 다음과 같다. 1895년 미국이 자국 내에서 기원하여 멕시코 영토를 관류하여 멕시코만으로 흘러들어가는 Rio Grande강의 상류에 댐을 건설하려고 하자 멕시코는 그 강의 하류에 거주하는 멕시코주민의 기득권을 주장하면서 댐건설을 반대하였다. 이에 당시 미국 법무장관인 Harmon은 국제법상 기본원칙은 모든 국가가 자신의 영토 내에서 절대적인 주권을 행사하는 것이므로 미국이 자신의 영토 내에서 주권을 행사하고 있는 이상 국제법상 미국이 멕시코와 Rio Grande강의 하천수를 공동으로 사용해야 할 의무가 없고, Rio Grande강의 미국 영역 내에 있는 수로의 변경으로 인하여 설령 멕시코에 피해가 발생하더라도 미국의 책임은 발생하지 않는다고 주장하여 생겨난 이론이다.[50] 이는 19세기 초에 당시 미국의 연방대법원장이었던 John Marshall이 한 사건 판결에서 주장한 내용으로부터 영향을 받았다. 즉 그는 "국가의 자국영토 내에서의 관할권은

---

49) J. Utton, "International Environmental Law and Consultation Mechanism," Columbia *Journal of Transnational Law*, Vol. 12, 1973, p. 56.

50) *Ibid.*

배타적이고 절대적이다. 그것은 자신의 결정에 의하지 않고서는 제한될 수 없다"고 하였다.51)

Harmon주의는 국제하천의 이용에 있어서 자국영토 내 수역의 이용에 관한 학설에서 유추된 이론이지만 국경을 넘는 환경오염에도 간접 적용할 수 있는 이론이라 생각한다. 이는 sic utere tuo ut alienum non laedas원칙에 반대되는 원칙으로, 국가는 자신의 영토를 이용할 때 다른 국가의 환경에 대한 영향을 고려함이 없이 절대적 주권을 행사할 수 있다는 유추가 가능하다. 결국 Harmon주의에 따르면 국경을 넘는 환경오염에 대한 국가책임은 인정할 수 없는 것이 된다. 국제법상 국가영역의 이용에 관하여 주권행사의 제한이 없다는 입장은 1986년 UN총회의 '천연자원에 대한 영구주권 선언'에서도 지지되었고 일부 조약 및 국제판례에서도 확인된다.52) 이러한 주장과 관행은 국경을 넘는 환경오염에 대한 국가책임을 인정하는 국제관습법의 발전을 방해하는 것이다.

그러나 Harmon주의는 주장 당시에도 인정되지 않았으며53) 오늘

51) The Schooner Exchange v. McFadden, 7 Cranch 116, 136(1812); 이상돈, "국제공해에 관한 국제법상 국가책임," 『중앙대법대논문집』 제8집, 1983, 125면에서 재인용.

52) 성재호, "인접국 오염원에 의한 환경피해의 국제법적 구제," 『국제법학회논총』 제46권 제2호, 2001, 99면.

53) 당시 멕시코정부는 Harmon주의를 반박하였다. 즉 멕시코정부는 국제법 규칙상 미국 영역 내에 있는 Rio Grande강 유역에 대하여 미국 주민이 이용하지 못하도록 의무를 부과하는 것은 불가능하나 그것을 이용하는 것이 미국 영역 밖에 있는 Rio Grande강의 수량을 감소시키는 결과를 낳게 되면 미국의 영역에 대한 주권을 제한하는 의무가 존재한다고 주장하였다. 미국과 멕시코는 분쟁해결을 위해 국경위원회에 조사를 요청하였다. 위원회는 수 년 동안 멕시코가 부당하게 형평에 맞는 권리를 박탈당하였음을 인정하면서 Rio Grande강의 형평성 있는 이용을 위한 조약을 체결할 것을 권고하는 보고서를 제출하였다. 이에 양국은 위원회의 권고를 받아들여 1906년 '관개목적의 Rio Grande강수의 형평한 배분에 관한 협정'을 체결하였다. 이 사건에 대한 국경위원회의 결정은 주권의 개념은 절대적인 것이 아니고, 다른 국가의 환경이나 국가관할권 밖의 영역에 피해를 야기하지 않아야 한다는 제한에 따라야 한다는 점을 보여준 것이다(성재호, 앞의 논문, 99면).

날 국제관행과 국제법에 의해 더 이상 지지를 받지 못하고 있다.[54)]이를 주장했던 미국도 1950년대에 캐나다와 Columbia강의 용수분쟁에서 미국이 그 강의 하류에 위치한 탓으로 Harmon주의가 자국에게 불리하게 적용될 가능성이 보이자, 이 원칙이 국제법의 일부로 인정된 적이 없었다고 부인하였다.[55)]

2) 국제관습법상 책임원칙의 존재를 부인하는 근거

전통적으로 조약 및 국제관습법 위반은 어떤 경우에도 국제의무 위반을 구성한다는 것이 국제법의 원칙이다. 그러나 이러한 원칙이 거의 '국제관습법의 일부'로써 여겨지고 있음에도 실제 국제법과 국제관행에서 또 다른 견해는, 아직 책임이라는 국제관습법원칙은 존재하지 않는다고 주장한다. 국제관습법상 국경을 넘는 환경오염에 대한 국가책임 규범의 존재를 부인하는 주장은 기본적으로 그런 책임에 관한 국제관습법이 존재하지 않는다는 것이다. 이러한 주장의 주요한 논거를 보면, 주권평등, 영토불가침 같은 현재 적용 가능한 국제법원칙이 국경을 넘는 환경오염에 적용할 수 있는 적절한 국제법규를 확립하는 데 지침으로 역할할 수 있고 그렇게 되어야 한다는 데 동의하더라도 "국제관습법의 형성에 필요한 광범위하고 일관적으로 계속되는 국가 관행의 존재를 확인할 수 없다"고 주장한다.[56)] 다시 말해서 국제관습법은 하나의 사례로 확립되는 것도 아니고, 법원칙으로부터 학문적 추론을 통하여 시행되는 것도 아니라는 것이다. 학문적 제안은 국제관습법의 형성을 자극할 수는

54) L. Henkin & R.C. Pugh & O. Schachter & H. Smit, *International Law: Cases and Materials*, 3rd ed.(West Publishing Co., 1993), p. 1357.

55) 이상돈, 앞의 논문(주 51), 126면.

56) Karl Zemanek, *supra* note 47, p. 188.

있으나 그것이 각국에 의해 승인되고 행해지지 않는 한, 단지 그 학자의 견해에 불과하다는 것이다. 그리고 국가관행의 존재에서 그 증거는 모순되지 않아야 하는데, 동일한 국가에 의해서도 어떤 사례에서는 국가책임원칙을 승인하기도 하다가,[57] 또 다른 사례에서는 국가책임원칙을 부인하고 있는 것[58]은 일관된 관행의 존재를 인정하기 어렵다는 것이다.[59] 그래서 조약 중에서도 계약적 성질의 조약, 예를 들면 '우주물체로 인한 손해에 대한 국제책임에 관한 협약' 등과 같은 조약에서 규정하고 있는 국제의무를 제외하고는, 아직 국가는 다른 국가 또는 지구공유지역의 환경에 야기한 손해에 책임이 있다는 주장은 국가들 사이에서 일반적 승인은 없고 다만 학문적 제안에 불과하다고 한다.[60] 이러한 견해에 따르면 국제공동체에 의해 받아들여지고 스톡홀름선언 원칙21에서 명시된 제한적 주권과 영토보전의 원칙은 너무 일반적이고 모호하게 공식화되었다는 것이다. 또한 환경오염에 대한 국가책임을 인정하는 국제관습법상의 법원칙의 존재를 부인하는 또 다른 이유로는 환경손해의 판단기준이 되는 '심각성'(significance)이라는 기준의 구체성이 결여되어 있다는 것이다. 그리고 실제로도 각국은 자국의 영토에서 기원하여 다른 국가 환경에 손상을 야기한 경우에도 이는 자신의 영토를 정상적으로 이용한 결과이므로 책임문제는 발생하지 않는

57) 1978년 코스모스954호사건에서 당시 구소련정부의 태도(ILM, Vol. 18, 1979, p. 923)가 이에 해당한다. 그러나 엄밀하게 보면, 이 사건에서 법적 책임은 국제관습법에 근거하여 인정한 것이 아니라 소련과 캐나다 양국이 당사국으로 가입하고 있는 1972년 '우주물체로 인한 손해에 대한 국제책임에 관한 협약'과 국제법의 일반원칙에 의해서 인정되었다고 볼 수 있다.

58) 예를 들면, 1986년 체르노빌사고 이후 구소련정부가 보여준 태도가 이에 해당한다. 이에 대해서는 G. Handl, "Transboundary Nuclear Accident: The Post-Chernobyl Multilateral Legal Agenda," *Ecology Law Quarterly*, Vol. 15, 1988, p. 223, footnotes 101 and 102 참조.

59) Karl Zemanek, *supra* note 47, p. 188.

60) *Ibid.*

다고 주장한다. 또한 설령 국가책임을 국제관습법에 의해 인정하더라도 이러한 책임이 과실(fault)에 근거하고 있는 것인지 또는 손해를 유발한 사건의 발생 그 자체, 즉 무과실책임에 기인하는 것인지 등의 핵심적인 문제가 해결되지 않았다는 것이다.[61] 이와 같이 책임의 성립이 과실을 요건으로 하는지 아닌지 분명하지 않다고 비판하는 견해에 따르면, 기본적으로 과실에 의한 책임 원칙이 인정되고 있는 것이 국제법에서 여전히 우세한 견해라고 한다.[62] 예를 들면, 인간환경에 관한 스톡홀름선언 준비위원회의 많은 대표자들은 환경오염에 대한 국가책임의 성립요건으로 과실을 요하는가에 대한 논쟁에서 엄격책임(strict liability)에 반대표를 던졌는데, 이는 무과실책임을 반대하는 것이고, 따라서 엄격책임의 원칙은 문헌 속에서의 몇몇 견해에도 불구하고 스톡홀름선언 원칙21의 공식이라고 할 수 없다고 한다. 또한 ILC의 국가책임에 관한 규정초안의 주석에서도 기본적으로 과실의 원칙이 유지되어야 한다고 밝히고 있음[63]을 근거로 하고 있다.

3) Rest의 견해

국경을 넘는 환경오염에 대한 국가책임을 부과하는 국제관습법상의 법원칙이 존재하지 않는다는 주장에 대하여 Rest의 견해는, 모든 원칙은 그 성질에 따라 광범위하게 언어로 규정되어야 하기 때문에 '심각성'개념이 충분히 특정화되지 않았다는 이유로 이 원칙의 유효성을 부인하는 것은 옳지 못하다고 한다. '유효성'(validity)은 본래 규범에 의해 규제된 행위는 의무적(obligatory)이라는 것을

61) A. Rest, *supra* note 30, p. 314.
62) 산본초이, 『국제법』(동경: 유비각, 1999), 645-646면.
63) Yearbook of ILC 1978, Vol. Ⅱ(part 2), pp. 81-86.

의미한다. 이 의무는 주어진 실제상황에 비추어 합리적인 행위는 법에 따라 행해져야 한다는 신념에 근거한다. 다른 한편으로 실효성(effectiveness)은 규범에 규칙적으로 따르는 것을 의미한다. 따라서 어떤 조약이 '심각성'의 일정한 기준을 정한다면 이것은 새로운 법을 제정한 것이 아니라 이미 존재하는 국제관습법상의 원칙을 더욱 상술하거나 더욱 잘 준수할 수 있도록 하는 것이다. 그러므로 법적 의무는 국제협정을 통해서만 존재한다고 단정할 수는 없다. 즉 법은 다른 방식으로 두 번, 즉 우선 법원칙으로 그 다음에는 조약을 통해서 규정될 수 있기 때문이다. 국가행위의 내용도 규제를 시행함으로써 종종 특정화되고 준수가 잘되도록 하며 그래서 효과적으로 만든다는 것이다.[64]

3. 국제관습법상 책임원칙의 존재를 인정하는 주장

1) 의 의

현재 인접국가간의 환경적 관계에 적용할 수 있는 국제관습법의 원칙으로 대체로 선린성의 원칙(principle of good neighborliness)이 제시되고 있다. 이 원칙은 인접국가간의 관계에서 다른 국가의 영토보전(territorial integrity)을 존중해 주는 것을 말한다. 또한 로마법언인 sic utere tuo ut alienum non laedas(너의 것으로 말미암아 남의 것을 해하지 않도록 사용하라)원칙을 국경을 넘는 환경오염에 대한 국가책임을 인정하는 국제관습법상의 원칙이라고 한다. 이 원칙은 "자기의 재산을 다른 사람의 재산에 손해를 주지 않는 방법

64) A. Rest, *supra* note 30, pp. 314-315.

으로 사용하여야 한다"라는 사법상의 원칙을 국제법에 원용(援用)한 것이다. 이 원칙에 따르면, 국가는 다른 국가의 영토에 있는 사람이나 재산에 손해를 입히는 원인이 되는 행위를 하지 않아야 할 의무가 있게 된다. 이러한 원칙은 국가의 관행[65]과 국제적인 선언, 국제재판의 판결[66]에서 국경을 넘는 환경오염에 적용되었다.

2) 국경을 넘는 환경오염에 대한 국제관습법상의 기본원칙

(1) 선린성의 원칙

먼저 환경보호를 위해 적용할 수 있는 국제관습법의 법적 기초로 선린성의 원칙(principle of good neighbourliness)이 주로 거론되고 있다.[67] 역사적 경험에 비추어 보면 인접국가간에는 지리적 인접성 때문에 자주 긴장과 갈등관계를 보이고 있다. 선린성의 원칙은 특히 유럽대륙에서 인접국가간의 수자원 이용과 관련하여 발생한 갈등의 해결책을 구하는 데서 발전되었다. 이 원칙은 인접국가간 관계의 전범위를 포괄하고 있는 개념이며, 국가 활동으로 인한 상호갈등 회피원칙의 근원을 형성하는 개념으로써 간주될 수 있다.[68] 이러한 선린성 원칙의 배후에 있는 기본적 관념은 '상당한 상호존중의 의무'(obligation of mutual due respect)이고, 또한 한편으로 영토주권과 다른 한편으로 영토보전존중의 실행에서 인접국가들의 대적하는 권리의 균형에 대한 현실적 요구를 반영하고 있는 것이

65) 예를 들면, 미국의 대외관계법 리스테이트먼트(3차) 제601조가 이에 해당한다.
66) 앞에서 설명한 Trail Smelter사건, Lanoux호사건, Gut Dam사건 등이 이에 해당한다.
67) Lothar Gündling, "Protection of the Environment by International Law: Air Pollution," in W. Lang & H. Neuhold & K. Zemanek(eds.), *Environmental Protection and Internastional Law*(London: Martinus Nijhoff, 1991), p. 93.
68) J.G. Lammers, *Pollution of International Watercourses: A Search for Substantives Rules and Principles of Law*(Boston: Martinus Nijhoff, 1984), p. 563.

다.[69] 이런 면에서 선린성의 원칙은 인접국가간의 환경적 관계에서 조정적 요소(regulatory factor)라고 볼 수 있다.[70]

선린의 이념은 인접국가들이 엄격하게 영토보전존중의 기본원칙을 준수한다면 쉽게 실현될 수도 있다. 그러나 인접국가들은 이러한 원칙에 의해 영토주권이 제한되는 것을 원하지 않는다. 그래서 선린성의 원칙은 영토주권과 영토보전이라는 대립하는 이익을 조화롭게 하여 균형을 유지해야 할 의무를 의미하기도 한다. 따라서 국가는 다른 국가의 영토보전을 인정하고, 자국의 영토주권에 대한 주장을 완화해야 할 경우도 있다. 그런데 국가가 자국의 환경자원을 이용하는 과정에서 다른 국가의 영토보전을 침해하는 것은 모두 선린성의 원칙을 위반한 것이라고 단정하기는 어렵다고 할 것이다.[71] 영토주권과 영토보전이라는 대립되는 가치에 대한 이익형량을 통하여 기준을 세우는 것이 국제법의 과제라고 생각한다. 결국 선린성의 원칙의 기본적인 기능은 영토보전원칙을 보호하는 것이고, 영토주권원칙을 보장하는 것이라고 볼 수 있다. 이러한 선린성의 원칙은 국제관습법상 기본원칙이 되었다고 볼 수 있다.[72]

(2) sic utere tuo ut alienum non laedas원칙

sic utere tuo ut alienum non laedas원칙은 로마법언에서 유래한 것으로 국제법학 문헌에서 국경을 넘는 환경오염문제에 자주 인용되고 있다. 이 원칙에 따르면, 국가는 다른 국가의 영토 내에 있는

69) Ulrich Beyerlin, *supra* note 32, p. 108.

70) *Ibid*.

71) 이러한 측면 때문에 선린성의 원칙은 인접국가간의 환경오염분쟁을 해결하기에는 너무 애매모호한 개념이라고 비판을 받기도 한다(A. Rest, "International Protection of Environment and Liability," in *Beiträge zur Umweltgestaltung*(Berlin: Erich Schmidt Verlag, 1978), p. 116).

72) J.G. Lammers, *supra* note 68, p. 563.

사람이나 재산에 손해를 입히는 원인이 되는 행위를 하지 말아야 할 의무가 있다. L. Oppenheim은 "어느 국가도 그 영토의 자연조건을 변경하여 인접국가 영토의 자연조건을 해하는 결과를 야기해서는 안 된다는 것이 국제법상의 원칙이다"라고 하였다.[73] 이 원칙은 다른 국가의 권리남용으로부터 위협받고 있는 국가에게 방어권을 주는 것이다. 물론 권리의 남용(abuse of right)과 권한 밖의 행위(ultra vires act)는 구별되어야 한다. 예를 들면, 한 국가의 영토주권을 행사할 수 있는 범위는 원칙적으로 그 자신의 국경선까지 이며, 그 자신의 국경을 넘어 그의 영토주권을 행사한다면 그것은 권리남용이 아니라 권한 밖의 행위이다.

이 원칙이 공유자연자원(shared natural resources)의 공평한 이용과 관련이 있는 경우에는, 특히 경계관류수역(border-crossing waters)의 이용과 관련하여 관련국가에게 부과하는 의무이며, 동시에 모든 유역국(riparian state)에게 일정한 권리를 부여하는 것이다.[74] 그리고 이 원칙은 앞에서 설명한 Trail Smelter사건의 중재판정에서 국제법학에 소개되었다. 이 사건은 유해하고 위험한 공장시설에서 발생한 외국의 법익침해에 대해 공장시설 소재국의 국가책임을 인정한 고전적 사례이다. 미국인의 재산에 피해를 가져다준 데 책임이 있는 사기업인 제련소가 소재하고 있는 British Columbia주의 영역국인 캐나다에서 개정된 중재법정은 중재판정은 앞으로의 공장가동에 대하여 금지명령을 내리고 다음과 같은 의견을 제시하였다.

> 국제법원칙상 어떤 국가도 사건이 심각한 결과를 가져오고 피해가 명백하고 확신할 수 있는 증거에 의해서 입증된 경우에 다른 국가의 영토 또는 그 영토 내의 재산에 환경피해를 야기하는 방법으로 자국

73) *Oppeenheim's International Law*, *supra* note 2, p. 408.

74) Ulrich Beyerlin, *supra* note 32, p. 111.

의 영토를 이용하거나 이용을 허용할 권리를 갖고 있지 않다.[75]

이 사건 이후 ICJ와 여러 국제중재법정에서 나온 몇몇 결정은 이 원칙을 재확인해 주고 있다.[76] 또한 국제법학자 중에는 국경을 넘는 환경오염은 이와 같은 국제관습법을 위반한 것이라고 주장한다.[77] 환경법에 대한 원칙을 국제관습법에 뿌리를 두고 있는 미국의 대외관계법(the Foreign Relations Law) 리스테이트먼트(제3차) 제601조 1항은 "국가는 가능한 범위에서 그 관할권 또는 통제 내에서의 활동이 국가관할권의 한계를 넘어선 영역 또는 다른 국가의 환경에 대한 피해를 예방, 감소 및 통제하기 위한 국제법규와 국제기준을 수락하는 것을 보증하기 위해 필요한 모든 조치를 취해야 한다"고 명시하고 있다.[78] 또한 같은 법 제601조 3항은 국가관할권의 한계를 넘어선 영역의 환경에 발생한 심각한 피해에 대한 국가책임을 규정하고 있다.[79] 그리고 많은 국가들이 국경을 넘는 심각

75) Trail Smelter case(U.S. v. Canada), R. Int'l Arb. Awards(final decision), Vol. 3, 1941, p. 1965, *reprinted* in AJIL, Vol. 35, 1941, p. 716.

76) 예를 들면, ICJ는 Corfu Channel case(U.K. v. Albania)에서 "모든 국가는 자기의 영토가 다른 국가의 권리에 반하는 행위에 이용되는 것을 알면서도 허용하지 않을 의무가 있다"라는 점을 확인하였다(ICJ Reports(1949), p. 22). 많은 학자들은 국경을 넘는 오염에 대한 국가책임원칙을 설정하는 것으로서 Corfu Channel사건을 해석한다(J. Barros & D.M. Johnston, *supra* note 5, p. 75).

77) Note, "Development in Law: International Environmental Law," *Harvard Law Review*, Vol. 104, 1991, p. 1497.

78) Restatement(Third) of Foreign Relations Law(1986), Section 601(1): A state is obligated to take such measures as may be necessary, to the extent practicable under the circumstances, to ensure that activities within its jurisdiction or control (a) conform to generally accepted international rules and standards for the prevention, reduction, and control of injury to the environment of another state or areas beyond the limits of national jurisdiction; and (b) are conducted so as not to cause significant injury to the environment of another state or of areas beyond the limits of national jurisdiction.

79) Restatement(Third) of Foreign Relations Law(1986), Section 601(3): A state is responsible for any significant injury, resulting from a violation of its obligation under Subsection(1), to the environmental of another state or to its property, or

한 피해를 방지할 의무를 규정하고 있는 다수의 조약들과 선언들을 비준 또는 동의하였다. 예를 들어, 오늘날 국제관습법의 법전화로 인정되고 있는[80] 스톡홀름선언은 원칙21에서 각국에게 "그들 국가의 관할권 내에서 또는 통제 아래에서의 활동이 다른 나라의 환경, 또는 그들 관할권 넘어선 영역의 환경에 심각한 손해의 원인이 되지 않도록 보장할 책임"을 부과하고 있다.[81] 이와 같은 법원칙의 발전은 그 이후에 나타난 많은 환경관련조약, 예컨대, 1982년 UN해양법협약 제194조 2항, 1972년 런던덤핑협약,[82] 1985년 오존층보호에 관한 비엔나협약[83] 및 1991년 환경보호에 관한 남극조약의정서[84] 등에 반영되었다.[85]

---

to persons or property within that state's territory or under its jurisdiction or control.

80) A. Kiss, *Droit international de l'environmental, Revue Juridique de l'Environment* (Lyon, France, 1989), p. 81.

81) UN해양법협약 제194조 2항에서도 이러한 의무를 규정하고 있다.

82) 이 협약의 정식명칭은 Internatonal Maritime Organization Convention on the Prevention of Marine Pollution by Dumping of Wastes and other Matter이다. 1046 UNTS 120; 26 UST 2403, *reprinted* in ILM, Vol. 11, 1972, p. 1294.

83) 이 협약의 정식명칭은 Vienna Conventin for the Protection of the Ozone Layer 이다. *reprinted* in ILM, Vol. 26, 1987, p. 1529.

84) 이 협약의 정식명칭은 Protocol to the Antarctic Treaty on Environmental Protection이다. *reprinted* in ILM, Vol. 30, 1991, p. 1461; 이 의정서는 남극환경 및 이에 종속되고 연관된 생태계의 포괄적 보호를 약속하고, 이에 따라 남극을 평화와 과학을 위한 자연보존구역으로 지정하고 있다. 주요내용으로는 ① 과학적 연구를 제외한 일체의 광물자원 관련 활동의 금지, ② 남극관련 활동의 환경영향평가 실시, ③ 특정의 경우를 제외하고는 토착 포유생물의 포획과 비토착생물의 반입 금지, ④ 남극지역의 활동으로 발생한 폐기물의 처리 등이다.

85) Alan E. Boyle, "State Responsibility and International Liability for Injurious Consequences of Acts not Prohibited by International Law: A Necessary Distinction?," *International and Comparative Law Quarterly*, Vol. 39, 1990, p. 21.

3) 국제관습법상 기본원칙의 효력

모든 국가는 자국의 영토에서 개발활동을 수행할 때 그 결과가 인접국가의 영토보전을 침해하지 않도록 해야 한다는 기본원칙이 국제관습법상 확립된 원칙인지 아닌지를 결정할 필요가 있다. 오늘날 심각한 국경을 넘는 환경손해의 금지와 관련 있는 주요 국제문서들이 국제관습법상의 원칙으로부터 유래한 것이라면,[86] 이것은 국가간 또는 인접국가간의 환경적 관계의 기본원칙으로써 다른 국가의 영토보전존중원칙의 승인을 의미하는 것이기 때문이다.[87] 이와 같은 기본원칙을 준수해야 할 법적 의무가 각국에게 있음이 국가들의 공통된 관행 속에서 나타나고 있음을 보여주는 사례들을 앞에서 보았다. 즉 Trail Smelter사건은 국경을 넘는 환경오염의 국가책임에 관한 주요한 판례로서 지배적으로 관련문헌들에서 인용되는 판결문을 제시하였다. 그리고 Corfu해협사건에서 ICJ는 "모든 국가는 다른 국가의 권리에 반하는 방법으로 자국의 영토를 사용하는 것을 허용하지 않을 의무가 있다"라고 판결하여 이를 지지하였다.[88] 이들 판례뿐만 아니라 국가의 관행, 국제기구와 국제법관련 학회의 결의 등에서 이와 같은 입장을 지지하고 있다.

이렇듯 오늘날 국제사회는 다른 국가의 영토보전존중원칙을 인접국가간의 환경적 관계에서 적용 가능한 국제관습법의 기본원칙으로 간주할 수 있을 정도로 지지하고 있다. 그런데 여기서 제기되는 또 다른 문제는 이러한 원칙이 지리적 제한 없이 적용될 수 있는가이다. 다시 말해서 국제관습법상의 기본원칙이 영토가 직접적으로 인접·대향하고 있는 국가들과 같은 협소한 의미의 인접국가

---

86) G. Handl, "Territorial Sovereignty and the Problem of Transnational Pollution," *AJIL*, Vol. 69, 1975, p. 50; EPIL, No. 9, 1986, pp. 378-379.

87) Ulrich Beyerlin, *supra* note 32, p. 99.

88) ICJ Reports(1949), pp. 4-48.

간의 관계에만 적용되는가 아니면 이를 넘어서 환경적 자원을 개발하는 국가와 그러한 개발활동에 의해서 환경적으로 악영향을 받을 수 있는 또 다른 국가와의 관계에도 동일하게 적용될 수 있는가의 문제가 남는다. 생각건대, 국경을 넘는 환경손해의 금지가 영토주권원칙보다 영토보전원칙의 우월성에 의한 것이라면 인접국가간의 환경적 관계에서 다른 국가의 영토보전을 존중해야 할 의무를 제한할 합리적 근거는 없다. 그렇다면 국제관습법상 기본원칙은 직접적으로 영토를 맞대고 있든 또는 지리적으로 거리가 존재하든 적용되어야 할 것이다. 여기서 문제가 되는 것은 한 국가의 정상적인 영토주권 행사가 다른 국가의 영토보전에 해로운 영향을 끼치는 경우, 이것이 허용되느냐 아니면 허용되지 않기 때문에 발생한 환경피해에 대해 책임을 져야 하느냐이다. 다시 말해서 환경피해가 발생한 국가의 영역과 그 원인을 제공한 영역의 거리는 별로 중요하지 않다. 실제로 오늘날 대규모 환경오염사고를 생각해 보면 더욱 명백해질 것이다. 따라서 모든 국가는 자국의 영토가 다른 국가의 환경오염을 야기하는 활동에 의해 피해를 입은 경우에 당해 오염원인국에 대하여 영토보전을 주장할 수 있는 권리가 있다. 즉 환경피해를 입은 국가는 영토보전권의 침해를 이유로 오염원인국에게 책임을 물을 수 있다고 보아야 할 것이다.[89)]

4. 국제관습법의 적용에 관한 비판적 검토

생각건대, 국제관습법은 환경오염에 대한 국가책임제도수립을 위

89) Ulrich Beyerlin, *supra* note 32, pp. 101-102.

한 노력의 긍정적인 출발점으로 이바지하고 있다고 평가할 수 있다. 국제관습법의 관념은 특정한 관행에 대하여 각국의 거의 만장일치에 가까운 승인을 가정하고 있다. 이는 불분명한 국제제도에 각국의 준참여(quasi-participation)를 가정하고 있다고 볼 수 있다.[90) 그러나 현실적으로 국제관습법규는 요구되는 행위를 거의 특정하지 못하는 경우가 허다하다. 오히려 이러한 국제관습법규는 그 내용이 너무 모호하여 어떤 행위가 허용되는 행위인가 아니면 금지되는 행위인가에 관하여 어떠한 지침도 제공하지 못하거나[91) 또는 특정한 분쟁에 이러한 법규를 적용하는 것을 어렵게 하는 국제의무를 담고 있다. 또한, 많은 개발도상국은 국제관습법규가 어떤 식으로 결정되더라도 그 법규에 구속받는 것을 거부한다. 특히 제2차 세계대전 이후 등장했던 새로운 독립국가들은 그러한 국제관습법규들을 과거식민지주의와 제국주의 시대의 강대국들로부터 내려온 유물로 간주하여 이를 수락하지 않는다.[92) 이러한 태도는 각국은 국제공동체에 진입함으로써 암시적 또는 명시적으로 국제관습법상 의무를 수락한 것이라는 추정을 뒤흔들고 있는 것이다.[93)

특히 개발도상국들의 주장은 국제환경법과 관련하여 더욱 첨예하게 나타난다. 개발도상국들은 국경을 넘는 환경오염에 국제관습

---

90) L. Sohn, "Generally Accepted International Rules," *Washington Law Review*, Vol. 61, 1986, p. 1074.

91) 관습법적 의무의 모호한 내용은 도리어 각국에게 그들의 광범한 행위가 국제관습에 일치한다고 주장하는 것을 허용하는 측면도 있다고 비판하는 학자도 있다(R. Jennings, "What Is International Law and How Do We Tell It When We See It," *Annuaire Suisse de Droit International*, Vol. 37, 1981, p. 68.

92) L. Chen, *An Introduction to Contemporary International Law*, 1989, p. 406: Springer는 "환경문제에서 의무의 기초로써 관습법의 효력은 그러한 관행의 발견에 제한된 역할을 하는 최근의 독립국 대표들에 의해서 도전받을 수 있다"고 주장한다(Allen L. Springer, *The International Law of Pollution* (London: Quorum Books, 1983), p. 32).

93) 이한기, 『국제법강의』(서울: 박영사, 2002), 96-97면.

법을 적용하는 것은 제3세계의 산업성장을 막기 위한 선진국의 의도로 보고 있다. 예를 들면, 1972년 UN인간환경회의에서 개발도상국들은 산업화의 힘에 의해 만들어진 환경기준 부과를 반대하였다.[94] 이 회의에서 브라질 대표는 "오염규제의 내용이 무엇이든지 간에 브라질은 아무런 이익이 없다"고 선언하고 그것은 '부자의 문제'라고 보았다.[95] 즉 지구환경오염의 주원인은 그동안 선진국들의 산업화과정에서 발생한 것이기 때문에 이에 책임이 없는 가난한 개발도상국들은 자국의 경제개발을 위해 어느 정도 오염시킬 수 있는 권리를 가져야 한다고 주장하였다.[96] 자연자원의 개발을 통하여 이미 높은 생활수준을 누리고 있는 선진산업국들이 제3세계국가에게 지구환경오염에 대한 책임을 분담하려는 태도에 대해 반대하고 있는 것이다. 개발도상국들은 선진국들이 그동안 자신들의 산업화과정에서 지구환경을 오염시킨 책임을 면할 수 없음에도 자신들에게 그 책임을 부담케 하는 것에 대하여 강력히 반대하는 것이다.[97] 물론 1972년 UN인간환경회의 이후에 개발도상국들이 환경보호에 대한 그들의 반대입장을 완화하기 시작하였으나,[98] 여전히 그들은 환경보호에 관한 관습법규를 그들 국가의 발전권[99](right of

94) W. Biswas, "Environment and Law: A Perspective from Developing Countries," in Pierre-Marie Dupuy(ed.), *The Future of the International Law and the Environment*, 1984, pp. 389-391.

95) M. Royston, *Pollution Prevention Pays,* 1979, p. 3.

96) *NYTimes*, Feb. 13, 1972, col. 3.

97) Ann Hawkin, "Contested Ground: International Environmentalism and Global Climate Change," in Ronnie L. Lipschutz & Ken Conca(eds.), *The State and Social Power in Global Environmental Politics*(Columbia Univ. Press, 1993), pp. 224-228.

98) H. Jeffrey Leonard & David Morell, "Emergence of Environmental Concern in Developing Countries: A Political Perspective," *Stanford Journal of International Law*, Vol. 17, 1981, p. 284.

99) 개발도상국들이 국제사회에서 주장하고 있는 개발권에 관해서는 S.R. Chowdhury & Erik M.G. Denters & Paul J.I.M. de Waart(eds.), *The Right to Development in International Law*(Martinus Nijhoff Pub., 1992) 참조.

development)에 대한 침해로 보고 있다.[100] 개발도상국들은 선진국들이 20세기 후반 이전에 환경기준의 부재 속에서 자원을 개발하고 성장을 촉진하는 이익을 얻었다고 주장하면서 선진국은 그들이 만들어낸 환경적인 위해를 줄이는 비용을 스스로 부담해야 한다고 한다.[101] 이와 같이 국제환경법분야에서 국제관습법의 적용은 개발도상국으로부터 저항에 직면하고 있다.

그럼에도 앞에서 살펴본 바와 같이 국경을 넘는 환경오염에 적용될 수 있는 국제관습법상의 대표적인 원칙으로 선린성의 원칙과 sic utere tuo ut alienum non laedas원칙이 주장되고 있다. 국가는 자국의 영토를 이용할 때 다른 국가에 심각하게 손해를 주어서는 안 된다는 원칙의 존재는 더 이상 의심할 여지가 없다. 이 원칙은 한편으로 국내사법상의 선린성의 원칙으로부터 유래하여 발전해 왔다. 이 원칙에 따르면 오염행위에 과실이 있는지 없는지에 관계없이 영토주권의 객관적 침해라는 사실의 존재만으로 오염원인국의 책임이 인정되는 것이다. 그래서 책임이 성립하기 위해서 과실이 필요하느냐에 관한 명확성이 결여되어 있더라도 국제관습법상 책임을 인정하는 데 의문을 제기하는 것은 설득력이 없다. 그러한 의문은 일반적으로 환경오염의 '심각성'개념의 명확화가 요구되는 경우에 발생할 수 있다. 다른 한편으로, 국가는 자국의 영토를 이용할 때 다른 국가에 심각하게 손해를 주어서는 안 된다는 원칙은 자국의 행위로 다른 국가에 손해를 주지 말라는 원칙(즉 sic utere tuo ut alienum non laedas원칙)으로부터도 유래한다. 이 원칙은 국

100) A. Feraru, "Environmental Actors," in K. Dahlberg, M. Soroos, A. Feraru, J. Harf & B. Trout(eds.), *Environment and the Global Arena*, 1989, p. 50. 이 글은 개발도상국들이 '환경보호라는 필요에 의해 경제를 종속시키는 것에 대하여 폭넓은 저항이 존재함을 보여주고 있다.

101) *Ibid.*, pp. 49-50; 특히 이러한 주장은 1992년 기후변화협약과 1997년 교토의정서에 따라 이산화탄소배출량의 감축의무를 합의하는 데 더욱 뚜렷하게 나타났다.

제사회에서 견고한 지지를 받고 있는 것으로 국제법상 불법행위의 객관적 요소로 간주된다.

그런데 이러한 원칙은 그 내용이 너무 모호하여 어떤 행위를 받아들일 수 있는가에 관하여 구체적인 지침을 제공하고 있지 못하기 때문에 환경보호를 위해 각국에게 구체적 행동지침을 부여하는 의무를 부과하지 못하고 있다는 비판으로부터 자유롭지 못하다. 더욱이 오염원인을 증명할 수 없는 경우에는 이와 같은 원칙이 아무런 해결책을 제공하지 못한다.[102] 따라서 국경을 넘는 환경오염에 대한 책임문제를 국제관습법에 의존하지 말고, 기술적으로 복잡한 지역적 환경문제와 전지구적 환경문제를 해결하기 위해서는 필요한 조치를 명문으로 조약에 규정하는 것이 바람직하다. 그럼에도 국제관습법의 규칙을 무시해서는 안 될 것이다. 그것이 모든 실질적인 문제에 해답을 주지 않는다고 하더라도 환경보호를 위한 조약을 체결하는 데 법적 기초로 작용할 것이기 때문이다.[103]

그리고 국경을 넘는 환경오염에 대한 국제책임의 형식이 과실책임인가 또는 무과실책임인가에 대한 명확하지 않은 태도는 국경을 넘는 환경오염에 대한 책임원칙이 국제관습법상 존재한다는 주장에 대하여 반대의견의 이유가 되고 있다. 그러나 만약 무과실책임 또는 엄격책임이 예외적인 현상이라고 인정된다면, 이의 역논리로 다른 국가에 대한 심각하고도 과실 있는 위법행위가 책임을 발생시키는 계기가 되는 국제관습법상의 원칙이 될 수 있다. 그리고 국제사회에서 국제관습의 형성에 영향을 미치는 강대국의 태도가 자국의 이해관계에 의해 지극히 자의적으로 변하지 않도록 제도적 장치가 필요하다. 가장 기본적으로 국가책임원칙이 힘에 의한 외교국면으로 전환되지 않도록 국제재판이 체계적 관점을 취하는 것이

102) Lothar Gündling, *supra* note 67, p. 93.
103) *Ibid*.

바람직하다. 국가책임문제가 정치적 노리갯감(political plaything)이 되는 이유는 국가들이 국제적인 환경피해사례에서 피해를 입은 개인이 소송을 제기할 것인지(즉 법적 절차에 의해 대응할 것인지) 여부에 대하여 관망하기 때문이다.[104)]

그리고 국경을 넘는 환경오염에 대한 국가책임에 관한 국제관습법규의 존재를 부인하는 견해에 따르면 스톡홀름선언 원칙21에서 명시된 제한적 주권과 영토보전 원칙은 너무 일반적이고 모호하게 공식화되었다고 비판하나 스톡홀름선언 원칙21은 분명히 다른 국가 영역의 환경에 손해를 야기하지 않을 책임을 규정하고 있고, 또한 이 선언 원칙22는 "각국은 자국의 관할권 내에서 또는 통제 아래서의 활동이 자국의 관할권 밖에 있는 지역에 미친 오염, 그 외 환경상 손해의 희생자에 대한 책임 및 보상에 관한 국제법을 더욱 발전시키도록 협력해야 한다"라고 규정하여 실제적인 보상법규를 더욱 발전시켜야 한다는 점을 분명히 하고 있다. 리우선언도 스톡홀름선언 원칙21과 원칙22와 유사한 내용을 각각 원칙2와 원칙13에서 선언하고 있다. 결론적으로 국제판례 그리고 국가, 국제기구, 국제법연구 관련 학술단체의 관행으로 볼 때 국경을 넘는 환경오염에 대하여 국가책임을 인정하고 있다고 볼 수 있다.[105)]

---

104) A. Rest, *supra* note 30, pp. 317-318.
105) 성재호, 앞의 논문(주 52), 100-101면 참조.

제 5 장

조약상 환경오염에 대한 국가책임

1. 의 의
2. 국제환경협약에 규정된 책임조항들
3. 조약의 목적에 책임원칙을 규정하고 있는 경우
4. 고도로 위험한 활동분야에서 국가책임을 다루고 있는 조약
5. 민사법상 책임원칙을 포함하고 있는 조약

제 5 장 조약상 환경오염에 대한 국가책임

1. 의 의

환경오염에 대한 책임과 관련해 그동안 사례들을 들여다 보면 국가들 사이에 한 가지 일관성을 찾을 수 있다. 즉 각국은 국경을 넘는 환경오염에 대한 국가책임의 어떤 기준에도 동의하기를 꺼린다는 점을 알 수 있다.[1] 국경을 넘는 환경오염을 야기하지 아니할 국가책임을 인정하고 있는 1972년 스톡홀름선언 원칙21과 1992년 리우선언 원칙2의 채택에는 대다수 국가가 동의하였으나, 실제로 각국은 이와 같은 책임문제를 회피하고 있다. 그리고 스톡홀름선언 원칙22는 각국은 국경을 넘는 오염의 희생자에 대한 '책임과 보상에 관한 국제법의 발전을 위해 협력할 것'만을 규정하고 있다. 이와 관련하여 Sands는 이러한 선언에도 불구하고 "1972년 이후 책임과 배상에 관한 국제법의 발전이 거의 이루어지지 않았다"고 지적하고 있다.[2] 1972년 이후에 체결된 해양오염과 관련한 협약들도 영토를 넘어선 피해에 대한 국가책임문제를 명확하게 다루지 않았다.[3] 스톡홀름선언 10년 뒤에 체결된 1982

---

1) 대표적인 예로 체르노빌사고 이후 소련의 태도가 환경오염에 대한 국가책임을 인정하지 않으려고 하였다.

2) Philippe Sands, *Chernobyl: Law and Communication: Transboundary Nuclear Air Pollution: The Legal Materials*(Cambridge: Grotius, 1988), p. 23.

3) 1981년 Convention for Co-operation in the Protection and Development of

년의 UN해양법협약도 스톡홀름선언 원칙22에서 선언된 내용을 되풀이하고 있을 뿐, 어떠한 구체적 기준을 성문화하는 것을 피하였다. 즉

> 각국은 해양환경의 보호 및 보존에 관한 국제적 의무를 이행할 책임을 부담한다. 각국은 국제법에 따라 배상책임을 부담하여야 한다.[4)]

스톡홀름선언 채택 20년 후인 1992년의 리우선언은 전문(前文)에서 지구의 환경보호를 위해 '국제협정의 체결에 노력'할 것을 천명하고 원칙13에서 스톡홀름선언 원칙22의 내용을 그대로 반영하고 있다. 다만 이에 덧붙여 "각국은 환경오염이나 기타 환경손해의 희생자에 대한 책임과 배상에 관한 국내법을 발전시켜야 한다"라고 하여 각국의 국내법을 오염희생자에 대한 배상이 제대로 이루어질 수 있도록 제정할 것을 천명하고 있다. 스톡홀름선언 원칙22와 리우선언 원칙13의 내용이 구체적인 의무를 담고 있지 못하다는 비판에도 불구하고 국제법전문가들은 이들 내용을 국가책임원칙의 법전화를 위한 영감(inspiration)으로 여기고 있다.[5)]

Marine and Coastal Environment of the West and Central African Region 제15조, 그리고 1983년 Convention for the Protection and Development of Marine Environment of the Wider Caribbean Region 제14조도 국가책임에 관한 내용을 두고 있으나 국가책임문제를 명확하게 규정하지 않고 추상적으로 표현하고 있다.

4) UN해양법협약 제235조.

5) Sanford E. Gaines, "International Principles for Transnational Environmental Liability: Can Developments in Municipal Law Help Break the Impasse?," *Harvard International Law Journal*, Vol. 30, 1989, pp. 311-315 참조.

2. 국제환경협약에 규정된 책임조항들

현재 많은 국제환경협약이 체결되어 있지만, 환경오염에 대한 국제책임 및 배상에 대한 구체적인 조항을 두고 있는 경우는 매우 드물다. 소수이기는 하지만 환경보호에 관한 조약 중에는 책임에 관해 상당히 중요한 원칙을 포함하고 있는 경우가 있는데, 이는 조약상 의무위반 또는 손해발생의 경우 적용 가능한 책임원칙을 밝히고 있다.[6] 그런데 국가책임 문제는 일반적 성질을 가지고 있기 때문에 환경오염과 관련하여 직접적으로 규정하고 있는 조약뿐만 아니라 간접적으로 환경오염에 관계된 조약을 검토하는 것은 필수불가결하다 할 것이다.

법체계적 관점에서 볼 때 환경책임과 관련한 조약들은 두 가지 유형으로 분류될 수 있다.[7] 첫째로 국가기관의 행위에 대한 책임은 해당국가책임의 기초가 된다는 협약들이다. 즉 국가기관의 행위로 직접 국가책임이 성립하게 되어 있는 조약들이다. 이러한 조약들은 그 내용에 관한 한 예방적이고 계획적인 성격을 가지고 있으므로, 이러한 조약상의 의무위반은 국제법상 법적 책임을 지도록 되어 있고, 책임에 관한 명시적 규정이 절대적으로 필요하지는 않다.

둘째로 개인의 위험한 활동에 대하여 국가가 책임이 있다는 데 기초를 둔 민사법(civil law)상의 책임문제를 다루고 있는 조약들이다. 이러한 조약 아래에서 국가는 사인의 행위를 묵인 내지 방지하

---

6) Riccardo-Pisillo-Mazzeschi, "Forms of International Responsibility for Environmental Harm," in Fracesco Francioni & Tullio Scovazzi(eds.), *International Responsibility for Environmental Harm*(London: Graham & Tortman, 1991), p. 17.

7) A. Rest, "Responsibility and Liability for Transboundary Air Pollution Damages," in C. Flinterman, B. Kwiatkowska & J. G. Lammers(eds.), *Transboundary Air Pollution: International Legal Aspects of the Co-operation of States*(Dordrecht: Martinus Nijhoff Publishers, 1986), p. 302.

지 못한 것에 대하여 책임을 지는 것이라 할 것이다. 이와 같은 책임은 특히 원자력의 이용과 우주공간에서의 활동과 같이 사인의 위험한 활동에 대하여 국가가 책임을 지도록 하고 있다. 이러한 유형의 조약들을 민사책임형조약이라고 한다.

그러나 다양한 국제환경협약들에서 국가책임에 관한 중요한 규칙은 실제로 드문 실정이다. 대부분의 환경보호에 관한 조약은 책임에 관한 규칙이 전혀 없거나, 있더라도 매우 일반적이고 모호한 규칙만이 존재한다. 따라서 조약상의 규칙위반에 대한 책임이 존재하는지 아닌지 그리고 그러한 책임은 어떠한 형태인지를 밝히기 위해서는 각각의 경우에 당해조약에 의해 규정된 1차적 의무의 성질을 정확하게 분석하여야 한다. 이러한 맥락에서 다양한 책임의 형태에 대응하는 1차적 의무를 국제환경조약법 내에서 두 가지 유형으로 나눌 수 있다.[8)]

첫째, 조약의 규정이 조약목적을 위한 당사국간의 협력과 관련한 일반적 방침만을 규정하고 있는 조약이다. 일반적인 방침규정은 대개 매우 추상적이고 모호하다. 이러한 규정의 모호함과 불확정성은 자신의 구속력에 관하여 의구심을 일으키고, 그래서 그 규정의 위반에 대한 국제책임의 이행가능성에 관하여 또한 의문을 제기하게 된다. 예를 들면, 1979년 '국경을 넘는 광역대기오염에 관한 제네바협약'[9)] 제2조, 제3조, 제4조, 제5조 등의 내용을 보면 대기오염 방지에 관하여 매우 일반적이고 포괄적인 의무를 규정하고 있다.[10)] 이와 유사한 유형의 또 다른 조약을 보면 조약당사국간에 협력할

8) Riccardo-Pisillo-Mazzeschi, *supra* note 6, pp. 18-19.

9) 이 협약의 정식명칭은 Geneva Convention on Long-Range Transboundary Air Pollution이다. *reprinted* in ILM, Vol. 18, 1979, p. 1442.

10) 이 협약의 문제점에 관하여는 Lothar Gündling, "Protection of the Environment by International Law: Air Pollution," in W. Lang & H. Neuhold & K. Zemanek(eds.), *Environmental Protection and Internastional Law*(London: Martinus Nijhoff, 1991), pp. 91-114 참조.

의무를 규정한 다음 책임에 관한 추상적 원칙만을 정하고 당사국들은 책임과 관련한 중요한 규칙을 장래에 채택할 것을 약속하는 규정을 포함하고 있다. 예를 들면, 1976년 '오염에 대한 지중해보호에 관한 바르셀로나협약'[11] 제12조는 다음과 같이 규정하고 있다.

> 체약당사국은 이 협약 및 적용 가능한 의정서들의 규정위반으로 유발하는 해양환경의 오염으로 인하여 발생하는 손해에 대한 책임 및 보상을 결정하기 위한 적절한 절차의 채택에 가능한 한 조속히 협력할 것을 약속한다.

또한 1989년 Basel협약 제12조도 "체약당사국들은 유해 폐기물과 기타 폐기물의 국가간 이동과 처리로 인한 손해에 대한 책임과 배상의무에 관련된 적절한 규칙과 절차를 규정하는 의정서를 가능한 한 조속히 채택하기 위해 협력한다"라고 규정하고 있다.[12]

둘째, 본문에 오염을 방지하기 위한 진정한 의무를 규정하고 있는 조약이다. 실제 국가를 구속하는 일반적 의무를 규정하고 있는 대다수 조약들은 이러한 종류의 의무를 포함하고 있다. 즉 많은 조약들은 각국이 문제된 지역이나 공간에서 오염원인을 규제하거나 감소하기 위하여 '모든 적절한 조치'(all appropriate measures)를 취하거나 또는 '적절한 노력'(appropriate efforts)을 할 것을 약속하는 특별조항을 두고 있다. 다음에서는 이러한 점에 유의하면

---

11) 이 협약의 정식명칭은 Barcelona Convention for the Protectin of Mediterranean Sea against Pollution이다. *reprinted* in ILM, Vol. 15, 1976, p. 290.

12) Basel협약의 이행 및 준수와 관련된 업무를 수행하는 바젤국제회의는 1989년에 결의를 통해서 협약 제12조를 구체화하기 위하여 법률전문가와 기술전문가로 구성된 특별작업반을 구성하였다. 이 작업반은 1990년부터 업무를 시작하여 의정서초안을 작성 중에 있다. 이 작업반의 초기 활동에 대해서는 I. Rummel-Bulska, "The Basel Convention: A Global Approach for the Management of Hazardous Wastes," *Environmental Policy and Law*, Vol. 24, 1994, pp. 13-18 참조.

서 조약상의 책임원칙에 대하여 개별조약의 규정을 분석하여 고찰해 보자.

3. 조약의 목적에 책임원칙을 규정하고 있는 경우

1) 대기오염방지를 위한 조약들에 포함된 책임규정

국경을 넘는 환경오염은 대부분 대기오염과 관련이 있다. 국경을 넘는 대기오염현상은 날로 그 양이나 질이 심각해지고 있는 상황이다. 국제공동체는 이러한 대기오염문제에 대처하기 위해 많은 국제문서와 조약을 체결하고 있다.[13] 이러한 조약 중에는 본문에 국가책임에 관한 명시적 조항을 두고 있지 않지만 당해조약의 목적에 국가책임을 포함하고 있는 경우가 있다. 그러한 조약의 예로는 1963년의 '대기권 · 우주공간 및 수중에서의 핵무기실험금지조약[14]을 들 수 있다. 이 조약의 체약국들은 기본적으로 핵무기실험금지와 무기경쟁을 금지할 의도를 가지고 조약을 체결하였지만,[15] 동시에 또한 방사능물질에 의한 환경오염을 종식시킬 목적도 가지고 있었다. 이는 조약당사자들 각자가 그 관할권 또는 통제 아래에 있는 어떠한 장소에서도 다음과 같은 환경에서 핵무기폭발실험 또는

13) 박기갑, "국제법상의 국가간 대기오염방지와 그 규제동향," 『국제법평론』 창간호, 1993, 40-80면 참조.

14) 이 조약의 정식명칭은 Treaty Banning Nuclear Weapon Tests in the Atmosphere, in Outer Space and Underwater이다. 480 UNTS 43: 14 UST 1313, *reprinted* in IEL, p. 632.

15) 이 조약은 핵무기실험을 포괄적으로 금지하고 있지 않다. 즉 지하에서의 핵무기실험을 금지하고 있지 않아 조약발효 이후에도 미국과 구소련이 지하에서 핵무기실험을 계속한 바 있고, 더구나 프랑스와 중국은 가입도 하지 않은 채 장소를 가리지 않고 공공연히 핵실험을 계속하였다.

기타 핵폭발을 금지할 것과 실시하지 않을 것을 규정한 제1조로부터 명백히 알 수 있다.

(a) 대기권 내, 대기권을 넘어서 우주공간을 포함하는 영역 그리고 영수 또는 공해를 포함하는 수중
(b) 그러한 폭발이 수행된 국가의 관할권 또는 통제 아래에 있는 국가의 영토 밖으로 방사성파편이 유출된다면 그러한 환경

이 조약은 핵무기폭발실험의 장거리에 걸친 위험성 때문에 대기권, 우주공간, 해양에서 이 실험을 일반적으로 금지하고 있고, 이것은 방사능 오염원이 실제로 국경을 넘는 유포가 있었는지에 대한 증거가 요구되지 않는다는 결론에 도달하게 한다. 같은 이유로 어떤 국가가 핵무기폭발실험을 함으로써 실제적으로 다른 국가의 영역에 책임을 발생시키는 실질적인 위험을 야기했느냐를 입증하는 것도 불필요하다. 이러한 핵무기폭발실험 금지의무를 위반하여 다른 국가에 환경손해를 야기한 경우 국가책임이 발생한다고 보아야 한다.[16)]

국경을 넘는 환경활동의 경우에 발생한 손해의 배상청구에 관한 특별한 조항은 1974년 '덴마크, 핀란드, 노르웨이와 스웨덴 간 환경보호협약'[17)]에 포함되어 있다. 역시 제1조에서 국경을 넘는 대기오염을 규정하면서 모든 형태의 오염원으로부터 환경을 보호하기 위한 목적으로 당해 협약을 체결한다고 밝히고 있는 이 협약의 전체적인 틀은 국제법 하에서의 국가책임을 직접적으로 다루는 것이 아니라 사인의 법적 보호를 우선적으로 다루고 있다. 즉 타방체약

---

16) 노명준, "환경오염으로 인한 국가책임," 『한국외국어대학교 논문집』 제25집, 1992, 643면.

17) 이 협약의 정식명칭은 Convention on the Protection of the Environment between Denmark, Finland, Norway, Sweden이다. 1092 UNTS 279, *reprinted* in ILM, Vol. 13, 1974, p. 591.

국에서 손해를 입은 사인에게도 그 국가를 상대로 소송을 제기하여 보상을 받아낼 가능성을 인정하고 있다.[18] 이렇게 개인에게 손해가 발생하는 것을 용인한 국가를 상대로 소송을 제기하고 배상을 받을 수 있는 길을 내어 줌으로써 간접적으로 국가책임을 물을 수 있도록 하고 있다. 이 협약이 우선 개인에 대한 보호를 향상시켰다고 본다면 장래의 환경조약의 실효성 확보에 긍정적인 영향을 미칠 것이다.[19]

동서진영이 모두 참가하여 체결되었던[20] 1979년 '국경을 넘는 광역대기오염에 관한 제네바협약'도 국가책임의 문제를 명시적으로 다루지 않고 대기오염을 방지하기 위한 선택적 방법을 다루고 있다.[21] 그러나 이 협약은 전문(前文)에서 1972년 스톡홀름선언의 원칙21을 언급하고 있는데, 각국은 그 국가관할권 내 또는 통제 아래에 있는 영역에서의 행위가 다른 국가 영역의 환경에 손해를 초래하지 않겠다는 것을 보장하기 위한 책임(responsibility)을 가지고 있음을 각국의 '공동확신'(common conviction)으로 표현하고 있다. 이 협약에는 한편으로 의무적 성격이 없는 조항이 많은 데, 이러한 이유로 이 협약에 대하여 유효성(efficacity)을 결하고 있다고 비판하는 견해도 있다.[22] 하지만 이 협약이 광범위한 영역을 포괄하고 있기

---

18) '덴마크, 핀란드, 노르웨이와 스웨덴 간 환경보호협약' 제3조.

19) 노명준, 앞의 논문(주 16), 642면.

20) '국경을 넘는 광역대기오염에 관한 제네바협약'의 체결과정과 배경의 구체적인 것은 Amy Fraenkel, "The Convention on Long-Range Transboundary Air Pollution: Meeting the Challenge of International Co-operation," *Harvard International Law Journal*, Vol. 30, 1989, pp. 447-452 참조.

21) 국경을 넘는 대기오염의 피해국임을 주장하는 북유럽국가들과 이른바 공해요인 발생국가(pollution-exportng states)인 기타 유럽국가 간의 의견충돌로 인해 엄격한 규범형태로서 갖추어야 할 국가책임 및 보상(compensation)문제를 거론하지 못했다(박기갑, 앞의 논문(주 13), 51면).

22) Ulrich Beyerlin, "Transfrontier Environmental Protection and General International Law," *Law and State*, Vol. 43, Tübingen, 1991, p. 101.

때문에 환영을 받고 있다. 즉 이 협약은 인접하고 있는 좁은 지역의 국경을 넘는 대기오염뿐만이 아니라 광역(long-range)대기오염현상도 포함하고 있다.

그리고 많은 국제환경협약은 당사국으로 하여금 대기에 의해 운반되는 환경오염을 방지하고, 감소시키고, 통제하기 위해 '모든 적절한 조치'(all appropriate measures)를 취하도록 하고 있다. 예를 들면, 손해방지를 위한 이러한 의무는 1983년 미국과 멕시코 양국 국경지대의 환경보호와 개선을 위한 협력에 관한 협정[23] 제2조에 명확하게 규정되어 있다. 이 협정 제2조는 양 당사국에 대하여 타방 당사국에 미칠 자국 영토 내에서 배출되는 오염원을 최대한 방지, 감소 및 제거하기 위한 적절한 조치를 취할 의무를 부과하고 있다. 이러한 의무는 1981년의 Lima협약[24]에서도 명시적으로 규정되었다. 1982년 UN해양법협약 제194조 3항(a), 제212조 그리고 제222조 등은 해양환경의 대기에 의한 오염을 다루고 있는데, 일반적 의무 중에서 손해방지의무를 규정하고 있다. 환경오염에 대한 책임의 일반원칙을 규정하고 있는 제235조도 '대기로부터' 또는 '대기를 통하여' 발생하는 해양오염에도 적용 가능한 규정이다.

2) 해양환경보호를 위한 조약들에 포함된 책임규정

국가책임의 문제는 해양오염과 관련한 거의 모든 조약에서 제기되어 있지만 그것들은 책임에 관한 명확한 어떤 규정도 가지고 있지 않고, 단지 책임에 관한 규정이 발전되고 공식화되어야 한다는

23) 이 협정의 정식명칭은 Agreement between the U.S.A. and United Mexican States on Cooperation for the Protection and Improvement of the Environment in the Border Area이다.

24) 이 협약의 정식명칭은 Lima Convention for the Protection of the Marine Environment and Coastal Area of the South-East Pacific이다.

당위성만을 강조하고 있을 뿐이다. 이러한 면에서 각국이 상이한 개념과 방법을 선택하고 있음은 특기할 만하다. 해양환경보호와 관련한 조약들은 네 가지 유형으로 나누어 볼 수 있다.

첫 번째 유형은 일반적 용어로 책임문제를 해결하려는 의도를 표명하고 있는 조약들이다. 대표적인 것으로 1974년 Baltic해협약[25]상의 규정이다. 체약당사국은 가능한 한 빠른 시일 내에 협약의 위반시 작위 또는 부작위로부터 초래된 손해에 대한 책임규칙, 즉 책임의 한계, 배상액 결정의 기준과 절차, 이용 가능한 구제절차 등을 공동으로 수락하고 발전시켜 나가야 한다고 규정하고 있다. 1976년 지중해환경보호협약[26] 제12조도 "체약당사국은 가능한 한 조속히 이 협약과 적용 가능한 의정서의 규정 위반으로 나타나는 해양환경오염으로 인한 책임과 배상을 결정할 적절한 절차를 정하고 채택하는 데 협력해야 한다"고 규정하고 있다. 역시 1991년 환경보호에 관한 남극조약 의정서[27] 제16조도 "남극의 환경 및 주변 생태계의 보호를 위한 이 의정서의 목적에 부합되게 체양당사국들은 남극조약지역에서 행해지는 각종 행위로부터 야기되는 손해에 대한 배상책임에 관한 법규와 절차를 제정하여야 한다"고 규정하고 있다.

---

25) 이 협약의 정식 명칭은 Helsinki Convention for the Protection of the Marine Environment of Baltic Sea Area이다. *reprinted* in ILM, Vol. 13. 1974, p. 546.

26) 이 협약의 정식명칭은 Barcelona Convention for the Protection of the Mediterranean Sea against Pollution이다. *reprinted* in ILM, Vol. 15, 1976, p. 290.

27) 이 의정서의 정식명칭은 Protocol on Environmental Protection to the Antarctic Treaty이다. *reprinted* in 30 ILM 1461; 이 의정서는 남극환경 및 이에 종속되고 연관된 생태계의 포괄적 보호를 약속하고, 이에 따라 남극을 평화와 과학을 위한 자연보존구역으로 지정하고 있다. 주요내용으로는 1) 과학적 연구를 제외한 일체의 광물자원 관련 활동의 금지, 2) 남극관련 활동의 환경영향평가 실시, 3) 특정한 경우를 제외하고는 토착포유생물의 포획과 비토착생물의 반입 금지, 4) 남극지역의 활동으로 발생한 폐기물의 처리 등이다.

두 번째 유형은 국제법에 근거를 둔 책임에 관한 규정을 발전시키고자 하는 조약들이다. 이에 해당하는 대표적인 조약은 1983년 카리브해지역을 규율하는 Cartagena협약[28]이다. 이 협약 제14조는 "체약당사국은 협약의 위반으로부터 발생하는 손해에 대한 책임과 배상 분야에서 국제법과 일치하는 적절한 법규와 절차를 채택하는 데 협력하여야 한다"라고 규정하고 있다. 또한 1972년 런던덤핑협정 제10조도 다음과 같이 규정하고 있다.

> 폐기물과 그 밖의 다른 모든 종류의 물질의 투기에 의하여 다른 국가의 환경 또는 다른 영역을 오염시켜 발생한 손해에 대하여 국가책임에 관한 국제법원칙에 따라서 체약당사국은 투기와 관련한 책임의 부과와 분쟁의 해결에 관한 절차를 발전시켜야 한다.

세 번째 유형은 국제법이 존중되어야 한다는 것을 요구하면서도 민사법상 책임규정의 발전을 선호하고 있는 조약들이다. 1978년 Kuwait협약[29]이 대표적 조약이다. 이 협약 제13조는 다음과 같이 규정하고 있다.

> 체약당사국은 다음을 확정하기 위한 적절한 법규와 절차를 형성하고 채택하는 데 협력하여야 한다. (a) 관련문제에 적용 가능한 국제법규와 절차를 명심하면서, 해양환경의 오염으로부터 발생한 손해에 대한 민사책임과 배상 그리고 (b) 이 협약 및 의정서 아래서 의무위반으로 발생하는 손해에 대한 책임과 배상.

---

28) 이 협약의 정식명칭은 Catagena Convention for the Protection and Development of the Marine Environment of the Wider Caribbean Region이다. *reprinted* in ILM, Vol. 22. 1983, p. 221.

29) 이 협약의 정식명칭은 Kuwait Convention for Co-operation on the Protection of the Marine Environment from Pollution이다. 1140 UNTS 133, *reprinted* in ILM, Vol. 17, 1978, p. 511.

네 번째 유형은 책임의 문제를 해결하기 위한 방법으로 개인 보호와 개인 책임(individual responsibility)을 포함하는 민사법적 접근방식을 취하고 있는 조약들이다. 이에 해당하는 대표적인 조약은 Lima협약인데 이 협약 제11조는 다음과 같이 규정하고 있다.

> 1. 체약당사국은 이 협정 및 부속문서의 규정에 의한 법규위반의 결과로써 자연인 또는 법인에 의해 연안해 및 해양에 야기된 해양환경의 오염손해에 대한 민사책임과 배상책임을 결정하기 위한 적절한 절차를 공식화하여야 한다.
> 2. 체약당사국은 그 관할권하의 자연인 및 법인에 의해 야기된 연안해 또는 해양의 환경오염손해에서 배상 또는 기타 구제를 위한 그들의 법체계에 일치하게 상환청구(recourse)가 이용 가능하도록 보증해야 한다.

이 규정은 체약당사국에게 자연인이나 법인에 의한 해양환경오염으로 발생한 손해에 대한 민사책임과 배상을 결정할 수 있는 적절한 절차를 마련하여 국내법절차에 따라 배상받을 방법을 채택하도록 하고 있는 것이다.

위의 네 가지 유형의 조약은 책임문제가 통일된 방향으로 해결되어 있지 않다는 사실을 명확히 보여주고 있을 뿐만 아니라 체계적 관점에서도 환경오염에 대한 책임문제를 해결하기 위한 접근방법이 다양하게 다른 방식으로 채택되고 있음을 보여주고 있다.

3) UN해양법협약상 책임규정

해양의 헌법이라 할 수 있는 UN해양법협약도 여러 부분에서 책임에 관한 규정을 두고 있다. UN해양법협약 제139조 책임과 관련하여 의미 있는 규정이라 볼 수 있다. 이 조항은 각국이 국제심해저지역에서 수행되는 활동에 참가할 때 오염에 대한 국가책임을 예상하고 있다. 앞에서도 설명한 바와 같이 제139조는 위법행위에 대한 국가의 과실책임을 규정하고 있다. 여기에서 언급한 책임은 '상당한 주의'의무위반으로 인한 책임을 말한다. 즉 이는 국가가 발생된 모든 손해에 대하여 자동적으로 책임을 지는 것이 아니고 법적 의무를 준수하지 않음으로써 발생된 손해에 대해서만 책임을 진다는 것을 의미한다.[30] 또한 같은 조항에서 "국가가 본협약의 다른 조항에서 상정하고 있는 규칙을 실효적으로 준수하도록 보장하기 위한 모든 필요하고 적절한 조치를 취한 경우 그 국가는 '보증한 자'(persons sponsored)에 의해 발생된 손해에 대해서 책임이 없다"고 분명히 하고 있다. 다시 말해서 국가의 과실책임을 명백하게 규정하고 있는 것이다. 또한 협약 제194조 2항을 보면 다음과 같이 규정하고 있다.

> 각국은 그 관할권 또는 통제 아래에 있는 활동이 다른 국가 및 자국의 환경에 대하여 오염으로 인한 손해를 주지 아니하게 수행되도록 보장하여야 하고, 또한 자국의 관할권 또는 통제 아래에서의 사고 또는 활동으로부터 발생하는 오염이 이 협약에 따라 자기의 주권적 권리를 행사하는 영역 밖으로 확산되지 않도록 보장하는 데 필요한 모든 조치를 취해야 한다.

또한 UN해양법협약은 환경오염에 대한 국가책임에 관한 일반규정이라고 볼 수 있는 조항을 포함하고 있는데, 제235조는 다음과 같이 규정하고 있다.

---

30) Riccardo-Pisillo-Mazzeschi, *supra* note 6, p. 18.

1. 각국은 해양환경의 보호 및 보존에 관한 국제적 의무를 이행할 책임이 있다. 각국은 국제법에 따라 배상책임이 있다.
2. 각국은 그들의 관할권 아래에 있는 자연인 또는 법인에 의한해양환경손해에 관하여 그들의 법제도에 따라 신속하고 적절한 배상 또는 다른 구제를 위한 상환청구가 가능하도록 보장하여야 한다.
3. 각국은 해양환경오염으로 인한 모든 손해에 관하여 신속하고 적절한 배상을 보장할 목적으로 손해의 평가 및 배상과 분쟁의 해결을 위한 책임(responsibility and liability)에 관한 현행국제법의 시행 및 국제법의 발전에 협력하여야 하고, 적절한 경우 강제보험 또는 배상기금 같은 적절한 배상을 지급하기 위한 기준 및 절차의 발전에도 협력하여야 한다.

그리고 이러한 국가책임에 관한 일반규정이라 볼 수 있는 제235조가 해양과학조사 분야에서 수정되어 제263조에 나타나고 있다. 즉

1. 각국 및 권한 있는 국제기구는 스스로 수행하는 또는 그들을위하여 수행되는 해양과학조사가 이 협약에 따라 수행되도록 보장할 책임이 있다.
2. 각국 및 권한 있는 국제기구는 다른 국가, 당해 다른 국가의자연인 또는 법인 또는 권한 있는 국제기구에 의하여 수행되는 해양과학조사에 관하여 이 협약에 위반하여 취한 조치에 대하여 책임을 지며 그 조치로부터 발생하는 손해를 보상하여야 한다.
3. 각국 및 권한 있는 국제기구는 스스로 수행하는 또는 그들을위하여 수행된 해양과학조사로부터 발생한 해양환경오염으로 인한 손해에 대하여 제235조에 따라 책임을 진다.

제263조 1항과 2항이 환경오염에 대한 국가책임과 관련된 직접

적 규정은 아니더라도 해양법협약이 제192조부터 제237조까지 광범하게 '해양환경의 보호와 보존'에 관하여 규정하고 있으므로, 해양과학조사과정에서 이 의무를 위반하여 해양환경을 오염시켜 타국에게 손해를 미친 경우에 이 조항의 규정이 적용될 수 있을 것이라고 본다.

4) 기 타

간접적으로 환경오염문제를 제기하고 있는 조약으로는 1967년 '우주공간의 탐사와 이용에 관한 조약'[31]이 있다. 이 조약은 우주이용의 지도원칙을 추상적으로 규정한 것에 지나지 않지만 한 국가의 영토에서 발진하여 대기권 밖 우주로 다른 국가에 손해를 야기하는 경우의 책임에 대하여 규정하고 있다.

이상에서 살펴본 바와 같이 점차로 증가하고 있는 대다수 환경관련 조약을 보면 각국은 조약에 의하여 특정화하고 있는 환경오염에 대한 국가의 국제책임의 일반원칙을 명시적 규정을 통해서나 또는 간접적 규정에 의해 승인하고 있다는 사실을 명백히 알 수 있다. 그러나 이러한 조약들은 국제적 청구가 가능하도록 책임의 정도, 배상액결정의 기준과 절차, 배상청구절차 등에 관하여는 구체적인 규정을 두지 않고 조약당사국이 서로 협의하여 이를 정하거나 국내법제도에 따라 배상을 청구할 수 있도록 보장하는 방법을 권유하고 있는 데 그치고 있다. 이러한 점은 오늘날 국제환경법상 책임체제의 결함인 것이다.[32]

---

31) 이 조약의 정식명칭은 Treaty on Principles governing the Activities of States in the Exploration and Use of Outer Space, including the Moon and Other Celestial Bodies이다. 통칭하여 우주조약(Outer-Space Treaty)이라고도 한다. 610 UNTS 205; 18 UST 2410, *reprinted* in ILM, Vol. 6, 1967, p. 386.

32) 노명준, 앞의 논문(주 16), 644면.

4. 고도로 위험한 활동분야에서 국가책임을 다루고 있는 조약

앞에서 살펴본 예방을 목적으로 하는 조약들 이외에 직접적인 국가책임, 특히 '고도로 위험한 활동'(ultra-hazadous activities)에 대한 국가책임을 인정하고 있다. 또한 이러한 분야의 조약들은 대부분 무과실책임을 규정하고 있다. 특히 오늘날 우주활동은 점차 증대하고 있으며, 우리나라도 무궁화인공위성 1호를 시작으로 현재 총 9기의 인공위성을 발사하여 본격적인 우주공간에서의 활동을 시작하였다.[33] 인공위성을 비롯한 지상에서 발사된 우주물체는 수 없이 많은 양으로 증가하고 그로 인해 지상에서의 손해도 빈번해지고 있다. 이와 같이 우주물체가 입힌 손해에 대하여 책임을 인정하는 법체계가 세워지고 있다. 예를 들면, 1972년 '우주물체로 인한 손해에 대한 국제책임에 관한 협약' 제2조는 다음과 같이 규정하고 있다.

> 우주물체발사국은 그 물체가 지상에서 입힌 손해 또는 비행 중의 항공기에 입힌 손해에 절대적으로 배상할 책임이 있다.

이는 지상이나 비행 중의 항공기에 발생된 손해에 대하여 과실이 없더라도 책임을 부담시키는 절대책임(absolute liability)을 설정하고 있는 것이다.[34] 이와 같이 과실과 관계없이 엄격한 또는 절대

---

33) 2006년 7월 28일 다목적실용위성 아리랑 2호를 발사하여, 지난 1990년대 초부터 위성분야 개발이 착수된 이래 현재까지 우리나라는 총 9기의 인공위성을 우주궤도에 올린 바 있다. 과학실험위성인 우리별 1, 2, 3호 및 과학기술위성 1호, 통신방송위성인 무궁화 1, 2, 3호 그리고 실용급위성인 다목적실용위성 아리랑 1호이다(문화일보, 2006년 7월 31일 사회면).

34) '우주물체로 인한 손해에 대한 국제책임에 관한 협약'은 지상 이외의 우주공간 내에서 우주선과 그 탑승객과 우주선상의 재산에 발생한 손해는 전통적인 과실책임만을 인정하고 있다. 즉 이 협약은 제3조에서 한 국가의 우주물

적 국가책임을 지우는 것은 오늘날 과학과 기술의 발전으로 가중되는 국가 활동의 위험성 때문이다. 여기에 필적할 만한 규정은 앞에서 언급한 1967년 '달과 기타 천체를 포함한 우주공간의 탐사와 이용에서 국가 활동을 규율하는 원칙에 관한 조약' 제6조에도 포함되어 있다. 그러나 이 조약은 제7조에 "달과 기타 천체를 포함한 우주공간에 물체를 발사하거나 또는 그 물체를 발사하여 궤도에 진입케 한 조약당사국 및 그 영역 또는 시설물로부터 물체를 발사한 조약당사국은, 지상 공간 또는 달과 기타 천체를 포함한 우주공간에 있는 이러한 물체 또는 동물체의 구성분야에 의해서 타방당사국 또는 그 자연인, 법인에게 끼친 손해에 대하여 국제적 책임을 진다"라고 막연하게 표현하고 있다.

고도로 위험한 활동분야에서 '우주물체로 인한 손해에 대한 국제책임에 관한 협약'과 같이 직접적으로 국가가 배상할 책임을 규정하고 있는 조약 이외에 사인의 행위에 특수한 위험이 따르는 그런 종류의 행위에 대하여 보조적 국가책임(subsidiary state liability) 또는 보완적 국가책임(complementary state liability)을 규정하고 있는 민사법적 협약(civil law convention) 또한 존재한다. 국가가 부담하는 배상책임은 크게 사고의 책임이 있는 사업자가 부담하는 배상금액지급을 국가가 담보하는 것이 보조적 국가책임이고, 사업자의 배상책임한도액을 초과하는 경우 피해자 구제를 위해 필요한 부분까지 국적국가가 보상하는 것이 보완적 국가책임이라 한다.[35) 예를 들면, 1962년 '핵선박 운용관리자의 책임에 관한 협약'[36)은

체가 다른 국가의 우주물체에 야기한 손해에 대해서는 과실책임을 적용함을 규정하고 있기 때문에 이 협약의 책임체계가 전체적으로 무과실책임이라고 보는 것은 옳지 않다(Riccardo-Pisillo-Mazzeschi, *supra* note 6, p. 17 참조).

35) 박기갑, "환경보호에 관한 국제손해배상제도," 『국제법평론』 통권 제7호 1996-Ⅱ, 45면.

36) 이 협약의 정식명칭은 Convention on the Liability of Operators of Nuclear Ships이다. *reprinted* in AJIL, Vol. 57, 1963, p. 268.

제2조에서 우선적으로 모든 원자력 손해에 대해서 운용관리자가 절대적 책임을 지도록 규정하고 있다. 즉 핵선박이나 핵폐기물로 인하여 인명이나 재산이 피해를 입었을 경우 운용관리자에게 과실이 없어도 책임을 부과하고 있다. 그러나 그 선박의 운영을 허락한 국가는 선박의 보험이나 재정상태가 손해배상청구를 만족시키기에 부적합한 경우에 보충적 책임을 지도록 하고 있다. 이와 비교할 만한 규정은 1963년 '핵피해에 대한 민사책임에 관한 협약'[37] 제7조로 핵피해에 대하여 일차적으로 원자력 설비의 운용관리자에게 책임이 있으며, 부수적 방법으로 당해 운용관리자의 활동과 설비를 허락하고 감독하는 국가가 책임을 지도록 하고 있다.[38] 이러한 경우에 국가책임은 국가의 허가에 의해서 사인의 행위가 특수한 위험을 초래하는 것이 가능했다는 사실에서 기초하고 있다. 그러한 사적 행위가 당해국가의 이익을 위해 종종 수행될 것이기 때문에 이러한 책임을 지우는 것은 적절해 보인다.

5. 민사법상 책임원칙을 포함하고 있는 조약

환경오염피해에 대한 배상책임을 부과하고 있는 조약들 중에는

---

37) 이 협약의 정식명칭은 Convention on Civil Liability for Nuclear Damage이다. 1063 UNTS 265, *reprinted* in ILM, Vol. 2, 1963, p. 727.

38) 원자력분야의 조약을 보면 핵사고에 의해 발생된 핵피해는 1차적으로 원자력 설비의 운영관리자, 즉 사업자가 책임을 부담하지만 사업자의 배상능력을 초과하는 부분에 대해서는 사업허가자인 국가가 2차적 내지 보완적으로 보충적 배상책임을 부담하게 하는 혼합책임제도를 도입하고 있다. 원자력분야 이외에도 고도로 위험한 활동분야에서 배상책임과 관련한 조약들도 대부분 일단 사업자 개인이 1차적 책임을 지고, 그 후 관련 국가가 보충적 또는 보완적으로 국가책임을 부담하는 제도를 채택하고 있다(박기갑, 앞의 논문(주 35), 32-46면 참조).

피해자에 대한 적절한 손해배상책임을 단지 관련 사업자에게만 국한시키지 않고 국가 역시 일정 범위 내에서 책임을 부담시키고 있다. 다시 말해서 특정한 조약들은 시설에서 발생한 피해에 대해서 전통적인 순수한 민사책임을 1차적으로 시설의 운영관리자, 즉 사업자에게 부과하고, 역시 최종적인 인허가자 및 관리감독자로서 국가에게 부수적으로 책임을 부담시키고 있다.

일반적으로 국내사법상의 이론이 국제법에 그대로 적용되지 않는다. 그러나 국제법과 국내사법의 엄격한 분리는 특히 핵에너지의 위험한 활용과 해양유류오염 등을 취급하고 있는 일련의 조약들에서 포기되고 있다. 이러한 유형의 조약들은 영향을 받은 피해자(私人)가 직접적으로 손해의 원인제공자(私人)에게 배상을 청구할 권리를 인정하고 있다.[39] 예를 들면, 다수의 원자력시설을 자국의 국경부근에 설치, 운영하고 있었던 당시 OECD회원국들이 상호 국경을 인접하고 있어 국경을 넘는 원자력손해배상책임에 많은 관심을 가지고 있었는데, 이를 바탕으로 핵물질이용분야의 활동을 규제하기 위하여 채택한 1960년 '핵에너지분야에서 제3자 책임에 관한 파리협약'[40] 제3조는 다음과 같은 경우에 핵시설 운용관리자에게 책임이 있음을 규정하고 있다.

1. 개인의 신체에 대한 손해 또는 손상
2. 재산에 대한 손해 또는 손실의 경우, 이런 손해 및 손실이 핵사고에 의해 발생했다는 증거에 입각하여 책임을 져야 한다.

또한 핵에너지분야에서 제3자 책임에 관한 파리협약 제11조는

39) 그러나 아직 국경을 넘는 대기오염방지분야를 취급하고 있는 민사법상의 책임을 규정하고 있는 협약은 없다.

40) 이 협약의 정식명칭은 Paris Convention on Third Party Liability in the Field of Nuclear Energy이다. 956 UNTS 251, *reprinted* in *AJIL*, Vol. 55, p. 1082.

다음과 같이 규정하고 있다.

> 배상의 원칙적인 형태와 범위 그리고 그에 대한 공평한 부담은 국내법에 의해 규율되어야 한다.

그리고 1962년 '핵선박 운용관리자의 책임에 관한 브뤼셀협약'[41] 제2조도 역시 운용관리자의 책임에 관하여 거의 동일한 취지의 규정을 두고 있다. 1960년 핵에너지분야에서 제3자 책임에 관한 파리협약은 적용범위가 OECD회원국으로 제한되어 있었으나, 이에 비해 범세계적인 성격을 갖는 1963년 '핵피해에 대한 민사책임에 관한 비엔나협약'[42] 제1조 1항도 다음과 같이 규정하고 있다.

> 핵시설물 운용관리자는 그러한 손해가 핵사고로 인하여 발생하였다는 증거 아래에서 핵피해에 대하여 책임을 져야 한다.

1960년 핵에너지분야에서 제3자 책임에 관한 파리협약과 1963년 핵피해에 대한 민사책임에 관한 비엔나협약은 공통적으로 핵사고에 의해 발생하는 손해에 대해 1차적으로 핵시설의 운용관리자, 즉 사업자가 그 책임을 부담하지만 사업자의 배상능력을 초과하는 부분에 대해서는 사업허가자인 국가가 2차적 내지 보완적으로 보충적 배상책임을 부담하도록 하는 혼합책임제도를 채택하고 있다. 또한 두 협약 모두 무과실책임을 채택하고 있는데, 이는 핵시설은 고도의 위험성을 갖고 있는데 운용관리자의 고의 또는 과실에 대한 입증책임을 피해자에게 부과하는

41) 이 협약의 정식명칭은 Brussels Convention on the Liability of Operators of Nuclear Ships이다. *reprinted* in AJIL, Vol. 57, 1962, p. 268.

42) 이 협약의 정식명칭은 Vienna Convention on Civil Liability for Nuclear Damage 이다. 1063 UNTS 265, *reprinted* in ILM, Vol. 2, 1963, p. 727.

것은 합리적이지 못하기 때문이다.[43]

국가의 보충적 책임과 관련 있는 조약은 1971년 '핵물질의 해상운송분야에 있어서 민사책임에 관한 브뤼셀협약'[44]으로서 제1조에 운반자(carrier)의 책임을 규정하고 있다. 유류오염분야에서는 1969년 '공해상의 유류오염사고에 있어서 조치에 관련한 브뤼셀국제협약'[45]과 1976년 11월 19일 의정서도 기본적으로 선박소유자의 책임을 규정하고 있다. 또한 1977년 '해저광물자원의 탐사와 개발로 발생한 유류오염피해에 대한 민사책임에 관한 런던협약'[46] 제3조에서도 운용관리자의 책임을 규정하고 있다.

그리고 1969년 '유류오염사고의 민사책임에 관한 협약'[47] 제3조도 "사고 당시의 선주 또는 그 사고가 일련의 사건으로 이루어진 경우에는 최초의 사건 당시의 선주는 사고의 결과로서 선박으로부터 유출 또는 배출된 유류에 의하여 야기된 오염손해에 대하여 책임을 진다"라고 규정하여 선박소유자에게 민사책임을 부과하고 있다. 1969년 유류오염사고의 민사책임에 관한 협약에 의해 담보되지 않았던 유해 또는 위험물질의 해상운송과 관련한 손해가 발생한 경우 이에 대한 손해배상책임을 규정하고 있는 1996년 '유해·위험물질의 해상운송책임협약'[48]은 원칙적으로 선박소유자에게 엄

43) 박기갑, 앞의 논문(주 35), 32면.

44) 이 협약의 정식명칭은 Brussels Convention Relating to Civil Liability in the Field of Maritime Carriage of Nuclear Material이다. 974 UNTS 255.

45) 이 협약의 정식명칭은 Brussels International Convention relating to Intervention on the High Sea in Cases of Oil Pollution Causalities이다. 970 UNTS 211: 26 UST 765.

46) 이 협약의 정식명칭은 London Convention on Civil Liability for Oil Pollution Damage resulting from Exploration for and Exploitation of Seabed Mineral Resources이다. *reprinted* in ILM, Vol. 16, 1977, p. 1450.

47) 이 협약의 정식명칭은 International Convention on Civil Liability for Oil Pollution Damage이다. 973 UNTS 3.

48) 이 협약의 정식명칭은 International Convention on Liability and Compensation for Damage in connection with the Carriage of Hazardous and Noxious Substances

격책임을 인정하여, 고의 또는 과실 여부를 묻지 않고 배상책임을 인정하고 있으며, 선박소유자의 배상책임을 담보할 강제책임보험조치를 도입하고 있다.[49]

by Sea이다. *reprinted* in ILM, Vol. 25, 1996, p. 1406.

49) 이 협약에 대한 자세한 설명은 최동현·최재선, 『유해·위험물질 해상운송 책임협약 제정 동향과 대책』, 해운산업연구원, 정책자료 119, 1995, 29-109면 참조.

제 6 장

환경오염피해에 대한 국가책임이행의 한계

1. 의 의
2. 국제재판관할권에 내재된 한계
3. 환경문제의 특수성으로 인한 한계
4. 환경오염피해에 대한 배상책임의 한계

제6장 환경오염피해에 대한 국가책임이행의 한계

1. 의 의

환경문제에 대한 법적 대응은 나름대로 가치를 가지고 있지만 많은 한계를 지니고 있다. 이는 국제법이나 국내법이나 다를 바가 없다. 먼저 국제공동체가 그동안 국경을 넘는 환경오염에 대한 국가책임의 문제를 제기하는 데 많은 관심을 보였음에도 국제적인 환경오염피해를 구제하기 위한 사법적 판단을 운영할 수 있는 통일된 국가책임제도는 확립되어 있지 못하다. 그 이유 중 하나가 환경문제는 전통적인 법적 접근방법으로는 해결하기 어려운 측면이 강하여 각국이 환경문제에 대하여 법적 해결방법을 기피하기 때문이다.[1] 실제로 환경문제와 관련된 국제사법재판은 ICJ가 다룬 핵실험사건(Nuclear Tests case)을 비롯한 극소수에 불과하고,[2] 국제중재재판도 Trail Smelter사건, Lanoux호사건, Gut Dam사건 등의 중재만이 있었을 뿐이다. 그나마도 이들 사건 중에서 국경을 넘는 환경오염에 대한 국가책임을 직접 언급한 것은 Trail Smelter사건뿐이다.[3] 결과적으로 현재의 국제법상 국경을 넘는 환경오염피해에

1) 노명준, "국제환경분쟁의 해결," 『국제법학회논총』 제37권 제1호(서울: 대한국제법학회, 1992), 99면.

2) ICJ에서 환경문제를 직·간접적으로 다룬 사례는 핵실험사건 이외에도 비교적 최근인 1996년 '핵무기의 위협 또는 사용의 합법성에 관한 권고적 의견,' 1997년 Gabcikovo-Nagymaros Project사건 등이 있다.

대한 국가책임제도는 국가의 오염활동을 중단시키는 데 실효적이지 못한 미발달 제도라는 비판을 모면할 수 없는 상황이다.

1972년 UN인간환경회의가 개최된 이후 30여 년 동안 국경을 넘는 환경오염에 대한 법적 책임에 관한 학술적인 문헌들이 많이 나왔다. 이런 문헌들을 보면, 학자들은 국제환경분쟁을 재판하고 한 국가의 관할권 내에서 또는 통제 아래에서 다른 국가의 환경에 피해를 주는 활동에 대하여 국가책임을 부과하는 실제적인 국제책임체제가 존재하는 것처럼 취급하고 있다.[4] 그런데 국제공동체가 국경을 넘는 환경오염에 대한 국가책임문제에 많은 관심을 보였음에도 실제적인 국가책임제도는 확립되지 못한 상태이다. 이것은 곧 국경을 넘는 환경오염피해에 대한 국제법적 구제(remedies)가 실효적으로 이행되고 있지 못함을 의미하는 것이다. 국제적인 환경오염피해에 대한 국제법적 구제의 어려움은 환경문제의 특수성으로 인해 나타나기도 하며, 뿐만 아니라 재판 당사자를 주로 국가로 제한하고 있는 국제재판의 인적 관할로부터도 발생한다. 또한 실질적인 문제로서 환경오염피해에 대한 배상 또는 보상에서도 국제법적 구제의 장애물이 존재한다.

2. 국제재판관할권에 내재된 한계

현재 국제재판은 국제환경분쟁 해결에서 제한적인 역할밖에 수

3) 김석현, "환경관련 국제분쟁 사례," 『환경보호와 국제법 질서』(서울: 도서출판 아사연, 1997), 221면.

4) G. Handl, "State Liability for Accidental Transnational Environmental Damage by Private Persons," AJIL, Vol. 74, 1980, p. 525.

행하지 못하고 있다. 그 이유 중 하나는 국제재판이 당사자에게 강제관할권이 인정되지 않고 있기 때문에,[5] 국제환경협약의 비당사국이나 당사국이라도 가입과 별도로 재판관할권을 수락하지 않은 국가에 대하여 구속력 있는 제3자에 의한 재판 결과에 복종하게 하는 것은 불가능하기 때문이다. 또한 ICJ 같은 국제재판기구들은 제한적인 소송당사자 자격을 유지함으로써 국제환경규범의 열렬한 지지자, 감시자이며, 어떤 면에서는 실제적인 집행자인 비정부간환경기구, 민간환경단체나 개인적인 환경운동가가 그들의 주장을 호소하기 위해서는 그들 정부에 의존해야만 한다.[6] 다시 말해서 현행 국제법 아래에서 ICJ를 비롯한 대부분의 사법적 권리구제기관은 국가에게만 당사자능력을 인정하여 개인의 소송능력을 배제하고 있다.[7] 환경오염으로 인한 일차적 피해자는 거의 개인임에도 불구하고 이들에게 국제법에 의한 구제절차를 인정하지 않음으로써 환경오염책임이 있는 국가에 대한 철저한 책임부과가 이루어질 수 없고, 그래서 환경오염 피해자에 대한 권리구제를 어렵게 하며 또한 이것이 결과적으로 환경오염을 방지하지 못하는 한 원인이 되기도 한다.[8]

환경오염에 대한 국가책임문제와 관련 있는 몇 가지 사건을 검

5) 국제재판은 중재재판과 사법재판으로 나눌 수 있는데, 두 가지 재판 모두 소송당사국의 합의에 기초하여 관할권이 형성된다. ICJ도 선택조항(optional clause)의 수락에 의해 강제관할권이 발생하고, 그렇지 않은 경우는 국가의사에 반하여 관할권을 행사할 수 없는 임의관할권만이 존재한다(Ian Brownlie, *Principles of Public International Law*, 6th ed.(Oxford Univ. Press, 2003), pp. 680-682).

6) 국제적인 환경오염의 잠재적인 가해자는 국가, 국가기관, 사기업, 다국적기업, 개인 등과 같이 서로 다른 다양한 실체이지만, 피해자는 국가로부터 개인에 이르기까지, 또한 전지구공동체로부터 미래세대까지 변할 수 있다(Francesco Francioni & Tullio Scovazzi(eds.), *International Responsibility for Environmental Harm*(London: Graham & Tortman, 1991), p. x).

7) ICJ규정 제34조 1항을 보면 "국가만이 재판소의 사건당사자가 될 수 있다"고 규정하고 있다.

8) 이재곤, "국제법에 있어서 환경권," 『현대사회와 법의 발달』－양승두교수화갑기념논문집(Ⅱ)(서울: 홍문사, 1994), 289면.

토해 보면 이러한 문제가 더욱 뚜렷하게 나타난다. 1986년 체르노빌사고로 20개국 이상 국가의 방사능 수준이 심각한 증가를 기록했음에도 소련에 소송을 제기하는 국가는 하나도 없었다.[9] 더욱이 1986년 발생하였던 산도스(Sandoz)화재사고[10]의 경우, 모든 분쟁을 중재에 부탁하는 것이 가능하도록 규정하고 있는 조약을 스위스가 위반했음에도 유독화학물질의 라인강 유출에 의해 야기된 피해에 대해 스위스를 상대로 하여 국제법상의 구제를 모색한 하류국가는 하나도 없었다.[11] 결국 행동기준을 법전화하려는 국제법전문가들의 노력에도 불구하고 환경오염에 대한 국가의 국제책임은 공허한 추상적 개념에 머물고 있는 상태라는 비판을 모면할 수 없다. 또한 학술적 연구에서 자주 언급되고 있는 국제환경판례들[12]도 환경오염에 대한 책임의 토대에 의해서가 아니라 제한적이고 협소한 논쟁 또는 분쟁당사국간의 관련조약을 토대로 해결되었기 때문에 선례로 가치를 갖는 데 한계가 있다. 그래서 자국 내의 활동이 인접

---

9) Philippe Sands, *Chernobyl: Law and Communication: Transboundary Nuclear Air Pollution: The Legal Materials*(Cambridge: Grotius, 1988), p. 1: Sands는 체르노빌사고로 인한 금융비용과 건강에 대한 영향을 자세하게 기술하고 있다(*Ibid*., p. 2).

10) 이 사고의 내용은 대략 다음과 같다. 1986년 11월 1일 밤중에 스위스 도시 바젤 인근 라인강변에 위치한 산도스 화학공장의 창고에서 화재가 발생하자 곧 소방대가 화재현장에 도착하여 화재를 진압하였는데, 화재진압에 다섯 시간이나 걸렸다. 이러한 결과로 진화과정에서 많은 물을 사용하게 되었는데, 11톤의 수은 화합물과 100톤 이상의 살충제, 제초제 기타 화학물질을 포함한 1만 내지 1만 5천 세제곱미터의 물이 라인강으로 유입되어 라인강에서 북해에 이르는 900km의 강이 유독물질로 오염되었다. 그 결과 인명피해는 없었으나, 수십만 마리의 물고기와 물새들이 폐사하고, 먹이사슬이 파괴되는 재난이 발생하였다. 이 사고로 인하여 발생한 직접적인 피해액만 2억 프랑을 넘었다(이석용, 『국제법』(서울: 세창출판사, 1999), 477면).

11) 이 사고의 법적 책임에 대해서는 A. Rest, "The Sandoz Conflagration and Rhine Pollution: Liability Issues," *German Yearbook of International Law*, Vol. 30, 1987, pp. 160-176 참조.

12) 환경피해와 관련한 책임문제에 관한 전형적인 케이스로 거의 예외없이 인용되고 있는 국제판례는 Trail Smelter사건, 핵실험사건, Lanoux호사건, Gut Dam사건 등이다(김석현, 앞의 논문(주 3), 221-256면 참조).

국가에 손해를 끼친 경우에 국가책임에 관한 사례로는 자주 인용되고 있으나, 더욱 특수한 책임원칙을 확립하는 데에는 한계가 있다. 이와 같이 주목할 만한 판례가 매우 적고, 이것의 선례로 가치는 미약하기 때문에 학설의 발전을 가로막았고, 결국 국가의 오염활동에 대하여 책임을 부과하는 책임제도를 확립하지 못한 상태이다.

국경을 넘는 환경피해에 대한 국가책임의 가공적인 성질은 로마법상의 sic utere tuo ut alienum non laedas라는 원칙을 구체적인 내용으로 법전화하는 데 실패한 데에서만 단순히 유래한 것만이 아니다. 국제환경판례의 빈곤은 구속력 있는 제3자(특히 국제사법기관)의 판결에 복종하는 것을 국가주권의 일부 포기라고 여기는 국가들의 거부감을 반영하고 있는 것이다. 따라서 각국은 국제재판정에서 구제를 추구할 수 있는 일방당사자로서 자격을 부여해주는 구속력 있는 조약에 이미 가입하고 있지 않는 한 또는 자국이 미리 승소할 것이라고 확신하지 않는 한 재판에 부탁되는 것에 동의하지 않을 것이다.[13] 특히, 국가들은 자국의 '국가안보'(national security) 또는 '중대한 이익'(vital interests)이 문제가 되는 경우에, 그 문제가 독립된 국제사법기관에서 다루어지는 것을 반대할 것이다. 예를 들면, 핵실험사건에서 프랑스는 군사적인 이유로 ICJ에 출석하는 것을 거부하였다.[14]

종합해 보면, ICJ 같은 국제재판기구들은 제한적인 소송당사자 자격을 유지함으로써 그들의 재판관할권행사를 제약하고 있다. ICJ 규정 제34조 1항에 의하면 ICJ의 소송당사자는 국가만이 될 수 있다. 결과적으로 환경규범의 가장 열렬한 지지자들인 비정부간기구(NGOs), 민간환경단체 및 개인적 환경운동가가 그들의 주장을 지

13) 홍성화, 『국제법개론』(서울: 건대출판부, 1995), 479-481면.

14) D.J. Harris, *Cases and Materials on International Law*, 4th ed.(London: Sweet & Maxwell, 1991), p. 946.

지하기 위해서는 그들 국적국 정부에 의존해야 한다.15) 그런데 각국은 정치적 또는 경제적 이유로 인하여 이러한 주장을 수용하기를 꺼려하는 경우가 자주 있다. 더욱이 국제법상 국가의 소송당사자 자격을 충족시키기 위해서는 법적으로 보호된 이익의 침해를 증명하여야 하는데,16) 공유자연자원(shared natural resources)과 지구공공물(global commons)이 환경적인 위해를 당할 경우,17) 오염원인 국가를 고소할 지위에 있는 개별적인 국가는 없다는 결론에 이르게 된다.18) 물론 어느 한 국가가 공유자원의 손해에 대하여 전세계공동체의 권리를 옹호할 수 있는 민중소송(actio popularis)이 지지를 얻기 시작한 것으로 해석할 수 있는 판례19)가 나오기는 했으나, ICJ는 소송당사자의 범위를 확대하는 효과가 있는 민중소송을 채택하는 것을 꺼렸다.20) 이렇듯 현재 국제재판관할권의 행사 범위는 매우 제한적이기 때문에 국경을 넘는 환경오염피해에 대한 국

15) P. Sands는 국제법은 국가를 대신하여 국제적인 검찰총장으로 활동하고, 소송을 제기할 수 있는 다른 대안을 제공하지 못하고 있다고 주장한다(Philippe Sands, "The Environment, Community and International Law," *Harvard International Law Journal*, Vol. 30, 1989, p. 397).

16) Allen L. Springer, *The International Law of Pollution* (London: Quorum Books, 1983), p. 158.

17) 공유자연자원과 지구공공물이 환경적인 위해를 당할 경우, 다시 말해서 특정한 국가의 직접적이고 물질적인 피해가 없는 경우 제3국에 의한 구제에 관하여는 다음 장(제7장)에서 다룬다.

18) A. Kiss는 "모든 국가의 영토관할권 밖의 영역—공해, 심해저, 국제공역(international air spaces), 남극 등—의 환경에 환경위해가 가해졌을 경우에, 그러한 환경피해의 실제 희생자인 인류를 대표하여 소송을 청구할 수 있는 국가는 없다"고 통탄하였다(A. Kiss, Droit international de l'environmental, Revue Juridique de l'Environment(Lyon, France), 1989, p. 105).

19) Allen L. Springer, *supra* note 16, p. 158: Barcelona전력회사사건에서 ICJ는 국제공동체에 국가가 지고 있는 일정한 의무의 존재를 인정(대세적 의무의 존재를 인정)하였다(ICJ Reports(1970), p. 32).

20) South West Africa case에서 ICJ는 어떠한 국가도 유엔의 대리인으로 남아프리카의 국제사회에 대한 의무위반을 주장할 수 없다고 판결하였다. ICJ에 따르면 민중소송은 현행 국제법에서 인정되고 있는 것이 아니다(ICJ Reports(1966), p. 47).

가책임을 효과적으로 이행하는 데 한계가 있다.

3. 환경문제의 특수성으로 인한 한계

현행 국경을 넘는 환경오염에 대한 국가책임제도는 이미 환경피해가 발생한 '후'에 그 손해에 대한 구제이므로, 환경은 한번 훼손되면 원상회복이 거의 불가능하다는 측면에서 보면 합리적인 환경오염규제를 위한 법적 장치라고 볼 수는 없다.[21] 또한 환경문제의 특수성이라고 볼 수 있는 과학적 불확실성에도 불구하고 지구환경을 보호·보존하기 위해 필요한 조치를 취해야 하는 문제,[22] 지구공공물(global commons)의 이용을 규제하는 문제,[23] 미래세대의 이익을 결정하는 문제 등이 국가책임과 관련하여 어려운 문제점을 안겨주고 있다. 여기서는 미래세대와 관련한 문제를 검토한다.

인간은 역사적으로 오랜 기간 자연을 지배의 대상으로 여겼을 뿐 인간과 자연은 하나라는 생각을 하지 않았다. 이러한 인간의 사고는 지구를 파괴하고 급기야는 인간생존을 위협하는 상황에 이르게 하였다. 이렇게 되자 인간은 자연에 대한 사고를 근본적으로 달리하여야 한다는 깨달음을 얻게 되었고, 많은 학자들이 이에 동조

---

21) 환경손해의 특성을 고려한다면 구제방안에 사후조치뿐만 아니라 사전조치도 반드시 포함시켜 논의하여야 한다고 강력하게 주장하는 학자도 있다(박기갑, "환경오염피해의 국제법적 구제방안," 세계국제법협회(ILA) 한국본부와 한국환경법학회 공동주최 학술세미나 발표요지문, 2000. 10, 7-8면).

22) 국제환경협약 체결과정에서 영향을 미치는 과학적 불확실성에 대해서는 박병도, "국제환경법의 실효성 확보를 위한 입법과정에 관한 연구," 『환경법연구』 제28권 제1호, 2006, 210-212면; 이중범·전경일, "국제환경법의 입법에 있어서의 과학적 불확실성에 관한 연구," 『국제법학회논총』 제39권 제2호, 1994, 40-41면 참조.

23) 이에 대해서는 제7장을 참조하라.

하였다. 또한 자연은 현세대(current generation)가 마음껏 누리고 훼손할 수 있는 대상이 아니라는 인식도 하게 되었다.[24] 그리고 환경정책이나 환경법은 궁극적으로 당대 사람에게 쾌적한 환경을 제공하기 위한 것이면서도 이에 그치지 않고 환경을 보호·보존하여 미래세대에게 이익을 주기 위한 목적이 내재하고 있다고 볼 수 있다. 그런데 현재 진행되는 환경오염이 미래세대의 이익을 침해하는 것이라면 누가 이 미래세대를 대표할 것인가 하는 문제가 발생한다. 왜냐하면 현행법상 미래세대는 법인격(legal personality)을 갖고 있지 않기 때문이다. 그렇다면 국제환경협약이 체결되는 당시에 지구상에 존재하지 않는 미래세대는 누가 대표할 것인가? 미래세대는 해당 국제환경협약을 교섭하고 체결하는 시기에 존재하지 않는 실체이기 때문에 현세대 사람들이 미래세대의 이익을 대표하게 된다. 현세대가 미래세대의 이익을 대표하는 경우에 두 가지 기본적인 문제가 발생한다. 첫째는 현세대가 미래세대의 이익을 정확하게 측정하는 것은 복잡하고 어려운 일이라는 점이다. 둘째는 각국은 누가 미래세대를 대표하여 이들 가치를 판단할 것인가를 결정해야 하는 점이다.

인간중심주의 자연관을 비판하는 학자들은 현세대는 아직 태어나지 않은 미래세대에 대하여 지구의 생명을 유지하고, 환경자원의 다양성(diversity)과 질(quality)을 보존할 의무가 있다고 주장한다. 이러한 의무는 다양한 국제문서[25]에 명확하게 언급되어 있을 뿐만

---

24) 인간중심주의(anthropocentricism)에 대한 이러한 반성과 비판에 대해서는 Alexander Gillespie, *International Environmental Law Policy and Ethics*(Oxford: Oxford Univ. Press, 2000), pp. 1-18; 반다나 시바 지음, 한재각 옮김, 『자연과 지식의 약탈자들』(서울: 도서출판 당대, 2000), 47-85면; 다카기 진자부로 지음, 김원식 옮김, 『지금 자연을 어떻게 볼 것인가』(서울: 녹색평론사, 2006) 참조.

25) 예를 들면, WCED의 보고서 'Our Common Future'에서 "지속가능한 개발은 미래세대가 자신의 필요를 충족시킬 수 있는 가능성을 손상시킴 없이 현세대의 필요를 충족시키는 개발을 말한다"라고 규정하고 있다(WCED, *Our Common Future*, 1987, p. 43). 이와 같은 현세대에서 미래세대에 걸친 장기적 이익에 관해서는 세계자연보존연맹(World Conservation Union)의 '환경과 개

아니라 이러한 의무는 국제관습법으로 형성되고 있는 하나의 법규범이라고 주장하는 학자도 있다.[26] 즉 미래세대에 대한 현재세대의 이러한 책임은 도덕적 요구를 넘어서는 법원칙으로 보기에 충분하다.[27]

자연환경의 보존 및 보호와 관련하여 현세대가 미래세대에 부담해야 하는 의무에 대하여 두 가지 극단적인 견해가 있다. 첫째는 보존주의자의 견해로 현세대가 미래세대를 위하여 모든 자연자원을 보호해야 할 의무를 지고 있다는 입장이다.[28] 이는 환경유산을 개선하기 위해 현세대의 낭비와 소비를 부정하고 현세대에 실질적인 희생을 요구하는 것이다. 그런데 산업경제활동은 당대사람들이 자원을 소비하고 고갈하도록 조장하는 것이기 때문에 이 견해는 산업경제의 발전을 저해하는 결과를 낳는다. 두 번째 견해는 현세대는 자원을 개발할 자격을 부여받았다는 입장으로 자연자원의 낭비와 소비도 당연히 허용된다. 이 견해에 의하면 현세대는 미래세대에 대한 어떤 의무도 없다고 한다.[29] 이 두 가지 극단적인 모델은 모두 환경을 보존하기 위한 국제협정에서 달성하고자 하는 목적과 모순된다.

근년에는 이러한 극단적인 두 견해를 절충하는 중간모델(intermediate model)이 제시되었는데, 이것이 이른바 '세대간형평이론'(the theory

발에 관한 국제규약초안'(Draft International Covenant on Environment and Development) 초안에서도 유사한 내용이 나타나 있는데, 초안 제5조에 "환경과 관련하여 각 세대의 행동의 자유는 미래세대의 필요에 의해 제한된다"라고 규정하고 있다.

26) Edith B. Weiss, "The Planetary Trust: Conservation and Intergeneration Equity," *Ecology Law Quarterly*, Vol. 11, 1984, pp. 540-544.

27) Lothar Gündling, "Our Responsibility to the Future Generation," *AJIL*, Vol. 84, 1990, p. 212.

28) Edith B. Weiss, *In Fairness to Future Generation: International Law, Common Partrimony and Intergeneration Equity*(Tokyo: U.N. University Press, 1989), p. 22.

29) *Ibid.*, p. 23.

of intergenerational equity)이다.[30] 이는 Weiss 교수가 지지하는 이론으로 현세대는 향유할 수 있는 지구환경을 악화시키지 말고 미래세대에 넘겨줄 의무가 있다는 이론이다.[31] 이 견해는 각국이 자신들이 어느 세대에 속하는지를 구분하기 어렵기 때문에 법의 일반원칙으로부터 세대 사이의 권리와 의무를 결정해야 한다는 관념에 근거하고 있다.[32] 세대간형평이론에는 세 가지 기본원칙이 있다. 첫째, 각 세대는 자연자원과 문화자원의 기초(base)의 다양성을 보존해야 한다. 즉 미래세대의 선택권을 보존해 주어야 한다. 둘째, 각 세대는 지구의 질(quality)을 유지해야 한다. 즉 지구를 보존하여야 한다. 셋째, 각 세대는 자원에 대한 평등한 접근을 모든 구성원에게 제공하여야 하고 미래세대에게도 이러한 접근이 가능하도록 자원을 보존해 주어야 한다. 즉 미래세대의 자원에 대한 접근권을 보존해 주어야 한다.[33] 세대간형평이론에 따르면 "인류공동체는 모든 세대 사이의 파트너십"이고, "인류사회는 모든 세대의 복지를 보호하는 것"이라고 보고 있다.[34] 그러나 세대간형평이론이 현세대의 이익과 미래세대의 이익 사이의 균형문제를 해결할 수 있다고 하더라도, 그것은 미래세대 이익을 정확하게 측정하는 구체적인 지침(guidance)을 제공하지 않는다.[35] 다시 말해서 각 세대에게 자연자원의 가치는 각 세대가 그것을 어떻게 이용하느냐에 달려 있는데, 기술의 진보는 극적으로 어떤 자원의 가치를 증가시키고 다른

30) *Ibid.*, p. 22.

31) Edith B. Weiss, "Our Rights and Obligations to Future Generations for the Environment," *AJIL*, Vol. 84, 1990, pp. 198-207.

32) Edith B. Weiss, *supra* note 28, pp. 23-24: J. Rawls, *A Theory of Justice* (Cambridge: Belknap Press of Havard University Press, 1971), p. 287: Alexander Gillespie, *supra* note 24, pp. 119-123.

33) Edith B. Weiss, *supra* note 28, p. 38.

34) *Ibid.*, p. 23.

35) R. Westin, "Intergenerational Equity and Third World Mining," *University of Pennsylvania Journal of International Business Law*, Vol. 13, 1992, p. 181.

것들의 가치를 줄일 수도 있기 때문에 그러한 자원을 미래세대가 어떻게 이용할 것인가를 예측하는 것은 현세대 사람들에게는 불가능하다. 이와 같이 미래세대에 대한 자연자원의 가치를 측정하는 명백한 방법이 없기 때문에, 환경피해에 대한 배상액을 정확하게 산정하기는 곤란하다. 현재는 각국이 그 자신의 미래세대 이익을 어떻게 대표할 것인가를 결정하는 것은 자유라고 볼 수 있다. 그런데 이러한 방식은 환경규제비용이 그들 자신의 미래세대의 이익에 미치는 예상된 손해보다 클 수도 있고 작을 수도 있어 문제가 된다. 그래서 Weiss 교수는 전체로서 미래세대의 이익을 대표할 형식적 대표자를 지명하는 것이 이러한 이익을 더 효율적으로 보장할 것이라고 제안하고 있다.[36] 여기서 미래세대를 대표할 자를 선출하는 한 가지 방법으로 세계의 전체 미래세대를 대표할 국제기구를 기존의 국제기구 중에서 지명하거나 별도로 새롭게 창설하는 것을 생각해 볼 수 있다. 그리고 이러한 국제기구에게 소송당사자 지위를 부여하여 지구환경피해에 대한 책임을 이행하는 역할을 수행할 수 있도록 하는 것도 생각해 볼 수 있을 것이다

4. 환경오염피해에 대한 배상책임의 한계

1) 의 의

환경오염피해를 야기한 국가는 피해국가에 대하여 배상 또는 보상해야 할 의무를 확립하는 것이 국제환경법의 핵심적 문제이다.

36) Edith B. Weiss, *supra* note 28, p. 26. Weiss 교수는 모든 국가는 국적에 관계없이 미래세대에 대한 의무를 지고 있다고 주장하고 있다.

국경을 넘는 환경오염에 대한 법적 책임의 이행은 배상 또는 보상의 이행이 가장 기본적인 것이다.[37] 그러나 배상 또는 보상의 이행에는 많은 장애물이 있다. 무엇보다도 선결문제로 국제환경법상 환경피해에 대한 배상의무는 존재하는가? 환경관련 조약 및 각종 선언, 결의, 권고 등에서 분명히 환경오염에 대한 배상의무를 강조하고 있으나, 각국은 이를 진정으로 승인하고 있지 않은 듯하다. 오늘날 국제사회에서 각국의 실행을 보면 국제법위반 후에도 책임과 배상이 제대로 적절하게 이행되지 않음을 볼 수 있다. 그러나 국제공동체가 법의 이념인 정의를 실현되는 공간이기를 원한다면, 각국은 자국의 행위로 인하여 발생한 환경손해에 대하여 실제로 배상할 의무가 있음을 진정으로 수락하여야 한다.[38]

실제로 환경피해에 대한 배상 또는 보상절차를 살펴보면, 그 절차를 통하여 최종적으로 책임이 이행되기까지는 극복해야 할 다양한 장애물이 존재한다. 이는 장애물경마에서 최종결승점에 도달하기 전에 넘어야 할 많은 장애물과 비교할 수 있다. 이러한 장애물 중에는 환경오염피해라는 사실(facts)문제로부터 발생하는 경우와 환경오염피해에 대한 구제의 법적 성질로 인하여 나타나는 경우가 있다. 전자가 후자에 비하여 해결해야 할 어려운 장애물이 더 크다고 볼 수 있다. 전자의 범주는 모든 환경오염에 대한 배상 또는 보상조건을 결정하는 반면에, 후자는 주로 손해의 초국가적 성질로 인해 나타나는 문제로 구성되어 있다.

---

37) ICJ의 전신인 상설국제사법재판소(PCIJ)는 1928년 Chorzow Factory사건에서 배상의 기본원칙은 원상회복이고 이것이 불가능한 경우에는 금전배상을 하여야 한다고 결정한 바 있다(PCIJ, Ser. A., No. 17, pp. 47-48).

38) Benedetto Conforti, "Do States Really Accept Responsibility for Environmental Damage," in Francesco Francioni & Tullio Scovazzi(eds.), *International Responsibility for Environmental Harm*(London: Graham & Trotman, 1991), pp. 179-180.

2) 사실문제로부터 발생하는 배상책임이행의 장애요인

환경피해에 대한 배상책임이행의 장애물은 사실문제에서 가장 크게 나타난다. 먼저 사실문제로부터 발생하는 배상책임이행의 장애요인은 환경피해의 성질에서 유래한다고 볼 수 있다. 이에 관한 몇 가지 쟁점을 보면 다음과 같다.

첫째, 손해를 야기했다고 간주되는 행위와 발생한 손해 사이의 인과관계(causal link)가 증명되어야 한다.[39] 다시 말해서, 손해가 행위와 관계가 너무 없거나 추론적(speculative)이어서는 안 된다.[40] 그러나 이 점과 관련한 특수한 문제가 발생한다. 일반적으로 환경오염피해는 수십 년에 걸쳐 생태계를 파괴할 수 있으며, 피해가 발생한 경우에도 인과관계를 입증하기가 어렵다. 이와 같이 문제의 활동과 환경에 야기된 해로운 영향 사이의 인과관계를 입증하기 어려운 경우가 자주 나타나는데, 이 점과 관련하여 국경을 넘는 환경오염에서 나타나는 특수한 문제는 다음과 같은 점을 고려해 볼 수 있다.[41]

첫째, 환경오염원인의 유발과 손해발생 사이의 시간적 거리(time distance)는 대단히 중요한 요소일 수 있다. 즉 심각한 환경오염사고가 발생한 즉시 오염의 영향이 나타날 수도 있고, 또는 몇 개월 후나 심하게는 몇 년 후에 환경손해가 나타날 수도 있다. 이러한 현상은 유독물질 또는 방사능물질에 의한 오염[42]의 경우에 자주

---

39) Alexandre Kiss, "Present Limits to the Enforcement of State Responsibility for Environmental Damage," in Fracesco Francioni & Tullio Scovazzi(eds.), *International Responsibility for Environmental Harm*(London: Graham & Trotman, 1991), p. 5.

40) A. Kiss & D. Shelton, *International Environmental Law*(New York: Transnational Pub., 1991), p. 352.

41) *Ibid*.

42) 이러한 오염의 결과가 주로 암을 비롯한 질병의 유발 또는 증가를 가져올 수 있는 경우를 말한다. 대표적으로 이러한 문제가 1986년 발생한 Chernobyl 사고에서 나타나고 있는데, 이 사고로 인해 장기간 직·간접적으로 수많은 암을 유발하고 있다. Chernobyl사고 이후인 1988년부터 1994년까지 6년 동안 원전 방사능 유출의 여파로 12만 5천 명이 사망하고, 42만 2천여 명이

나타날 수 있다. 그리고 환경에 해로운 영향이 계속됨으로써 환경악화의 결과가 누적적으로 나타나는 경우도 많다. 예를 들면, 산성비, 역사적 유물의 퇴화, 호흡질환, 삼림파괴, 지구온난화 등은 이러한 유형의 환경피해를 보여주고 있는 것이다. 더욱 상황을 복잡하게 하는 것은 이러한 피해가 다양한 개별적 오염원인의 상호작용으로 인하여 또 다른 오염을 가져오는 경우이다. 예를 들면 대기오염을 의미하는 스모그는 공장에서 배출되는 매연, 도시난방으로 인한 연기, 자동차배기가스 등과 같은 다양한 원인이 결합되어 나타나는 현상이다. 중국으로부터 발생하는 황사현상도 이에 해당할 것이다.

둘째, 환경오염원인의 발생장소와 손해의 발생장소 사이의 거리가 무척 멀 수도 있는데, 이 경우 오염행위와 피해발생이 입증될 수 있는 장소에 대한 인과관계에 이의가 제기될 수 있다.

셋째, 어떤 유형의 환경손해는 오염이 계속해서 진행되면서 발생하는 경우이다. 예를 들면, 산성비의 영향으로 일반건물 및 역사적 기념물의 폐허, 식물성장의 퇴화 등이 이에 해당한다. 그 자체로는 거의 환경피해를 발생시키지 않음에도 다양한 오염원이 결합됨으로써 유독해질 수 있기 때문에 이런 경우 오염원인을 입증하기란 상당히 곤란하다. 그렇기 때문에 하나의 원인제공자에게 책임을 부과하는 것은 매우 어렵다.

넷째, 동일한 오염물질이 자연환경의 역할에 따라 항상 동일한 영향을 주는 것은 아니라는 점이다. 예를 들면, 강에 오염물질을 투기할 때 는 수위가 높은 때와 낮은 때에 따라 손해를 유발하는 경우가 다르게 나타날 것이다. 대기오염의 경우에도 바람이 부는 경우와 바람이 없는 경우에 따라, 또는 안개가 있는 경우와 햇빛이 있는 경우에 따라 그 영향 또는 오염의 성질이 변할 수 있다. 이러한 상황은

암에서 우울증에 이르기까지 다양한 병을 앓고 있으며, 우크라이나 전지역에 갑상선암 환자가 10배나 증가하였다(동아일보, 1995년 4월 27일, 7면).

하나의 중요한 오염원인에 책임을 부과하는 것을 불가능하게 한다.

위에서 제시한 바와 같이 어떤 행위와 환경에 가해진 해로운 영향 사이에 인과관계가 존재함을 입증하기는 매우 어렵다. 즉 환경손해에 대한 배상 또는 보상문제를 다투는 법원이나 협상테이블에 인과관계가 존재함을 입증하는 증거를 제시하는 것은 매우 어렵거나 심지어 불가능할 수도 있다. 이러한 문제가 극복해야 할 첫 번째 장애물이다.[43)]

두 번째 장애요인은 손해를 발생시킨 시초자(author)가 법정기간(legal terms) 내에 확인되어야 한다는 점이다. 즉 환경오염의 장본인을 증명할 수 있어야 한다는 점이다. 그런데 오염자(polluter)는 그에 대한 소송제기의 가능성 없이도 밝혀질 수 있다. 이런 경우에 해당하는 대표적인 사례는 특히 '개별적인 오염배출원인과 집단적인 오염배출원인을 구별하는 것이 일반적으로 불가능한 경우'[44)]로 다양한 오염원인의 발산으로 발생된 환경오염사건이다. 국경을 넘는 장거리대기오염의 경우 '개별적인 오염배출원인과 집단적인 오염배출원인을 구별하는 것이 일반적으로 불가능한 경우'라는 표현은 오염자를 확인하는 법적으로 유용한 증명이—오염원인이 설령 밝혀지더라도—현실적으로 어렵다는 것을 보여주고 있다. 그래서 '국경을 넘는 장거리대기오염에 관한 제네바협약' 제1조는 오염에 대한 정의를 전통적 의미의 국가책임에 의존하지 않고 있다. 즉

> 국경을 넘는 장거리대기오염은 한 국가의 특정지역에서 오염의 원인이 발생하여 다른 국가 지역에 피해를 끼치는 대기오염을 의미하는 것으로 개별적인 오염배출원인과 집단적인 오염배출원인의 구분은

---

43) Alexandre Kiss, *supra* note 39, p. 5.

44) 이러한 표현은 1979년 '국경을 넘는 장거리대기오염에 관한 제네바협약' 제1조(b)항에서 '국경을 넘는 장거리대기오염'(long-range transboudary air pollution)을 정의하면서 사용한 것이다

일반적으로 불가능하다.

그러나 국지적 오염(local pollution)도 개별적 원인발단자에 배상을 요구할 수 없을 정도로 많은 원인에 의해 유래할 수 있다. 예를 들면, 자동차의 경우에 배기가스방출은 삼림을 파괴하고 도시에 있는 역사적 기념물을 퇴화시키는 원인이 되고 있다. 그렇다고 책임원칙을 적용하여 각각의 자동차운전자에게 배상을 요구하는 것은 현실적으로 어려운 일이다. 왜냐하면 운전자의 수는 엄청나게 많으며 각자 배출의 결합에 의하여 나타나는 영향은 상대적으로 한정되어 있기 때문이다.[45)]

셋째, 위의 두 가지 장애물이 극복된다면 소송이 법원이나 그 밖의 관할 아래 개시될 수 있도록 발생된 손해가 정확하게 평가되어야 한다. 물론, 최선의 해결은 원래 상태로 복구하는 원상회복일 것이다. Chorzow Factory사건에서 상설국제사법재판소(PCIJ)는 배상은 국제법의 원칙이며 또한 법의 일반개념(general conception of law)에서 유래하는 것이라고 하면서 배상의 범위와 목적을 다음과 같이 밝히고 있다.

> 만약 그러한 행위가 없었다면 존재하였을 상태로 복구하여야 한다. 원상회복 또는 그것이 불가능하다면 원상회복에 상당하는 금액의 지불이다.[46)]

국제관행과 많은 국제조약은 환경에 대한 위해(harm)에 대하여 원인국가에게 '이전의 상태로'(status quo ante) 환경을 회복할 것을 요구하고 있고, 필요한 조치를 수행한 자의 그러한 조치가 합리적

45) A. Kiss & D. Shelton, *supra* note 40, p. 353.
46) Chorzow Factory case(PCIJ, 1928), PCIJ Ser. A, No. 17, p. 29.

이었다면, 보전(補塡, reimbursement)할 권리가 있음을 보여주고 있다.[47] 원래 상태로 완전하게 복구하는 것이 불가능하다면 당사자들은 배상에 합의하여야 한다. 그러나 이러한 방법은 일반적으로 불가능한 경우가 많고, 앞에서 살펴본 바와 같이 특히 환경피해의 경우 더욱 그러한 예가 많다. 예를 들면, 오염된 하천의 생물자원을 회생시키거나 유독물질로 오염된 장소를 소제(掃除)하는 것은 가능할지라도 동식물의 종(species)이 소멸된 경우 원상회복이 어렵다. 따라서 원상회복이 불가능한 경우에는 금전배상(indemnity), 관계자의 처벌 및 진사(formal apology) 등의 책임해제방법을 고려할 수 있다. 책임해제방법 중에서 원상회복이 일차적인 방법이고 이것이 불가능한 경우 일반적으로 금전배상에 따르게 된다. 금전배상의 경우 배상액의 범위는 물질적 손해뿐만 아니라 정신적 손해도 포함되어야 하며,[48] 더불어 생태적 피해도 고려해야 할 것이라고 생각한다. 즉 생태적 피해를 고려하지 않고 단지 물질적 손해에 대해서만 보상하는 것은 적절하지 못하다고 생각한다.[49] 그리고 손해를 평가하고 손해액을 산정하는 데 환경요소가 시장 밖에 있는 경우,[50] 그 경제적 가치가 평가되지 않기 때문에 정확하게 측정한다는 것은 곤란하다.[51] 이것 또한 환경손해에 대한 국가책임이행의 장애요인이다.

위에서 살펴본 바와 같이 환경보호 영역에서 환경의 손상된 부분

47) A. Kiss & D. Shelton, *supra* note 40, p. 354.

48) A. Rest, "Responsibility and Liability for Transboundary Air Pollution Damages," in C. Flinterman, B. Kwiatkowska & J. G. Lammers(eds.), *Transboundary Air Pollution: International Legal Aspects of the Co-operation of States*(Dordrecht: Martinus Nijhoff Publishers, 1986), p. 333.

49) Alexandre Kiss, *supra* note 39, p. 6.

50) 예를 들면, 기름유출로 인한 바다새의 죽음 또는 깨끗한 바닷가 오염의 경우 미적 가치를 평가하는 데 그 차이가 폭넓게 나타날 수 있다.

51) A. Kiss & D. Shelton, *supra* note 40, p. 354.

을 원상태로 복구하는 것은 불가능한 경우가 많기 때문에 1차적인 원상회복 방법과 더불어 2차적인 손해배상청구소송이 있게 된다. 이 두 가지 청구방법의 관계는 오로지 경제적 관점에서 해결될 수밖에 없다. 배상액을 결정하는 데 '이미 발생된 손해'(damnum emergens)와 '미래 이익의 손실'(lucrum cessans) 양자가 포함되어야 한다. 이러한 점에서 배상액은 '불가능한 원상회복의 가치'가 아닌 '실재하는 손해'로부터 결정되어야 한다.[52]

원상회복과 관련하여 크게 두 가지가 문제되는데, 하나는 국제법과 사법(私法)상의 청구의 병합(parallelity of claims)으로부터 발생하는 문제이고, 또 다른 문제는 피해를 입은 사인의 국적국이 이미 손해배상청구소송을 수행한 경우, 개인이 어떻게 이러한 손해배상을 청구할 수 있는가 하는 것이다. 피해를 입은 개인의 국적국이 소송을 수행한 후 개인의 지위에 있는 피해자(원고)에게 손해를 전보해 주면, 이것은 침해자(피고)의 배상의무를 면제해 주는 것인가? 그리고 침해국가(피고국)가 지불한 보상 또는 배상이 피해를 입은 개인에게 어떤 방법으로 전달되어야 하는가? 이러한 문제들은 국경을 넘는 환경오염에 대한 국가책임의 이행에서 해결되어야 할 과제이다.[53] 물론 이러한 문제들이 모든 국경을 넘는 환경오염에 불가피하게 항상 존재한다는 것을 의미하지는 않는다.

3) 환경책임의 법적 성질로부터 발생하는 장애요인

국경을 넘는 환경오염에 대한 국가책임 이행에서 해결되어야 할 문제들은 사실문제로부터 연유할 뿐만 아니라 환경오염에 대한 법적 책임의 성질에서 나타나는 법적 문제도 해결해야 할 문제이다.

---

52) A. Rest, *supra* note 48, p. 333.

53) *Ibid*.

이에 해당하는 대표적인 법적 문제는 국내환경법뿐만 아니라 국제환경법에 공통된 문제로서 책임을 부과하는 데 과실의 유무와 정도를 결정하는 것이다. 전통적으로 국가의 국제책임은 행위국에 귀속될 수 있는 과실에 근거하고 있다(과실책임론). 국제관습법상 각국은 다른 나라에 환경피해가 발생하지 않도록 적절한 주의를 하거나 적절한 조치를 취해야 하고 이런 의무를 위반한 경우에 배상책임을 진다.[54] 즉 국제관습법상으로는 국가가 국제환경의무를 위반하고 환경피해가 그러한 위반으로부터 발생한 경우에 행위국의 과실이 있어야 배상책임이 있다. 그러나 환경피해를 유발하거나 환경적 위험이 있는 특정한 행위가 위법한 것으로 여겨지지 않는 경우가 있는데, 이러한 경우는 그 행위의 이익이 환경위해의 위험을 능가하는 경우이다.[55] 이런 경우 국제의무를 위반하는 위법행위가 없더라도 당해행위로 인하여 환경피해가 발생한 경우에는 희생자에게 보상이 제공되어야 할 것이다(무과실책임론). 환경위해를 유발하는 행위가 법적으로 허용되더라도 그러한 행위의 결과로 인한 피해까지 피해자에게 인용(忍容)하게 해서는 안 될 것이기 때문이다. 그동안 ILC가 작업하였던 '국제법상 금지되지 않은 행위로 인한 해로운 결과에 대한 국제책임' 초안에서도 행위가 적법하더라도 발생한 위해에 대하여 희생자에게 배상할 책임(liability)을 행위자에게 부과하고 있었다.[56] 그리고 다수의 국가가 가입하고 있는 조약에도 이러한 접근방식이 나타나는데, 대표적으로 1972년 '우주물체로 인한 손해에 대한 국제책임에 관한 협약'의 제2조는 다음과 같이 규정하고 있다.

---

54) 서철원, "국제법상 금지되지 않은 행위로 인한 환경피해에 대한 국가책임의 본질," 『세계화와 국제법의 역할』, 2002년 10월 한국국제법학자대회 발표문, 대한국제법학회, 47면.

55) A. Kiss & D. Shelton, *supra* note 40, p. 350.

56) Yearbook of ILC 1990, Vol. Ⅱ(part 1), pp. 94-108.

> 우주물체 발사국은 그 우주물체가 지상에서 입힌 손해 또는 비행중의 항공기에 입힌 손해에는 절대적으로 책임이 있다(shall be absolutely liable).

이는 행위국에게 당해행위의 위법성이 없더라도 손해를 발생시킨 경우 그에 대해 우주물체발사국에 절대적 책임이 있음을 인정하고 있는 것이다. 따라서 우주활동에 의해 환경에 발생된 손해에 대해서는 절대책임(absolute liability)을 인정하고 있다.[57] 그러나 이와 같은 무과실책임 또는 절대책임이 전체적으로 국제환경법에서 인정되는 것은 아니고 개별적인 명문의 조약규정에 의해서만 인정되고 있다는 점을 유의해야 한다. 따라서 전통적인 국가책임의 법적 근거로서 과실유무의 문제는 국경을 넘는 환경오염의 경우에 계속하여 문제점으로 남는다.

4) 개인 희생자의 피해 구제문제

국경을 넘는 환경오염피해에 대한 배상책임의 한계는 개인 희생자의 구제절차에서도 나타난다. 즉 국경을 넘는 환경오염으로 인한 희생자의 보호문제도 해결해야 할 과제이다. 환경오염 희생자는 그 피해에 대한 배상을 받기 위하여 원인국가에서 국내적 구제를 추구할 수 있다. 그러나 이를 통하여 배상받을 수 없는 경우에는 자기의 국적국에 당해사건에 착수할 것을 요구할 수 있다. 이 요구가 청구인인 오염희생자의 국적국 정부에 의하여 받아들여지면 당해정부가 피해를 준 행위가 발생하였던 원인국에 대하여 국제적인 소송을 제기할 수 있다.[58] 일반적으로 승인된 국제법원칙에 따르면, 국가가 외교적 보호권을 행사하기 위해서는 두 가지 요건이 충족되어야 한다. 그

---

57) A. Kiss & D. Shelton, *supra* note 40, p. 351.
58) *Ibid.*, p. 357.

하나는 희생자가 발생된 손해에 대하여 구제청구를 할 수 있는 국가의 국민이어야 한다.[59] 다른 하나는 환경피해 책임이 있다고 고려되는 국가에서 인정되는 사법적·행정적 구제절차를 완료하여야 한다. 전자를 국적계속의 원칙(principle of continuous nationality)이라 하고, 후자를 국내적 구제완료의 원칙(principle of exhaustion of local remedies)이라고 한다.[60] 국제법에 의하면 국가의 외교적 보호권은 외국에 체류 중인 자기 국민을 보호하기 위해 행사된다. 따라서 전형적인 외교적 보호권 행사의 경우, 피해를 발생시킨 위법행위는 피해자가 체류 중인 피청구국의 영토 내에서 발생한다. 그런데 국경을 넘는 환경피해에 관한 한 이 두 가지 조건이 충족될 수 없는 경우가 나타난다. 즉 대부분의 환경오염행위는 행위국(피청구국)의 영토 내에서 발생하여 그 국가의 국경선 밖에 있는 개인에게 피해를 준다. 국경을 넘는 환경오염의 피해자는 대부분이 그 원인국의 영토 밖에 있는 개인이며, 피해 대상은 그의 동산 또는 부동산인 경우이다. 오염원인이 발생한 국가의 관할권 내 또는 통제 아래에서 이루어진 행위에 대하여 피해자의 국적국가가 외교적 보호권을 주장할 수 있는 권리가 있음은 명백하다.[61] 그런데 피해를 입은 개인이 청구국에서 외국인일 수도 있고, 심지어 피청구국의 국적을 가지고 있을 수도 있다. 결국 외교적 보호권의 존재 여부가 피해를 입은 개인 또는 그 재산이 청구국의 국민인지 아닌지의 여부에 의존하는 것은 부적절하다.[62] 따라서 오염희생자는 청구국의 국적 여부를 불문하고 손해가 발생할 당시 그 국가(청구국)의 관할권 아래에 있으면 충분하다고 보아야 할 것이다.[63] 이러한 결론이 유효하다면

59) Ian Brownlie, *supra* note 5, pp. 391-392.
60) 홍성화, 앞의 책(주 13), 336면.
61) A. Kiss & D. Shelton, *supra* note 40, p. 357.
62) *Ibid.*
63) Alexandre Kiss, *supra* note 39, p. 7.

외교적 보호권 행사의 두 번째 요건, 즉 국내적 구제완료는 필요하지 않다. 왜냐하면 환경손해를 입은 것은 개인이 아니라 영토국이기 때문이다.[64] 그러나 국가가 자기의 영토 내에서 국경을 넘는 오염희생자를 대표하여 외교적 보호권을 행사하는 경우 오염원인국 내에서 취해지는 국내적 구제가 불필요하다는 점에는 논란의 여지가 여전히 남는다.

64) *Ibid*.

제 7 장

지구공유공간의 환경오염에 대한 제3국에 의한 구제

1. 지구공유공간의 법적 지위
2. 국제법상 제3국에 의한 구제허용의 법적 근거
3. 국제환경법규상 제3국에 의한 구제
4. 제3국에 의한 구제의 한계

제 7 장 지구공유공간의 환경오염에 대한 제3국에 의한 구제

1. 지구공유공간의 법적 지위

1) 하나의 사례: 선박 Bahia Paraiso호의 파선사고

아르헨티나국적의 선박 Bahia Paraiso호가 1989년 1월 29일 남극주변에서 좌초되어 남극해안에 기름을 유출시켜 남극대륙에 심각한 환경위기를 야기하였다. 선체길이가 435피트인 Bahia Paraiso호는 아르헨티나정부의 남극에 있는 Esperanza연구소에 물품을 공급하는 중이있는데, Bismark해협에서 암초에 부딪혀 선체의 30피트가량이 파손되었다. 선박은 곧 침몰하였고 유출된 기름이 10마일 정도 퍼져나갔다. Bahia Paraiso은 25만 갈론(gallons)의 디젤오일을 싣고 있었다. 사고 일주일 후 연료의 약 3분의 2가 주변해양으로 유출되었다. Bahia Paraiso의 파선으로 유출된 기름은 곧 해안을 뒤덮고 Palmer(Palmer Station)에 있는 미국연구소 근처에 서식하고 있는 야생생물에게 악영향을 주었다. 파선사고 이후 과학자들의 보고서를 보면, 남극환경에 불길한 내용을 포함하고 있었다. 남극대륙의 먹이사슬을 연결해 주고 있는 핵심적 생물인 작은 갑각류 생물(crustscean)이 Palmer근처 해안에서 수없이 많이 죽은 채로 발견되었고, 많은 도둑갈매기(skua)가 그의 둥지를 포기하고 떠났다. 약

2만 4천 마리 새의 서식지이기도 한 Palmer 근처에 있는 펭귄 서식지가 기름에 의해 오염되었다. 이와 같은 환경위기에 대처하기 위해 미국과 아르헨티나정부는 유출된 기름을 소거하는 일에 나섰는데, 미국은 선박이 좌초되자 즉시 기름소거장비를 실은 해군수송비행기를 급파하였고, 아르헨티나는 소거작업을 돕기 위해 해군함정을 파견했다.[1)]

이 사고로 인한 남극의 피해 정도와 그 영향에 대해서는 잘 알려지지 않았다. 그 이유는 관심의 대부분이 어떻게 효과적으로 소거작업을 행할 것인가에만 집중되어 있었기 때문이다. 여기서는 단지 Bahia Paraiso호선박 파선사고 한 건만을 소개하였지만, 이러한 사건은 결코 유일한 사고가 아니다. 더욱이 기름유출로 인한 사고의 잠재성은 남극에서 최근에 국가들의 활동이 더욱 증가하는 만큼 배가될 것이 예상되고 있기 때문에 이에 대한 법적 문제를 고려해야 할 때이다.

2) 지구공유공간의 법적 지위와 관련문제

Bahia Paraiso호선박의 파선사고는 국제법상 어려운 문제를 안겨주고 있다. 각국은 아르헨티나에게 선박파손으로 인한 기름유출 책임이 있음을 주장할지도 모르지만, 아르헨티나정부의 책임유무를 결정하는 문제는 간단하지 않다. Bahia Paraiso호가 한국 영해나 미국 영해 내 또는 관할권 아래에 있는 지역에서 좌초되었다면 상대적으로 간단한 문제였을 것이다. 국가책임의 주된 목적은 위법행위

---

1) Jonathan I. Charney, "Third State Remedies for Environmental Damage to the World's Common Space," in Francesco Francioni & Tullio Scovazzi(eds.), *International Responsibility for Environmental Harm*(London: Graham & Trotman, 1991), pp. 149-150.

에 의하여 직접적인 피해를 입은 국가의 법익을 회복하는 데 있으므로 자국 영토에 직접적이고 유형적인 손해를 당한 한국이나 미국은 책임 있는 정부, 즉 아르헨티나정부에 대하여 국제법원칙 아래에서 법적 구제를 추구할 수 있는 당사자지위에 있기 때문이다.

그러나 이 사건의 경우는 다르다. Bahia Paraiso호의 좌초로 인하여 자국의 영토 또는 재산 또는 자국국민의 재산에 특별히 손해를 입은 국가가 존재하지 않기 때문이다. 남극대륙은 어떠한 국가의 영토주권 아래에도 있지 않은 영역으로 간주되고 있다.[2] 즉 남극과 인근해안에 기름유출로 인하여 어떠한 국가 또는 국민도 특별한 손해를 입지 않았다면, 전통적 국제법이론 아래서는 법적 구제를 추구할 수 있는 당사자지위에 있는 국가는 없다. 다시 말해서 어떤 국가의 영유권 아래에도 있지 않은 영역에서 환경오염사고가 발생하고, 이 사고의 영향으로 환경피해를 입은 국가 또는 개인이 없는 경우에 전통적 국제법이론에 의해서 국제법적 구제를 추구할 수 있는 당사자지위(standing)에 있는 국가는 없다. 손해가 소송제기의 확고한 하나의 요건이라면 어느 국가의 관할권 아래 있지 않은 영역에서 발생한 환경손해에 대한 구제는 실현될 수 없다. 이러한 문제는 현행 국제법상 국가영유권을 허용하고 있지 않은 남극 뿐만 아니라 공해와 우주공간 같은 어느 국가의 관할권 아래에도 있지 않은 '국제공역(international public domain) 또는 지구공유공간'[3] (global common spaces)의 영역에서 환경피해가 발생한 경우에도 나타나게 된다. 가령 공해상에서 대형선박의 좌초로 인한 심각한 해양오염이 발생한 경우, 남극 또는 북극에서 국가활동으로 인해

2) 남극에 대한 영유권을 주장하는 국가들이 있으나 1959년 체결된 남극조약 제4조는 남극에 대한 영유권을 금지하고 있다.

3) 이 글에서는 남극, 공해, 우주공간 등과 같이 모든 국가의 영토적 관할권 아래에 있지 않은 영역을 '국제공역' 또는 '지구공유공간'(global common spaces)이라 하겠다. 즉 어느 국가의 영유권도 인정되지 않는 공공영역을 의미한다.

생태계를 파괴하는 피해가 발생한 경우, 우주공간의 우주쓰레기 증가로 피해가 발생한 경우에 이러한 문제가 나타난다.

현대국제법의 태도로 볼 때 소송제기의 전제조건으로 '물질적 또는 유형적 손해'의 존재가 반드시 필요한가에 대해서는 논란이 되고 있다. 국제관습법은 국제법상 의무를 위반한 국가에 대하여 특별한 손해를 입지 않은 제3국이 구제를 추구하는 것을 제한적으로 허용하고 있다고 볼 수 있다.[4)] 국제환경법은 모든 국가에게 지구공유공간의 환경에 대하여 일정한 권리와 의무를 부과하고 있다. 또한 일반적인 국제관습법은 모든 국가에게 공해, 우주공간, 남극을 포함하는 자국의 관할권 밖 영역의 환경에 피해를 야기하지 않는 방법으로 행위할 것을 요구하고 있다. 그러나 이러한 제3국에 의한 구제는 예외적인 것이고 그 실행은 국제법에 의해 제한되고 있다. 지구환경보호를 위해서는 남극, 공해, 우주공간 등과 같은 지구공유공간의 환경보호가 중요하다고 볼 수 있는데, 그러한 공간의 환경에 피해를 야기한 국가에 대하여 국가책임을 추구할 수 없는 전통적 국가책임이론은 한계를 보이고 있는 것이다. 그래서 여기서는 지구공유공간의 환경피해에 대하여 원인국에게 국가책임을 부과하기 위하여 제3국이 국제책임을 원용할 수 있는가? 그리고 가능하다면 어떠한 법적 근거에 의해 가능한가? 또한 이러한 제3국에 의한 구제가 허용된다면 그 제한내용은 무엇인가? 다음에서 이에 대해서 검토해 보자.

---

4) Barcelona Transaction, Light and Power Co. case(Belgium v. Spain, 1970), ICJ Reports(1970), p. 32. ICJ는 이 사건에서 성질상 대세적 의무에 해당하는 사항에 대해서 모든 국가가 법적 이해관계를 갖고 있다고 판시하여 제3국에 의한 소송제기를 인정하였다.

2. 국제법상 제3국에 의한 구제허용의 법적 근거

국제법상 구제의 권리를 행사할 수 있는 국가는 자기의 법익을 침해당한 국가뿐이라는 것이 전통적인 견해였다.[5] 그러나 오늘날 국가의 관행과 견해는 일정한 조건하에서 제3국[6]에 의한 구제를 인정하고 있다.[7] 즉 일정한 조건 아래서 국가는 전통적 의미에서 피해를 입은 당사자이든 아니든 국제법상 구제를 주장할 수 있는 지위를 갖는다. 예를 들면, 국가는 법의 운영과정에서 피고국에 대하여 구제조치를 취할 수 있는 당사자지위를 갖기에 충분한 '법적' 또는 '의제적'(constructive) 손해를 입을 수 있다. 그러나 실제 어떤 국가가 그러한 의제적 손해를 입었다고 간주될 수 있는 상황은 매우 드물다.

제2차 세계대전 이후에 행위국의 위법행위로 인하여 특별히 손해를 입지 않은 제3국에 의한 구제를 지지하는 움직임이 나타났다.[8] 즉 국제법상의 의무를 제3국에 의해 이행하게 하는 것이 가

---

5) South West Africa case(Ethiopia v. South Africa; Liberia v. South Africa), Second Phase, ICJ Reports(1966), pp. 32-35.

6) 법률상 제3자(third party)란 계약, 협정 또는 행위의 당사자가 아니나 거기에 권리를 가지고 있을 수도 있는 자를 말한다(Black's Law Dictionary, 5th ed., 1979, p. 1011, 1327). 이 글에서 제3국이란 조약상의 비당사국을 지칭할 뿐만 아니라 일국의 국제의무위반으로 인하여 특별한 물질적 또는 유형적 손해를 직접적으로 입지 않은 국가를 의미하는 표현으로 사용한다. 그런데 여기서 혼란이 야기되는 것은 제3국에 의한 구제를 주장함에 있어 표면상의 제3국이 실제로 특별한 피해국이라는 근거에 의해 정당화되기 때문에 제3국이 바로 피해국이라는 인식이 가능하다. 또한 ILC의 국가책임에 관한 입법작업에서도 피해국을 광범위하게 정의하고 있어 전통적 의미에서의 제3국 개념이 무너져 가고 있다. 그러나 이 글에서는 전통적 국제법이론에 기초한 국제책임제도의 한계를 고찰하는 것이므로 논리적으로 전통적 국제법이론 아래에서 조약이나 합의의 당사자가 아닌 국가, 다른 국가의 행위에 의해서 직접적이고 유형적인 손해를 입지 않은 국가를 제3국이라 정의하겠다.

7) Jonathan I. Charney, "Third State Remedies in International Law," *Michigan Journal of International Law*, Vol. 10, 1989, p. 57.

8) *Ibid.*, pp. 62-86.

능하도록 하는 근거는 조약법에 관한 비엔나협약, 인권의 국제적 보호를 위한 국제인권조약들, 임의적 보편관할권을 인정하고 있는 UN해양법협약, 국제사법재판소 규정과 판례, 국가책임에 관한 ILC의 입법작업, 미국 대외관계법 리스테이트먼트(제3차) 등에서 찾을 수 있다.[9] 또한 UN헌장은 유엔체제 내에서 국제법을 이행하기 위한 제3국의 역할을 강조하고 있다.[10]

1) 조약법에 관한 비엔나협약

1969년에 체결된 조약법에 관한 비엔나협약(Vienna Convention on the Law of Treaties)은 제3국에 의한 구제와 관련하여 다음과 같은 세 가지 측면의 발전에 기여하였다. 첫째, 조약법협약은 어떤 국가가 특별한 손해를 주장하지 않더라도 일정한 조건 아래에서 구제소송을 할 수 있음을 승인하고 있다. 특히 협약은 다자조약의 일방당사국은 그 조약규정을 위반한 타방당사국에 대하여 단독 또는 집단으로 구제소송을 제기할 수 있는 지위에 있음을 규정하고 있다. 다자조약의 경우 조약의 실질적 위반의 결과로 특별한 손해를 입었건 아니건 간에 그러한 위반은 당해조약의 모든 당사국에 대한 법적 손해를 구성한다. 다만 그 위반에 의해 특별한 영향을 받지 않는 당사국들은 '당사국들의 집단적인 결정을 통해서'만 구

9) Jonathan I. Charney, *supra* note 1, p. 152.

10) UN헌장은 일정한 국제법위반에 대하여 집단적 행동을 취할 수 있는 제3국의 역할을 설정하고 있다. 헌장 제39조 내지 제50조에서 안전보장이사회는 평화의 위협, 평화의 파괴 또는 침략행위에 대하여 집단적으로 대응할 수 있도록 하고 있고, 헌장 제10조에서 제14조에 따라 UN총회도 결의를 통하여 집단적으로 다양한 문제에 권고를 내놓을 수 있다. 그동안 중동, 남아프리카, 남부로데시아, 한반도, 아프가니스탄 그리고 콩고문제와 관련한 결의를 통해서 국제법 이행을 위한 제3자의 노력을 보여준 바 있다(Jonathan I. Charney, *supra* note 7, p. 63).

제를 추구할 수 있다.[11] 둘째, 협약은 강행법규(jus cogens)라는 일정한 강제적인 규범의 존재를 인정하고 있다. 이러한 규범은 국제공동체의 '모든 대상에게'(erga omnes) 부과된 의무, 즉 대세적 의무를 창출한다. 그래서 이러한 강제적인 규범을 위반한 경우에 법적 손해를 입은 것이 되고 특별한 손해를 입지 않았다고 하더라도 구제를 추구할 수 있는 것이다.[12] 셋째, 협약은 체결하는 조약 내용에 제3국의 권리와 의무를 설정할 수 있음을 승인하고 있다. 다만 그러한 권리와 의무는 조약당사국들이 그러한 결과를 의도하고 제3국이 그것을 수락한 경우에만 부과될 수 있다.[13] 국제판례도 제3국의 동의 없이는 권리의무를 설정할 수 없음을 보여주고 있다.[14]

2) 인권의 국제적 보호를 위한 국제인권조약

인권에 관한 국제법의 발달은 제3국에 의한 구제를 확대시켰다. 국제인권법 분야의 이론은 제3국에 의한 구제라는 개념에 충분한 근거를 제공한다. 다시 말해서 인권의 국제적 보호라는 목적에서 제3국에 의한 구제를 이행할 수 없다면 국제인권규범의 대부분의 위반문제는 제기되지 않을 것이다. 다시 말해서 제3국에 의한 구제를 인정하지 않는다면 대부분의 국제인권법은 강제할 수 없을 것이다. 왜냐하면 국제인권규범 위반으로 인하여 특별한 손해를 입는 외국은 거의 있을 수 없기 때문이다. 전통적인 국제법이론에 의하면 국가책임은 어느 국가의 국민이 다른 국가에 의하여 부당하게

---

11) 조약법에 관한 비엔나협약 제60조 2항.

12) 조약법에 관한 비엔나협약 제53조, 제64조.

13) 조약법에 관한 비엔나협약 제34조, 제35조.

14) 김찬규 · 이영준, 『국제법개설』(서울: 법문사, 1994), 334면(자유지대사건(PCIJ Ser. A/B, No. 46, p. 141)과 동부카레리아 지위사건(PCIJ Ser. B, No. 5, pp. 27-28)이 이에 해당하는 국제판례로 설명하고 있다).

취급되었을 경우 제기되는데 비하여 인권법은 국가가 자기 국민을 부당하게 취급하였을 경우에 제기되는 것으로 발전되어 왔다. 어떤 국가가 자기 국민을 부당하게 취급한 것에 대하여 제3국의 개입을 허용하지 않는다면 국제인권법의 이행은 불가능하다. 즉 제3국에 의한 구제를 인정하지 않는다면 국제인권법은 실효성이 없다.15)

제2차 세계대전 이후에 인권의 국제적 보호를 위한 많은 국제조약이 체결되어 국제인권법이 비약적으로 발달해 왔다. UN헌장의 채택 이전에도 중요한 발전이 있기는 하였지만 헌장상 인권규정은 하나의 분수령이었다.16) 인권과 관련한 방대한 양자조약 및 다자조약, 지역적 조약들은 UN헌장을 기초로 하여 체결되었다. 그러나 인권규범의 위반국에 대하여 취해질 수 있는 강제적 조치의 내용은 거의 결정되지 않은 상태로 남아 있다.17) 그럼에도 현재 인권에 관한 국제관습법이 다자간조약체제에 법전화된 상황에서 국제인권규범 위반은 조약법의 위반을 의미하고, 당해조약의 위반국에 대하여 특별히 손해를 입지 않은 타방당사국이 구제를 추구할 수 있다.

3) 보편관할권을 인정하고 있는 UN해양법협약

1982년 UN해양법협약은 공해에서 선박에 대한 관할권을 원칙적으로 기국주의에 입각하여 규정하고 있다. 즉 기국주의란 공해상의 선박은 기국(state of flag)의 배타적 관할 아래에 놓인다는 원칙을 말한다.18) 그러나 기국주의는 해적행위, 노예매매 및 운송행위,

---

15) Jonathan I. Charney, *supra* note 7, p. 65.

16) 이에 대해서는 H. Lauterpacht, *International Law and Human Rights*(Cambridge: Cambridge University Press, 1950) 참조.

17) R. Lillich, "Forcible Self-Helf by States to Protect Human Rights," *Iowa Law Review*, Vol. 53, 1967, pp. 332-328, 344-351.

18) UN해양법협약 제9조 1항의 첫 번째 문장.

마약 또는 향정신성물질의 불법거래행위, 무허가방송 등에 대하여는 예외가 존재한다. 즉 해양법협약은 공해상의 외국선박에 대하여 일정한 관할권을 행사할 수 있도록 허용하고 있다. 특히 해적선 또는 해적항공기에 대해서는 임의적 보편관할권(facultative universal jurisdiction)이 적용된다.[19] 공해상에서 또는 어느 국가의 관할권에도 속하지 아니하는 장소에서 '모든 국가'는 해적선, 해적항공기 또는 해적행위에 의해 탈취되고 그 통제 아래에 있는 선박 또는 항공기를 나포하며 당해선박 또는 항공기 내에 있는 사람을 체포하고 재산을 압수할 수 있고 또한 나포를 행한 국가는 범인에게 형벌을 부과할 수 있다.[20] 즉 공해뿐만 아니라 어느 국가의 관할권 아래에 있지 아니한 지역에서 해적행위를 하는 선박이나 항공기에 대해서는 그 행위로 인해 자국 또는 자국민에게 직접적이고 유형적인 손해가 없더라도 당해선박 또는 항공기를 나포하고 범인을 국내법원의 재판을 통하여 형벌을 부과할 수 있도록 하고 있는 것이다.

4) ICJ 규정과 판례

국제사법재판소 규정(Statute of ICJ)은 제3국의 소송참가를 허용하는 의미의 규정을 가지고 있는데, 소송참가의 두가지 형태를 규정하고 있다. 하나는, 재판소에서 다루는 사건과 관련이 없는 국가가 당사국으로 가입하고 있는 협약의 해석이 당해사건에서 문제가 된 경우 사건 관련당사국은 아니지만 소송절차에 참가할 권리를 가지는 경우이고,[21] 다른 하나는 판결에 의하여 결정적인 영향을 받을 수 있는 법률적 성질의 이해관계를 가지고 있는 국가가 소송

19) 김대순, 『국제법론』(제11판)(서울: 삼영사, 2006), 820면.
20) UN해양법협약 제105조.
21) 국제사법재판소 규정 제63조.

에 참가하는 경우이다.[22] 그런데 지금까지 ICJ는 이 두 규정을 좁은 범위로 해석하고 있다. 이것은 소송에 참가할 수 있는 국가능력을 확대하는 것을 꺼리고 있음을 보여주는 것이다.

많은 국제판례가 축적된 것은 아니지만 ICJ가 제3국에 의한 구제원칙을 인정할 수 있는 근거를 제시한 경우가 있는데, 먼저 South-West Africa사건[23]에서 나타났다. 이 사건에서 ICJ는 소송당사자 지위의 전제조건으로써 '유형적 또는 물질적 손해'(tangible or material damage)라는 관념에 반대하고, "법적 권리(legal right) 또는 법익(legal interest)은 반드시 '물질적' 또는 '유형적'인 것과 관련이 있어야 하는 것이 아니어서 물질적인 종류가 손상되는 것과 관계없이 침해될 수 있다"고 하였다.[24] ICJ는 이러한 원칙을 어떻게 이해할 것인가에 대하여 명확히 정의하지는 않았다. 반면에 당사국은 '법적 권리 또는 법익'에 유형적이든 무형적이든 손해를 입지 않은 한 손해배상청구를 할 수 없다는 점을 밝혔다. 계속해서 재판소는 "법적 권리 또는 법익이 존재하기 위해서는 그러한 권리와 이익이 손해배상을 청구할 수 있는 조약 또는 법원칙 속에 부여되어 있어야 한다"고 밝히고 있다.[25] 따라서 이 사건에서도 대중소송(actio popularis)의 관념을 인정하지 않았다.[26]

바르셀로나전철 · 전기 · 전력사건[27]에서 ICJ는 전체로서의 국제공동체에 대한 국가 의무를 논의하면서 "그것의 성질이 모든 국가의 관심사이고 수반된 권리의 중요성에 비추어 모든 국가가 법적

22) 국제사법재판소 규정 제62조.

23) South West Africa case(Ethiopia v. South Africa; Liberia v. South Africa), ICJ Reports(1966), p. 6.

24) *Ibid.*, p. 32.

25) *Ibid.*

26) *Ibid.*, p. 47.

27) Barcelona Transaction, Light and Power Co. case(Belgium v. Spain, 1970), ICJ Reports(1970), pp. 3-51.

이익을 가지고 있음을 주장할 수 있는 것으로 그러한 의무는 '대세적' 의무(obligations erga omnes)이다"라고 하였다.[28] 이 사건은 국가가 전체로서 국제공동체에 지고 있는 의무의 존재를 인정하고, 그와 같은 의무에서 국제공동체의 구성원인 각국이 '법적 이익'을 가지고 있음을 인정한 점에서 매우 중요하다. 그러한 의무의 위반은 그 위반에 대하여 구제를 도모할 수 있는 충분한 당사자지위를 모든 국가에게 부여하는 모든 국가에 대한 손해를 구성한다. ICJ는 이 사건에서 국가는 유형적 또는 특별한 손해 없이도 당사자지위를 가질 수 있음을 보여주고 있는 것이다.[29]

또한 ICJ는 1986년 Nicaragua사건에서 니카라과가 다른 중미국가들에 취한 행위에 대하여 미국이 무력을 사용할 수 있는 일방적인 권리가 존재하는가 하는 문제를 다루면서, 미국은 그러한 일방적인 권리는 갖고 있지 않지만 제3국은 일정한 상황에서 대응조치를 취할 수 있는 권리를 가질 수 있음을 허용하는 판결을 내렸다.[30]

5) ILC의 국가책임법의 입법작업

ILC의 국가책임법에 관한 입법작업은 제3국에 의한 구제원칙의 발전과 상당히 밀접한 관련이 있다. ILC가 1996년에 채택한 국가책임에 관한 규정의 잠정초안 제2부(국가책임의 내용, 형식 및 정도) 제5조에서 피해국(injured state)을 정의하면서, "다른 국가의 국제의무 위반에 의하여 자신의 권리가 침해된 국가로 그 침해에 대하여 구제를 추구할 수 있는 국가"라고 하고 있다. 물론 여기에서 나타난

---

28) *Ibid.*, p. 32.

29) *Ibid.*

30) Military and Paramilitary Activities in and against Nicaragua Case(Nicaragua v. United States), ICJ Report(1986), p. 127, pp. 146-149.

피해국의 의미를 살펴보면, 피해국은 전통적 의미에서 국제위법행위에 의해서 손해를 입은 국가를 말한다. 그런데 당시 잠정초안 제5조 2항에서는 피해국을 다음과 같이 광범하게 규정하고 있었다.[31)]

(a) 국가행위에 의해 침해된 권리가 양자조약으로부터 발생한 경우라면 그 조약의 타방당사국

(b) 국가행위에 의해 침해된 권리가 국제적 법원(court)이나 법정(tribunal)의 분쟁해결의 결정(decision)이나 판결(judgement)로부터 발생한 경우라면 그 분쟁의 당사국으로서 당해권리를 향유하고 있는 국가

(c) 국가행위에 의해 침해된 권리가 국제적 법원(court)이나 법정(tribunal)이 아닌 국제기구의 구속력 있는 결정에서 발생하는 것이라면 그 국제기구의 설립문서에 따라 당해권리를 향유하는 국가

(d) 국가행위에 의하여 침해된 권리가 조약상 제3국 조항에 의해 발생하는 경우의 제3국

(e) 국가행위에 의하여 침해된 권리가 다자조약이나 국제관습법규에 의해 발생하는 경우라면 당해다자조약의 다른 당사국이나 관련 있는 국제관습법규에 의해 구속되는 다른 당사국들로서 다음의 조건에 해당하는 경우의 국가들이다.

　(i) 당해권리가 이들 국가의 이익을 위하여 창설되었거나 또는 설정된 경우

　(ii) 국가행위에 의한 권리침해가 국제관습법규에 의해 구속되거나 다자조약의 다른 당사국들의 의무이행이나 권리향유에 필연적으로 영향을 주는 경우

　(iii) 당해권리가 인권과 기본적 자유의 보호를 위해 창설되었거나 설정된 경우

---

31) *Yearbook of ILC 1985*, Vol. II(part 2), pp. 25-27.

(f) 국가행위에 의하여 침해된 권리가 다자조약에 의해 발생하는경우, 당해다자조약의 다른 당사국들의 집단적 이익을 보호하기 위해 그 조약에 당해권리가 명시적으로 규정되었을 경우 당해 다자조약의 다른 당사국

여기서 (d)호와 (e)호의 규정을 보면 특별한 손해를 당사자지위의 본질적인 전제조건으로 하지 않고 있는 면에서 대단히 중요하다. (f)호도 집단적 이익을 보장하기 위한 유사한 규정을 하고 있는 것이다. 특히 (e)호의 (iii)을 보면 '인권과 기본적 자유의 보호를 위하여' 창설되었거나 설정된 권리의 침해에 대하여 제3국에 의한 구제가 가능하도록 규정하고 있는 점도 특기할 만하다. 또한 같은 잠정초안 제5조 3항에서 "피해국이란 국제위법행위가 국제범죄를 구성하는 경우에 다른 모든 국가를 의미한다"라고 규정하고 있어 국제범죄에 해당하는 경우에는 모든 국가가 피해국이 될 수 있음을 인정하고 있다. 특히 ILC가 1980년에 채택한 국가책임에 관한 규정초안 제19조 2항은 국제범죄(international crime)를 "국제사회의 근본적 이익을 보호하기 위해 그 위반이 국제공동체 전체에 의해 범죄로 인정될 만큼 중요한 국제의무의 위반"이라고 정의하고, 3항에서 국제범죄에 해당하는 것을 몇 가지 예시하고 있는데, 3항(d)에서 "대기권 또는 해양의 대규모적인 오염금지와 같이 인간환경의 보호·보존을 위해 필수적으로 중요한 국제의무의 중대한 위반"을 국제범죄로 규정하고[32] 있기 때문에 대량적인 환경피해의 경우 제3국에 의한 구제가 가능하다고 보아야 할 것이다. 이러한 국제범죄에 해당하는 행위를 한 국가에 대해서는 국제공동체의 구성원은 '모두' 개별적으로 또는 집단적으로 국가책임을 원용할 수 있는 이

32) *Yearbook of ILC 1976*, Vol. Ⅱ(part 2), pp. 95-122.

해관계와 권리를 가진다. 그러나 여기서 언급한 잠정초안의 내용은 2001년 초안채택 당시 대폭 수정되었다. 2001년 국가책임에 관한 규정초안 제42조는 '피해국에 의한 책임추궁'이란 제목 아래 다음과 같이 규정하고 있다.

> 위반된 의무가 다음 중 하나에 해당하는 경우, 국가는 피해국으로서 다른 국가의 책임을 추궁할 수 있다.
>
> (a) 당해 국가에 대하여 개별적으로 부담하는 의무; 또는
>
> (b) 당해 국가를 포함한 국가들의 집단 또는 국제공동체 전체에 대하여 부담하는 것으로서 그 의무의 위반이 (i) 당해 국가에 특별한 영향을 미치는 경우; 또는 (ii) 당해 의무의 계속적 이행과 관련하여 의무이행의 상대인 다른 모든 국가들의 지위를 급격하게 변경시키는 성격을 지닌 경우[33]

이와 같이 초안 제42조는 피해국에 대하여 정의하고 있는데, 이에 의하면 다른 국가의 국제책임을 원용할 권리가 있는 피해국의 유형은 세 가지로 구분된다. 첫째, 어떤 국가가 상대방 국가에 대하여 개별적으로 부담하고 있는 의무[34]를 위반한 경우 그 상대방 국가가 피해국에 해당한다. 둘째, 어떤 국가가 국가들의 집단(a group of States) 또는 국제공동체 전체(international community as a whole)에 대하여 부담하고 있는 의무를 위반한 경우, 이 의무위반에 의하여 특별히 영향을 받은 국가가 피해국에 해당한다.[35] 셋째, 어떤

33) ILC Report(2001), p. 294.

34) 이러한 의무는 대표적으로 양자조약상의 의무이며, 이외에도 한 국가가 다른 국가에 대하여 의무를 부담하는 구속력 있는 일방적 선언, 조약의 당사자가 아닌 제3국에 대하여 권리를 부여하는 조약, 소송의 일방당사국에 대하여 의무를 부과하는 국제재판소의 판결에 의해서 부담하게 되는 의무도 포함된다(ILC Report(2001), pp. 297-299).

35) 예를 들면, UN해양법협약 제194조를 위반한 공해의 오염은 특별히 1개국

국가가 국가들의 집단 또는 국제공동체 전체에 대하여 부담하고 있는 의무를 위반하였고, 이 의무위반의 성격이 의무의 계속적 이행과 관련하여 다른 모든 국가의 지위를 급격하게 변경시키는 경우, 다른 모든 국가가 각각 피해국가에 해당한다.[36] 그런데 초안 제48조에 의하면 '피해국 이외의 국가'도 의무위반국의 국제책임을 원용할 수 있는 경우가 있다. 즉 초안 제48조는 다음과 같이 규정하고 있다.

> 제48조(피해국이 아닌 국가에 의한 책임 추궁)
>
> 1. 다음과 같은 경우 피해국이 아닌 어떠한 국가도 제2항에 따라 다른 국가의 책임을 추궁할 수 있다.
>   (a) 위반된 의무가 당해국가를 포함한 국가들의 집단(a group of States)에 대하여 부담하는 것이고, 그 의무는 그 국가들의 집단적 이익(collective interest)의 보호를 위하여 수립된 경우
>   (b) 위반된 의무가 국제공동체 전체(international community as a whole)에 대하여 부담하는 것일 경우
> 2. 1항에 따라 책임을 추궁할 수 있는 국가는 유책국에 대하여 다음을 청구할 수 있다.
>   (a) 제30조에 따른 국제위법행위의 중단과 재발방지의 확보 및 보장

또는 몇몇 국가에게만 영향을 미칠 수 있는데, 이로 인해 이들 국가의 해안이 유독한 잔존물에 의해 오염될 수도 있고, 연안어업이 폐쇄될 수도 있다. 이 경우 해양환경보존에 관한 UN해양법협약 당사국들의 일반적 이해관계와 별도로 이들 연안 당사국은 그 위반에 의하여 침해받은 것으로 간주되어야 한다(ILC Report(2001), pp. 299-300).

36) 이 경우는 의무위반 자체가 가해국이 그 의무를 부담하고 있는 다른 모든 국가에게 영향을 미치는 것으로 간주되어야 하는 특별한 위반의 경우이다. 예를 들면, 군축조약이나 비핵지대조약을 비롯하여 각 당사국의 이행이 타방당사국의 이행을 조건으로 하고 또한 그러한 이행을 필요로 하는 일체의 다른 조약이 이 경우에 부합될 것이다(ILC Report(2001), p. 300).

(b) 위의 조항들에 따라 피해국이나 위반된 의무의 수혜자를 위한 배상의무의 이행

3. 제43조, 제44조, 제45조에 의한 피해국의 책임추궁 요건은 1항에 따라 권리가 부여된 국가의 책임추궁에도 적용된다.

초안 제48조는 제42조에서 언급한 피해국의 정의에 부합되지 아니하는 국가라도 의무위반국의 책임을 원용하는 것을 허용하고 있다. 즉 첫째, 위반된 의무가 책임을 원용하는 국가를 포함한 국가들의 집단에 대한 것으로 그 집단의 집단적 이익을 보호하기 위하여 수립된 경우,[37] 둘째, 위반된 의무가 국제공동체 전체에 대한 경우[38]에 제42조상 피해국 이외의 그 어떤 국가라도 국제책임을 원용하는 것을 허용하고 있다. 1970년 바르셀로나전철 · 전기 · 전력사건 이후 국가책임에 관한 규정초안을 작성하는 과정에서 ILC는 ⅰ) ICJ가 이 사건에서 언급한 대세적 의무(obligations *erga omnes*)와 ⅱ) '모든 당사자에 대한 의무'(또는 '당사자간 대세적 의무')(obligations erga omnes partes/contractantes)를 개념상 구분하였는데, 전자가 각국의 '국제공동체 전체에 대한 의무'를 지칭한다면, 후자는 국가가 '국제공동체 전체에 대해서가 아니라 (단지) 특정체제(예컨대, 다자조약)의 모든 당사자에 대하여 지고 있는 의무'를 지칭한다.[39] 초안 제48조는 바로 이를 반영한 결과이다. 즉 제48조 1항(a)에서 규정한 의무는 '당사자간 대세적 의무'를 지칭하는 것이다. 초안 내용을 바탕으로 지구공유공간의 환경침해에 대해 제3국이 국제책임을 원용할 수 있는가를 판단해 보면, 남극이나 공해 또는 우주공간을 규율하

---

37) '집단적 이익'의 예로는 특정지역의 환경이나 안전(예컨대, 지역적 비핵지대조약 또는 지역적 인권보호체제)을 들 수 있다((ILC Report(2001), pp. 320-321).

38) 이것은 ICJ가 1970년 바르셀로나전철 · 전기 · 전력사건에서 언급한 이른바 대세적 의무(obligations *erga omnes*)를 말한다((ILC Report(2001), pp. 321-322).

39) 김대순, 앞의 책(주 19), 516-517면.

는 다자조약체제의 당사국은 다른 당사국의 조약위반으로 인해 이들 공간에서 환경손해가 발생한 경우 물질적이거나 유형적인 손해가 없더라도 국제책임을 추궁할 수 있다고 해석할 수 있다.

6) 미국의 대외관계법

환경법에 대한 원칙을 국제관습법에 뿌리를 두고 있는 미국의 대외관계법 리스테이트먼트(Restatement(Third) of the Foreign Relations Law)는 국제법상 제3국에 의한 구제원칙을 법전화하는 것을 취지로 하고 있는 중요한 의미가 있는 법령이다. 이 법 제902조 1항에 따르면, "국가는 원고국 또는 각국에게 지고 있는 국제의무위반에 대하여 다른 국가를 상대로 손해배상청구를 할 수 있다"고 규정하고 있다.[40] 이는 국가가 전체로서의 국제공동체에 지고 있는 의무를 위반하였을 경우에 모든 국가는 특별한 손해를 입었음을 보여줄 필요 없이 손해배상청구를 할 수 있음을 의미한다.[41] 이 조항은 특히 환경위해와 관련하여 의미가 있는데 제902조 1항은 모든 국가는 침해국에 대하여 환경에 심각한 손해를 그치게 할 것을 요구할 수 있음을 의미하고 있기 때문이다.[42] 조문의 간원적(懇願的) 표현에도 불구하고, 이 규정은 모든 국가는 자국이 특별한 손해를 입었든 아니든 상관없이 환경에 심각하게 손상을 주는 국가에 대하여 구제를 추구할 수 있는 당사자지위를 가지고 있음을 의미하는 것으로 이해하여야 한다. 유사한 내용은 제602조 1항에도 규정하고 있다. 즉 "제601조의 위반에 대하여 다른 국가에 책임이 있는

40) Restatement(Third) of the Foreign Relations Law of the U.S.(1987), Section 902(1).

41) *Ibid.*, Commment *a*.

42) *Ibid.*

국가는 그 위반을 야기하는 활동을 방지, 감소 또는 종결하고 발생된 손해에 대하여 배상하여야 할 국가간 구제에 따라야 한다"고 규정하고 있다.43)

3. 국제환경법규상 제3국에 의한 구제

원래 전통적 국제법이론 아래서는 국제의무위반에 대한 구제는 자기의 권리에 직접적이고 유형적인 손해를 입은 국가들만이 추구할 수 있었다. 그러나 위에서 설명한 몇 가지 상황 아래서 국제관습법은 직접적이고 유형적인 손해를 입지 않은 국가도 법적 구제를 추구할 수 있는 당사자지위를 인정하고 있다. 이러한 제3국에 의한 구제는 표면상의 제3국도 실제로 특별한 피해국이라는 근거에 의해 정당화되는 것이다. 왜냐하면 직접적으로 입은 어떠한 유형적 손해가 없을지라도, 입은 손해가 법적 권리의 침해일 수도 있기 때문이다. 이러한 상황이 발생할 수 있는 의무는 '모든 사람에 대한 의무', 즉 대세적 의무로서 명시될 수 있다. 특히 다자조약의 모든 당사국은 당해조약상의 의무가 침해된다면 청구국에게 어떤 치명적인 것이 없을지라도 법적 손해를 입은 것으로 여겨질 수 있다. 또한 조약은 모든 국가에 대하여 강제할 수 있는 객관적 제도를 설정할 수도 있다. 그리고 법적 이익이라는 관념은 법규범의 위반을 구제하기 위하여 제3국에게 당사자지위를 갖는 것이 적합하다고 국제공동체가 여기도록 호소하는 법률상 의제(擬制: legal fiction)이다. 따라서 제3국에 의한 구제가 국제의무위반이 존재하는

43) Restatement(Third) of the Foreign Relations Law of the U.S.(1987), Section 602(1).

모든 경우에 이용 가능한 것은 아니다. 제3국에 의한 구제는 국제법상 정상적인 양자간 이행메커니즘이 비효과적이고 공동체이익이 다른 방법의 효과적인 이행메커니즘을 요구하는 경우에 이용 가능한 것으로 보인다.

그러한 상황은 다양한 경우에 발생할 수 있다. 그 대표적인 경우의 하나는 국제규범의 위반이 발생했는데도 특별한 피해국이 없는 경우에 발생한다. 예를 들면, 심각한 환경손해가 지구공유공간의 영역에서 발생되었을 경우이다. 이러한 영역은 모든 국가의 관할권 한계 밖에 있기 때문에 손해를 입은 개별적 국가영토나 재산은 있을 수 없다. 이런 경우에 특별한 손해가 구제의 전제조건으로 요구된다면 그러한 침해에 대하여 구제할 수 있는 당사자지위에 있는 국가는 아무데도 없다. 따라서 국제의무위반으로 지구공유공간의 환경에 심각한 손해가 존재한다면 모든 국가가 그러한 침해국으로부터 구제를 추구할 수 있는 당사자지위를 가질 수 있도록 하여야 한다.[44] 그러나 이러한 구제가 원칙적으로 인정되는 것이 아니기 때문에 그러한 구제에는 제한이 있다.

1) 지구환경보호를 위한 일반적 국제환경법규

지구환경의 보호와 보존문제는 지구환경에 손해가 발생한 경우 유형적이고 직접적인 손해를 입지 않은 제3국이 구제행위를 취할 수 있는 권리를 발생시킬 수 있는 세계공동관심사(interest of universal concern)의 하나이다. 특히 이것은 환경손해가 어떤 국가의 영토권이나 관할권에도 미치지 않는 지구공유공간에서 일어났

44) Brian D. Smith, *State Responsibility and Marine Environment*(Oxford: Clarendon Press, 1988), pp. 58-72; Allen L. Springer, *The International Law of Pollution* (London: Quorum Books, 1983), pp. 158-161 참조.

을 경우에 더욱 그렇다. 지구공유공간에서 환경사고로 인한 손해에 의해 특별히 피해를 입은 개별국가는 없다.[45] 국제환경법은 환경에 관한 기준이 일반적으로 국제공동체에서 승인된 경우에 그에 대한 위반에 대하여 취할 수 있는 구제방법에 관한 것을 발전시켜 왔다. 그래서 국제관습으로서 모든 국가를 구속하는 일반적 원리로서 간주될 수 있는 원칙이 나타나 환경규범으로 적용되고 있다. 이런 원칙 중에 가장 대표적인 것은 1972년 스톡홀름선언 원칙21이다. 즉 각국에게 "그들 국가의 관할권 내와 통제 아래의 활동이 다른 나라의 환경 또는 그들 관할권 한계를 넘어선 영역의 환경에 심각한 손해의 원인이 되지 않도록 보장할 책임"을 부과하고 있다. 이와 같은 원칙은 1992년 리우선언 원칙2에서도 나타난다. 또한 sic utere tuo ut alienum non laedas원칙에 의하면 한 국가는 다른 국가의 영토 내에 있는 사람이나 재산에 손해를 입히는 원인이 되는 행위를 삼가야 할 의무가 있다. 이러한 원칙은 국제관습법의 원칙으로서 폭넓게 인정되고 있다.[46]

스톡홀름선언은 몇 가지 중요한 국제사건에서 나타난 원칙을 명시화한 것이라고 볼 수 있다. 이와 관련 있는 대표적인 사례는 Trail Smelter사건의 중재판정으로, 한 국가는 자국의 국민에 의해서 행해질 수 있는 이른바 '해로운 활동'(injurious act)으로부터 다른 국가를 보호할 의무를 진다고 판결하였는데,[47] 이러한 내용은 국제환경법의 표준구(locus classicus)로 인용되고 있다. 그 후 Corfu해협사건과 Lanoux호사건 등에서도 국가가 타국의 환경에 영향을 미칠 수 있는 행위를 할 경우 피영향국의 이익을 충분히 고

45) G. Handl, "Territorial Sovereignty and the Problem of Transnational Pollution," *AJIL*, Vol. 69, 1975, p. 33.

46) 이에 대해서는 제4장 3절 3)에서 설명하였다.

47) Trail Smelter case(U.S. v. Canada), R. Int'l Arb. Awards(final decision), Vol. 3, 1941, p. 1965, *reprinted in AJIL*, Vol. 35, 1941, p. 716.

려하여야 한다는 점을 밝히고 있다. 미국의 대외관계법 리스테이트먼트도 이러한 판결에서 유지되었던 원칙을 구체화하여 제601조에 규정하고 있음을 이미 살펴보았다. 그런데 이 조항을 국가의 관행에 의해서 지지되지 않는 단순한 진보적 발전에 불과한 또 다른 표현이라고 보는 것은 옳지 않다. 이 조항은 Trail Smelter사건 이후 국제법학 및 환경관련 조약에서 계속하여 언급되고 있는 내용으로 국제관습법상의 일반원칙으로써 sic utere tuo ut alienum non laedas원칙을 간결하게 표현하고 있는 것으로 보아야 할 것이다. 국제법학자 중에는 국경을 넘는 환경오염은 이와 같은 국제관습법을 위반하는 것이라고 주장하는 자도 있다.[48] 다른 국가의 환경 또는 어떤 국가의 관할권을 넘은 지역의 환경에 심각하게 손해를 주는 일을 삼가야 한다는 요구로부터 각국은 국경을 넘는 환경손해를 방지하고 감소하는 데 협력하여야 한다는 원칙을 추론할 수 있다. 이와 같은 원칙이 스톡홀름선언 원칙22에 규정되어 있음을 이미 살펴보았다.

생각건대, 국제관습법은 모든 국가에게 다른 국가의 환경 또는 국가관할권을 넘어선 환경에 심각하게 손해를 주는 활동을 삼가고 이러한 목적을 보장하는 데 서로 협력하도록 의무를 부과하고 있다. 이러한 원칙은 국제관습법의 내용으로서 구속력이 있기 때문에 특별한 조약체제에 참가하고 있는 당사국뿐만 아니라 모든 국가를 구속한다. 더욱이 이러한 원칙은 공해, 우주공간, 남극 그리고 기타 지구공유공간의 일부인 영역에 적용가능하다.[49] 이러한 영역이 어떤 국가의 영토적 관할권 아래에도 있지 않다는 점을 근거로 내세

48) Note, "Development in Law: International Environmental Law," *Harvard Law Review*, Vol. 104, 1991, p. 1497.

49) Ved P. Nanda, "Stratospheric Ozone Depletion: A Challenge for International Environmental Law and Policy," *Michigan Journal of International Law*, Vol. 10, 1989, pp. 508-509.

워 이를 부정할 수 있으나, 국제관습법은 각국에게 국가관할권의 한계를 넘어선 영역의 환경을 보호하도록 의무를 부과하고 있기 때문에 이런 결론에 영향을 주지 못한다.

그런데 어떤 국가가 국제관습법을 위반하여 지구공유공간에 환경피해를 야기한 경우에 자국의 영토 또는 재산에 손해를 입는 국가는 있을 수 없다. 이렇게 되어 전통적인 국제법이론에 의하면, 그러한 국제의무위반에 대하여 구제를 청구할 수 있는 국가가 없게 된다. 그러나 이러한 결론은 받아들일 수 없으며, 그것은 국제공동체의 이익에도 반하는 것이다. 이러한 상황이 제3국에 의한 구제를 필요로 하는 것이다. 예를 들면, 모든 국가가 지구공유공간의 환경보호에 대해 가지고 있는 자신들의 법적 이익에 손해를 입었다고 간주되는 대세적 의무 아래서 그러한 구제가 정당화될 수 있다. 또한 이론적인 측면을 고려하지 않더라도 필요성에 의해 환경에 대한 국제관습법상 의무는 침해자에 대하여 구제행위를 취할 수 있는 국가의 권위를 발생시킬 것이다. 이러한 결론에 대한 지지는 앞에서 살펴본 바와 같이 미국의 대외관계법 리스테이트먼트 제601조에서도 나타난다. 즉 국가관할권 밖의 환경을 보호하기 위하여 국가의 의무를 설정한 다음 의무 위반 또는 그러한 위반으로 인해 발생하는 심각한 손해에 대하여 타국에 책임이 있음을 규정하고 있다.[50] 반면에 이러한 의무의 제3국에 의한 이행에서 고유한 문제에 따르면 제3국에 의한 구제의 제한은 제3국이 취할 수 있는 특정 행위를 제한하고 지시하는 작용을 한다고 보아야 할 것이다.

---

50) Restatement(Third) of the Foreign Relations Law of the U.S.(1987), Section 601(1).

2) 특별히 제3국 구제가 적용 가능한 국제환경법규

(1) 지구공유공간을 규율하고 있는 국제환경협약들

제3국이 이용 가능한 구제가 일반적으로 적용 가능한 국제관습법에서 유래한다고 하더라도 제3국에 의한 구제는 조약에 의해서 공식화되는 것이 중요하다. 조약은 환경보호와 관련 있는 실질적 기준을 설정할 수 있기 때문이다. 조약 당사국은 당해조약 또는 일반국제법의 조건에 따라 타방당사국에 의한 침해를 구제할 수 있는 권리를 갖는다.

조약은 또한 조약법상 제3국과 관련한 권리와 의무를 창출할 수 있다. 논쟁이 되기는 하지만 객관적 제도(objective regimes) 이론 또는 인류공동유산의 관념 아래서도 제3국의 권리와 의무를 생각할 수 있다. 지구공유공간의 환경보호문제를 다루고 있는 많은 조약체제(treaty regimes)가 존재한다. 그 예로써, 1959년 남극조약과 다른 남극관련 조약들 및 협의당사국단에 의해 채택된 많은 결의, 1982년 UN해양법협약상 공해와 관련한 규정 및 해양오염과 해양투기에 관한 관련 규정 그리고 기타 관련 협약들, 1967년 우주조약과 1979년 달조약 및 우주공간의 이용문제를 다루고 있는 조약들 등을 들 수 있다. 물론 이러한 조약들이 '모든' 국가에 적용될 수 있는 특별한 의무를 형성하였는가에 대하여 논란이 있다. 그러나 분명한 것은 제3국에게 조약상의 의무를 확대하고자 하는 자는 무거운 입증책임(burden of proof)을 져야 한다.

(2) 제3국의 권리와 의무를 규정하고 있는 국제환경협약들

원칙적으로 조약의 효력은 당사국에게만 미친다. 조약법에 관한 비엔나협약도 이 점을 분명히 하고 있다. 즉 "조약은 제3자를 해하지도 이롭게 하지도 않는다"라는 법언(法諺)에 입각하여 조약은 제3국에게 권리도 의무도 부과하지 않는다는 원칙을 규정하고 있다.[51] 이는 학설·관행 및 판례[52]에 의해 일반적으로 지지되고 있다. 그러나 예외적으로 일정한 조건에 따라 제3국에게 권리 또는 의무를 부과할 수 있다. 제3국에게 권리를 부여하는 경우에는 당해 제3국의 반대 표시가 없는 한 동의한 것으로 추정한다.[53] 역시 이 협약은 "조약 당사국들이 당해조약규정을 제3국에 대하여 의무를 설정하는 수단으로 의도하며, 또한 그 제3국이 서면으로 의무를 명시적으로 수락하는 경우에는 그 조약 규정으로부터 그 제3국에 대하여 의무가 발생한다"고 규정하고 있다.[54] 따라서 어떤 국제환경조약이 당해 당사국들에 의해 제3국에 대하여 환경보호의무를 설정하는 것을 의도하고, 제3국이 그러한 의무를 서면으로 수락한다면 그러한 환경의무는 제3국에게 구속력이 있게 된다. 따라서 제3국에게 자신이 당사자로 참가하고 있지 않은 조약으로부터 직접 지구공유공간의 환경보호와 관련한 법적 의무를 부과하는 것은 매우 어려운 일이다. 이에 비해 당해조약의 당사국들이 지구공유공간의 환경보호 법규를 위반한 경우에 조약규범을 이행할 수 있는 제3국의 권리를 설정하는 것은 덜 어려운 편이다. 즉 어떤 국제환경협약의 비당사국인 제3국에게 환경권을 부여하는 것이 환경보호의무를 부과하는 것에 비해 제3국의 동의를 확보하기가 훨씬 용이하다는 것이다.

예를 들어 보자. 남극조약체제상의 의무를 분석하여 비엔나협약

51) 조약법에 관한 비엔나협약 제34조.

52) PCIJ는 '상부사보이 및 젝스자유지역에 관한 사건'(Free Zones of Upper Savoy and District of Gex, Switzerland v. France, 1932)에서 이 원칙을 원용하였다 (PCIJ, Ser. A, No. 22, pp. 12-21).

53) 조약법에 관한 비엔나협약 제36조 1항.

54) 조약법에 관한 비엔나협약 제35조.

의 두 가지 요건에 맞추어 보면 제3국에게 적용 가능한 것이라 볼 수 있다. 첫째, 남극조약체제의 특정 규정은 객관적으로 표현되어 있고 제3국에 적용할 수 있도록 초안되었음이 나타나고 있다.[55] 둘째, 남극조약체제에 의해 구속되는 것에 동의하고 있는 제3국은 없는 반면에, 수많은 국가들이 남극조약체제에 의해서 발전된 원칙의 규범적 성격을 인정하고 있다.

(3) 인류공동유산 개념의 적용

해양법 분야에서 나타난 인류공동유산(common heritage of mankind)의 개념은 지구공유공간의 환경보존·보호와 관련 있는 환경규범의 제3자에 의한 실행에 대한 또 다른 특별한 근거를 제공한다고 볼 수 있다. 그러나 이 원칙이 국제법규범을 구성하는지 단지 정책목표를 나타내는 것인지에 대하여 논란이 되고 있다. 1994년 11월 16일 UN해양법협약이 발효되고 심해저제도가 국제사회에서 실행되고 있는 점이나 1967년의 우주조약과 1979년의 달조약이 발효되어 시행되고 있는 오늘날 인류공동유산개념은 국제규범으로 보아야 할 것이다.[56] 따라서 인류공동유산원칙은 일반규범으로써 공해, 우주공간 또는 남극[57] 등의 환경을 보호하는 데 법적 이익으로 각국에 의해 개별적으로 또는 집단적으로 승인되고 있다고 보아야 할 것이다. 그리고 지구공유공간의 환경에 대하여 이 원칙을 적용하는 것은 제3국에 의한 구제를 정당화하는 것이다. 또한 지구공유

55) 남극조약 제10조.

56) 1979년의 달조약 제1조는 우주조약 제1·2조를 보충하여 "달과 달의 천연자원은 인류의 공동유산이기 때문에 국가영유의 대상이 되지 않으며, 그 개발을 위해 국제체제를 수립한다"라고 규정하고 있다.

57) 1980년대 초반부터 남극에 대해서도 인류공동유산 개념을 적용하려는 시도가 말레이시아정부의 주도로 일부 국가들에 의해 제기되고 있다(김대순, 앞의 책(주 19), 733면).

공간에서 환경규범의 제3국에 의한 실행은 인류공동유산원칙에 반영되어 있는 목적을 이행하는 것이다

(4) 모든 국가를 구속하는 객관적 제도

국제법학에서는 오랫동안 어떤 특정한 조약 당사국들이 비당사국 입장에 대립하는 조약체제를 세워서 보편적으로 모든 국가에게 환경적 권리와 의무를 부과하는 객관적 제도(objective regimes)를 설정할 수 있는가에 대하여 논쟁하고 있다.

비당사국을 포함하여 모든 국가를 구속하는 객관적 제도를 설정하고 있는 조약은 당사국이든 아니든 모든 국가에게 의무를 부과한다. 즉 이러한 의무는 조약의 당사국뿐만 아니라, 제3자인 비당사국에게도 강제될 수 있다. 그러나 이러한 객관적 제도이론은 각국에 의해 이의 없이 승인된다는 조건 아래서 모든 국가에 대한 몇몇 국가의 입법권(legislative authority)을 가정하고 있다. 따라서 객관적 제도가 설정되어 있는 것으로 일반적으로 승인되고 있는 조약은 없다.

어떤 조약이 객관적 제도로서 효과를 추구한다면 그 조약은 몇 가지 기준을 만족하여야 한다.[58] 첫째, 객관적 제도를 설정하고자 하는 조약은 적용 가능한 지리적 영역을 정하고 있어야 한다.[59] 둘째, 체약당사국은 다른 국가의 권리를 침해하지 않는 방법으로 영토와 관련한 법적 권한을 포기하여야 한다. 셋째, 당사국들은 소수의 국가이익에 대립하는 모든 국가의 일반적 이익을 보장하는 추정적(putative)이고 객관적인 조약을 의도하여야 한다. 넷째, 당사국

58) Jonathan I. Charney, *supra* note 1, pp. 172-173.

59) 남극조약을 보면, 제6조에 이 조약의 적용범위를 남위 60° 이남으로 정하고 있어 이러한 조건을 충족하고 있다.

들은 조약당사국 이외에도 구속력이 있는 규범을 형성하는 조약을 의도하여야 한다.

위의 요소들이 객관적 제도 형성의 전제조건이지 그 자체가 객관적 제도는 아니다. 위의 네 가지 전제조건을 성공적으로 실행하고 있는 추정적이고 객관적인 조약은 제3국의 수락 또는 묵인(acquiescence)에 의한 경우에만 객관적 제도로써 효과를 가지게 된다. 이와 같이 객관적 제도의 형성은 조약법에 관한 비엔나협약체제 아래서 제3국의 권리와 의무를 창출하는 것과 같다.

예를 들면, 남극조약은 모든 국가에게 권리와 의무를 부여하고 남극조약협의당사국단(Antarctic Treaty Consultative Parties)에 의해 강제할 수 있는 객관적 제도를 만들어냈다고 주장하는 자도 있다.[60] 이에 대하여 반대 견해도 만만하지 않다.[61] 더구나 공해와 우주공간에서는 더욱 부정적이다. 왜냐하면, 그러한 영역은 범위를 확정할 수 없을 정도로 광범위할 뿐만 아니라 그런 영역에서 보편적 이익도 설정하기 어렵기 때문이다. 따라서 현재로는 이러한 조약들에 의해 설정된 지구공유공간의 환경보호와 관련 있는 규범은 아직은 객관적 제도이론의 기초에 관하여 비당사국에 의해 또는 비당사국에 대하여 강제될 수 없다고 보아야 할 것이다.

---

60) Robert D. Hayton, "The Antarctic Settlement of 1959," *AJIL*, Vol. 24, 1960, p. 366: Boleslaw Adam Boczek, "The Soviet Union and Antarctic Regime," *AJIL*, Vol. 78, 1984, p. 856. 이에 대하여 객관적 제도가 아니라고 논박하는 견해도 있다(Barnes, "Antarctic Regime and Third States," *Proceeding of ASIL*, 1979, p. 286).

61) 북해대륙붕사건(North Sea Continental Shelf cases)에서 남극조약은 기본적 규범을 창출하는 성질의 규정을 포함하고 있다고 보았다(ICJ Reports(1969), pp. 41-42). 남극조약 제5조를 보면 제3국에게도 적용될 수 있는 규정을 두고 있다(김정건(편저), 『국제조약집』(서울: 박영사, 1984), 173-174면).

4. 제3국에 의한 구제의 한계

국제의무위반에 대한 구제는 원칙적으로 피해국에 의해 제기되는 것이므로 제3국에 의한 구제는 그 범위와 정도에 의해 제한되어야 한다. 그러한 구제가 제한되지 않으면 남용으로 인한 혼란을 초래할 수도 있다. 그리고 제3국에 의한 구제를 인정하더라도 그러한 구제는 전통적인 손해에 적용되는 법규와는 달리 체계적인 측면에서 난점이 나타나게 된다. 이러한 난점은 다음과 같은 네 가지 측면에서 생각해 볼 수 있다.[62]

첫째, 소송당사자지위의 전제가 되는 전통적인 손해관념의 완화 또는 삭제는 각국에게 불합리하고 부당한 소송을 제기할 수 있는 여지를 제공한다.[63] 둘째, 피고국의 행위에 의해 특별한 손해를 입지 않은 국가가 취한 이행조치가 형벌의 성질을 가질 수 있다. 그런데 일반적으로 국제법상 징벌적 보복수단(punitive countermeasures)은 억제하고 있다.[64] 셋째, 소송당사자 지위를 인정할 때 특별한 손해를 전제조건으로 하지 않는 것은 억제(containment) 문제를 발생시킨다. 특별한 손해 없이도 구제소송을 제기할 수 있도록 하는 대세적 의무가 존재한다면 그러한 국제의무위반은 국제공동체에서 모든 국가를 피해국으로 만들 수 있다. 그렇게 되면 의무위반국 이외의 모든 국가가 각자 피고국을 상대로 구제를 호소할 수 있는 자격을 얻게 된다. 따라서 피고국은 자신의 국제의무 위반이나 침해에 비해 너무 불균형하게 구제조치의 대상이 될 수 있다.[65]

---

62) Jonathan I. Charney, *supra* note 1, pp. 157-158.

63) J. Akehurst, "Reprisals by Third States," *British Yearbook of International Law*, Vol. 41, 1970, pp. 15-17.

64) Jonathan I. Charney, *supra* note 7, pp. 87-88.

65) *Ibid.*, pp. 88-90.

넷째, 억제문제와 관련된 또 다른 문제는 피고국에 대하여 몇 개 국가가 개별적으로 청구소송을 제기함으로써 발생하는 혼란의 위험이다. 권리주장자가 다수 존재한다는 사실은 해결을 어렵게 만들거나 불가능하게 만들 수 있다.[66] 이와 같은 네 가지 위험은 제3국에 의한 구제방안이 바람직하지 못한 최악의 결과를 초래할 수 있음을 지적해 주고 있다.

따라서 제3국에 의한 구제의 어떠한 발동도 이러한 잠재적 난점을 피할 수 있도록 주의를 기울여 행해야 한다. 그러나 이러한 제도적 문제의 존재를 지적하는 것은 제3국에 의한 구제를 금지하는 근거가 되어서는 안 되고 단지 그 적용에서 주의할 점에 대하여 역설함으로써 제3국에 의한 구제를 제한하는 연결고리를 찾아내고자 하는 것이다. 제3국은 피고국에 대하여 취할 수 있는 조치를 선택할 때 신중하여야 한다. 그리고 특별한 손해를 입은 국가가 이용가능한 완전한 선택권은 제3국에게는 부여되어 있지 않다. 왜냐하면 제3국은 구제의 성질, 구제 방법, 구제 조건 등에 의해 제한되기 때문이다.[67] 다음에서 제3국에 의한 구제를 제한하는 내용을 고찰한다.

1) 국제법적 구제의 성질상의 한계

지구공유공간의 환경오염에 대하여 제3국에 의한 구제를 인정한다고 하더라도 이러한 구제가 원칙적으로 인정되는 것이 아니기 때문에 그러한 구제에는 제한이 있다. 제3국이 원인국가에 대하여 이행을 추구하는 국제법적 구제는 제3국에 의한 구제를 허용하는데 있어서 나타나는 위험을 피하기 위하여 그 성질상 제한될 수

66) *Ibid.*, p. 90.
67) Jonathan I. Charney, *supra* note 1, p. 158.

있다. 원래 피해국은 다양한 범위의 구제수단을 선택할 수 있다. 즉 국제법위반에 대하여 피해국은 다양한 구제수단을 이용할 수 있으며,[68] 이러한 구제는 의무적이거나 자유재량적일 수도 있다. 특별한 손해를 입은 국가가 이용 가능한 구제수단의 범위가 광범위한 데 비해 제3국이 이용 가능한 구제수단의 범위가 불확실하기 때문에[69] 그 선택권도 좁다는 것은 명백하다. 경우에 따라 다르지만, 제3국은 ICJ에 소송을 제기하거나 피고국에 보상을 청구할 지위에 있지 않은 경우가 대다수이다.[70] 다만 피해국의 구제수단 중에서 제3국은 발생된 손해에 대하여 행위국에 주의를 환기할 수 있고, 관세정책에 의한 보복조치를 행할 수 있으며, 외교적 항의를 할 수 있거나 또는 특별한 피해국과 협력하여 대응할 수 있을 것이다. 이와 같이 제3국에 의한 구제행위를 피해국에 비해 제한하는 것은 그 실행에서 고유하게 나타나는 약간의 위험성을 제거하는 역할을 한다. 또한 제3국이 이용 가능한 구제수단의 범위는 위반 상황에 따라 달리 정해진다. 그것을 결정하는 데 위반의 성질, 위반의 확정성, 이용 가능한 다른 구제방법의 존재 여부, 구제행위가 상황을 더욱 악화시킬 수도 있는 위험성, 위반이 국제공동체의 공

68) 피해국가가 이용 가능한 구제수단으로는 ① 침해로부터 국가의 정당한 이익을 보호하기 위하여 비무력적 방어조치를 취할 수 있는 권리, ② 피해에 대하여 주의를 환기시킬 수 있는 통지를 낼 수 있는 권리, ③ 손해를 야기한 국가에 대하여 외교적 항의(diplomatic protests)를 제기할 수 있는 권리, ④ 피고국의 동의 아래에 분쟁해결을 위해 제3자에게 문제를 부탁할 수 있는 권리, ⑤ 단독 또는 다른 국가와 협력하여 비중립적 보복(non-neutral countermeasures)에 착수할 수 있는 권리, ⑥ 관세정책에 의한 보복(retorsion)을 취할 수 있는 권리, ⑦ 보상(reparation)을 청구할 수 있는 권리, ⑧ 비무력적 복구(non-forceful reprisals)에 착수할 수 있는 권리, ⑨ 무력적 복구(forceful reprisals)에 착수할 수 있는 권리, ⑩ 무력적 자위(forceful self-defence)에 착수할 수 있는 권리 등이 있다(*Ibid.*, pp. 158-159).

69) P. Meron, "On a Hierarchy of International Human Rights," *AJIL*, Vol. 80, 1986, pp. 11-12.

70) I. Brownlie, *Principles of Public International Law*, 6th ed.(Oxford Univ. Press, 2003), p. 459.

공질서와 관련되어 나타날 수 있는 위험성 등을 고려하는 것이 필요하다.[71] 이와 더불어서 고려해야 할 사항은 위반 내용에서 제3국의 이익 범위이다. 그러므로 위반국(transgressor state)에 대하여 이용가능한 구제방법은 위의 요소가 어떻게 작용하느냐에 달려 있다.[72]

2) 제3국에 의한 구제를 집단적 조치로 제한하는 경우

제3국에 의한 구제를 집단적 결정에 의하여 행해지는 조치로 한정하는 것은 억제(containment)에 대한 필요와 가행사(spurious exercise)에 대한 우려를 없앨 수 있다.[73] 지구공유공간의 보호와 관련하여 국제의무위반 사건에서 관련 있는 국제공동체는 위반국에 대하여 어떤 조치를 취할 것인가를 결정할 것이다. 이러한 국제공동체는 권한을 가지고 현재 활동 중인 전지구적, 지역적 또는 전문적 국제기구에서 찾을 수 있다. 남극조약의 협의당사국단, 국제해사기구(IMO)의 회원국 및 유엔 회원국은 특정 상황에서 그러한 기능을 갖고 있다. 국제의무위반에 대응하는 데 집단적 의사결정과정은 국제법에 의해 지지되고 있다.[74]

하나의 사안을 놓고 국제공동체가 이렇게 집단적으로 행동하는 것이 바람직하기도 하지만, 반면에 이것이 모든 경우에 실행 가능한 것은 아니다. 그러므로 구제행위를 집단적인 것으로만 한정하는 것은 바람직하지 못하다. 오히려 집단적 이행수단은 이것이 진전되어 국제의무위반을 구제하는 것을 방해하지 않는 경우에만 이용되어야 한다. 구제행위를 취하는 것을 원하는 제3국은, 실행가능하다

71) Jonathan I. Charney, *supra* note 1, p. 159.
72) *Ibid.*
73) *Ibid.*, p. 160.
74) UN헌장, 국제해사기구협약, 남극조약 제10조 등이 대표적인 예이다.

면 첫 번째로 관련 있는 국제법정(international forum)에 문제를 가지고 가야 한다. 그래서 그 법정에서 소송이 불가능하다면 일방적 조치를 취할 수 있다. 그러나 그러한 노력이 결실이 없거나 극단적인 상황에서는 이상에 불과할 수도 있다.[75]

3) 제3국에 의한 구제를 국제공동체의 이익에 대한 침해로 제한하는 경우

전지구공동체가 이익을 향유하는 분야에서 야기된 손해에 대해서만 제3국에 의한 구제행위를 제한하는 것은 역으로 보면 제3국에 의한 구제의 행사를 제한하는 것을 의미한다. 그러한 지구공동체가 향유하는 이익이 이론적인 것보다 실질적인 것이라면 가장 좋다. 그래서 그러한 이익이 국경선을 초월하여 지구공동체가 공동으로 주장하는 이익에 영향을 주는 것이라면 가장 확실하다.[76] 예를 들면 공해, 우주공간 및 남극 같은 지구공유공간의 보호는 전지구공동체가 이익을 갖는 그러한 범주의 하나이다. 이러한 이익은 특히 그러한 영역의 환경보호와 보존에까지 확대된다고 보아야 할 것이다.

75) Jonathan I. Charney, *supra* note 7, pp. 97-98.
76) *Ibid.*, p. 93.

제 8 장

환경오염에 대한 국가책임체제의 개선방안

1. 의 의
2. 무과실책임의 도입과 입증책임의 전환
3. 국내적 구제완료와 외교적 보호권 행사의 보완
4. 사인의 피해구제 강화
5. 국제재판관할권의 확대

제8장 환경오염에 대한 국가책임체제의 개선방안

1. 의 의

국경을 넘는 환경오염피해에 대한 국제법적 구제에서 전통적인 국가책임이론을 적용하는 데에는 많은 한계가 있음을 이미 앞에서 살펴보았다. 여기서는 이러한 한계를 극복할 수 있는 몇 가지 개선방안을 제시하고자 한다. 전지구적인 환경문제에 직면한 국제공동체에서는 전통적인 국가책임이론에서 인정하기를 꺼렸던 무과실책임을 채택하고 있는 조약들이 늘어나고 있고, 국경을 넘는 환경오염으로 인한 손해의 입증을 용이하게 하려는 움직임을 보이고 있다. 또한 오염행위가 주로 사기업의 산업경제활동으로 인하여 발생하는 경우가 대부분인데, 이런 경우에 사기업의 환경오염행위가 그의 국적국에 귀속될 수 있는 기준을 완화하는 움직임도 나타나고 있다.[1] 예를 들면, 국제환경협약상의 환경보호의무에 자국의 관할권 내에서 또는 통제 아래에서의 활동이 다른 국가 환경에 피해가 발생하지 않도록 통제하고 감독할 의무가 포함되어 있기 때문에 설령 사기업의 산업활동에 의해 국경을 넘는 환경오염을 유발했을지라도 그것을 통제하지 못한 책임이 국가에게 귀속될 수 있는 법

1) 서철원, "국제법상 금지되지 않은 행위로 인한 환경피해에 대한 국가책임의 본질," 『세계화와 국제법의 역할』, 2002년 한국국제법학자대회 발표문, 대한국제법학회, 2002. 10, 52면.

적 근거를 마련하고 있다. 그리고 국경을 넘는 환경오염으로 피해를 입은 개인은 그 국적국의 외교적 보호권의 행사에 의존할 수밖에 없기 때문에 희생자 구제가 실효적이지 못하고, 환경오염규제에 상당한 역할을 하지 못하고 있는데, ICJ 같은 국제재판기구에 소송을 제기할 수 있는 당사자의 범위를 확대하는 일이 필요하다고 본다.[2)]

2. 무과실책임의 도입과 입증책임의 전환

국경을 넘는 환경오염에 대한 법적 보호문제에서 난점은 대부분 입증책임(burden of proof)의 문제이다. 국내사법상 불법행위로 인한 책임은 보통 과실 또는 예견 가능한 사고에 대한 부주의와 관련이 있다. 일반적으로 원고측은 피고측의 합리적 행위의 결여를 입증할 책임이 있다.[3)] 즉 전통적인 과실책임론에 의하면 오염원인국의 과실을 주로 오염 피해국인 원고측에서 입증하여야 한다. 그러나 최근에 각국의 국내사법에서 과실이나 부주의에 상관없이 본질적으로 합리적인 행위임에도 책임을 수반하는 경우가 나타나고 있다. 이러한 유형의 책임이 바로 엄격책임 또는 위험책임이고, 이것은 대개 극히 위험한 행위로 야기된 권리침해와 재산에 발생시킨 위험의 결과로 나타난다.[4)] 이런 경우 심지어 피고가 모든 적

---

2) 최근에 '생태학적 법학'(Ökologische Jurisprudenz)에 대한 논의가 다양하게 제기되어 환경입법에서 인간중심적 사고에서 벗어나 자연의 법주체성을 인정하여, 환경소송절차에 당사자로 참가할 수 있도록 하자는 주장이 나타나고 있다. 이에 대하여는 강희원, "법의 녹색화와 녹색법학," 『법철학과 사회철학』 제4집, 법 및 사회철학 한국학회, 1994, 93-163면 참조.

3) J. Brunnée, *Acid Rain and Ozone Layer Depletion*: International Law and Regulation (New York: Transnational Publishers, 1988), p. 117.

4) 김형배, "위험책임론," 『민법학의 회고와 전망』, 민법전시행 30주년 기념논문집,

절한 주의를 다하였을지라도 책임이 있다.[5] 또한 과실에 대한 입증책임을 원고로부터 피고의 부담으로 이전하는 입증책임의 전환(reversal of burden of proof)이 각국의 입법조치와 법원의 판결에 의해 인정되고 있다. 만약 각 당사자가 권리를 추정할 수 있는 사실들을 주장 및 증명해야 한다는 입증책임의 일반적 규정에 따른다면, 국가가 침해당했다고 생각하는 권리의 존재를 입증해야 할 어려운 상황에 부딪힐 수도 있다. 피해국(원고)측이 그 피해사실을 입증해야 한다는 입장은 Lotus호사건[6]에서도 언급되었다. 그러나 환경손해의 경우에 피해국이 실제로 그 원인행위가 위법임을 증명해야 한다면 그것은 피해국에게 부당하게 부담을 주게 되어 손해배상책임의 이행은 물론 피해자구제를 어렵게 한다. 따라서 사실의 추정 또는 과실의 추정을 통하여 입증책임을 전환하는 것이 환경보호를 위한 더욱 유효한 방법이 될 것이다.[7] OECD도 요구하였듯이 환경오염에 대한 배상책임에서는 입증책임을 전환하여야 한다.[8] 그런데 입증책임의 전환에서 특별한 난점은 오늘날 점차 증가고 있는 생활방해(nuisance 또는 임미시온(Immission))[9]의 대부분의 경

민사법학회, 1993, 773-807면 참조.

5) J. Barros & D.M. Johnston, *The International Law of Pollution*(London: Collier Macmillan, 1974), p. 20.

6) Lotus case, France v. Turkey, 1972, PCIJ Reports, Ser. A, No. 10, *reprinted* in D.J. Harris, *Cases and Materials on International Law*, 4th ed.(London: Sweet & Maxwell, 1991), pp. 253-262.

7) Karl Zemanek, "State Responsibility and Liability," in W. Lang & H. Neuhold & K. Zemanek(eds.), *Environment Protection and International Law*(London: Graham & Trotman, 1991), pp. 192-193.

8) A. Rest, "Responsibility and Liability for Transboundary Air Pollution Damages," in C. Flinterman, B. Kwiatkowska & J. G. Lammers(eds.), *Transboundary Air Pollution: International Legal Aspects of the Co-operation of States*(Dordrecht: Martinus Nijhoff Publishers, 1986), pp. 332-333.

9) 미국법의 nuisance는 독일법의 Immission과 비교되고 있다. 독일법상Immission은 물권법의 일부로 논의되고 있고, 미국법상의 nuisance는 불법행위법(tort law)의 일부로 논의되고 있다. 생활방해(nuisance)는 사적 생활방해(private

우에 나타나는 기술적이며 과학적인 문제들로 구성되어 있는 입증의 문제이다. 그래서 환경오염에서 과실의 범위에 관한 한 일응(*prima facie*[10]) 증거는 종종 피해국에 유리하다고 볼 수 있다.[11] 그런데 각국은 국가주권을 내세워 엄격책임을 인정하는 것을 꺼리기 때문에 행위국에 귀속될 수 있는 과실 정도는 보상의 성질과 보상액을 결정하는 데 영향을 미치는 것에 그쳐야 한다.[12]

물론, 조약을 통해서 조문에 의해 지정된 국가에게 책임을 지게 함으로써 인과관계를 증명하는 문제를 극복할 수 있다. 예를 들면, 앞에서 언급된 바 있는 우주물체로 인하여 지구환경에 발생된 손해를 다루고 있는 국제조약들에서 우주공간에 물체를 발사한 국가에게 그로 인하여 발생하는 손해에 대하여 절대책임을 지도록 하고 있는데, 이런 경우 입증책임의 어려움이 극복되게 된다. 더구나 이런 조약들은 문제가 된 물체가 개인 또는 사기업에 의해 발사되었더라도 그 발사국에 책임을 지도록 하고 있기 때문에 입증책임의 문제는 없다고 볼 수 있다. 이렇듯 특히 '고도로 위험한 활동영역'에서는 무과실책임 또는 절대책임을 인정하여 입증책임의 문제를 극복하는 방향으로 국제환경조약이 준비되어야 할 것이다.

또한 국경을 넘는 환경오염을 유발하는 행위가 사인, 특히 다국

---

nuisance)와 공적 생활방해(public nuisance)가 있다. 사적 생활방해는 다른 사람의 토지이용 및 수익을 부당하게(unreasonably) 침해하는 행위를 의미한다. 사적 생활방해는 토지 소유권에 부수되는 권리의 침해를 주장하는 점에서 기본적으로 토지이용과 관련된 불법행위이다. 이에 비해 공적 생활방해는 일반적으로 정부가 공공의 권리를 부당하게 침해하는 자에 대하여 갖는 보통법(common law)상의 청구원인이다. 이에 따라 정부는 공공용수나 대기를 오염시키는 자를 상대로 소송을 제기할 수 있다(Jeffrey M. Gaba, *Environmental Law*, 2nd ed.(West Group, 2001), 김형진(역), 『미국환경법』(서울: 형설출판사, 2005), 57-58면).

10) *prima facie*란 반증에 의하여 번복될 때까지는 일단 옳다 또는 합리적이다, 진실이다는 등으로 추정된다는 뜻이다.

11) A. Rest, *supra* note 8, p. 333.

12) *Oppenheim's International Law*, 9th ed.(Harlow, Longman, 1992), p. 509.

적기업에 의해 행해지는 경우가 많은데도, ILC가 2001년 12월 최종 채택한 '국제위법행위에 대한 국가책임에 관한 규정초안'의 원칙적인 입장을 환경오염분야에도 그대로 인정하는 것은 합리적이지 못하다. 이 초안에는 일반적으로 국가는 사인의 행위에 대하여 책임이 없다고 규정하고 있으나 이를 환경오염문제에서도 그대로 승인하는 것은 옳지 않다.[13] Trail Smelter사건의 중재판결과 스톡홀름선언 원칙21 등에서 나타난 바 있는 원칙이 구속력 있는 국제조약에 명문화되는 것이 필요하다. 즉 한 나라의 영토가 다른 국가에게 환경피해를 주는 활동을 지원하는 데 이용되었거나 또는 그 국가의 통제 아래에서 다른 국가에게 환경피해를 야기하는 활동이 발생한 경우에는, 설령 국가의 행위가 아닐지라도 그 국가에 책임이 귀속됨을 규정할 필요가 있다.[14]

3. 국내적 구제완료와 외교적 보호권 행사의 보완

전통적인 국제법에 따르면, 체류국에서 불법적인 환경손해를 입은 개인은 먼저 그 국가 내에서 국내적 구제를 추구하고, 이것이 성공하지 못하면 자기의 국적국을 통한 외교적 보호(diplomatic protection)에 의해서만 손해를 야기한 오염원인국에게 손해배상을 요구할 수 있다.[15] 즉 피해를 입은 개인의 국적국 정부는 피해를 준 행위가 발생했던 영토국에 대하여 국제청구, 즉 외교적 보호권

13) A. Kiss & D. Shelton, *International Environmental Law*(New York: Transnational Pub., 1991), p. 353.
14) *Ibid*., p. 354.
15) *Ibid*., p. 357.

을 행사할 수 있다. 여기서 문제는 국제법상 외교적 보호권은 단지 국내법적 구제의 완료(exhaustion of national legal remedies) '후'에만 행사할 수 있다는 점이다. ILC는 이러한 요건을 폐지하는 데 찬성하였다.[16] 그 이유는 두 가지가 있다. 첫째, 환경오염피해를 입은 국가는 직접적으로 영토보전의 침해를 당한 것이고, 둘째, 피해를 입은 개인은, 외교적 보호권 행사의 전통적인 경우와 달리, 원인국가의 영토 내에서 거주하면서 그 국가와 특별한 관계를 맺고 있지 않고, 피해국의 영토 내에 있다는 이유에서이다. 전형적인 경우에 국제위법행위로 인한 손해발생은 행위국의 영토 내에서 발생한다. 그러나 국경을 넘는 환경피해의 경우에는 보통 오염행위가 행위국의 국경선 밖에 있는 개인을 침해하게 된다. 피해가 발생한 지역에 있는 것들은, 그것이 사적 재산이든 공적 영역이든, 대부분 오염행위국의 영토 밖에 있다. 그렇다면 당연히 청구국은 오염행위에 의해 침해된 영토주권을 보호하기 위하여 직접 소송을 제기할 수 있다고 보아야 한다.[17] 그래서 피해를 입은 개인이 청구국에서 외국인일 수도 있고, 심지어 피청구국의 국적을 가지고 있을 수도 있다. 따라서 환경오염에 대한 손해배상을 요구할 때 피해국은 피해를 입은 개인이 그 국가의 국민이냐 아니냐하는 점보다는 그 영토와의 관계에 따라 외교적 보호권 유무를 결정하여야 할 것이다.

또한 외교적 보호권은 국가의 권리이기 때문에 개인은 직접 행사할 수 없고, ICJ의 인적 관할도 국가에 한정하고 있기 때문에 사실상 피해를 입은 개인이 외국을 당사자로 손해배상소송을 제기한다는 것은 어렵다. 따라서 환경오염으로 인하여 피해를 입은 개인이 자신의 국적국을 통하여 구제를 받는 외교적 보호권 행사요건을 보완하는 국가책임제도가 필요하다.[18] 국내법적 구제의 완료를

16) A. Rest, *supra* note 8, p. 334.

17) A. Kiss & D. Shelton, *supra* note 13, p. 357.

요구하고 있지 않는 조약의 예로는 1972년 '우주물체로 인한 손해에 대한 국제책임에 관한 협약' 제11조가 있다. 이것은 국제법상 외교적 보호절차가 피해를 입은 개인에 대한 충분한 법적 안전장치를 결여하고 있다는 사실에서 고려된 규정으로서, 개별적인 국제환경협약에서 국경을 넘는 환경오염으로 인한 피해를 구제하기 위한 방법으로 명문화하는 것을 적극 고려할 필요가 있다.

4. 사인의 피해구제 강화

환경오염피해에 대한 강제적인 국가책임을 부과하고 있는 조약이 없는 한 환경자원은 개인의 권리보호방법을 통해서 보호될 수 있을 것이다. 그러나 여기서도 국내민사법에서 유래한 환경오염피해에 대해 전통적인 불법행위에 대한 책임법이 피해를 입은 개인을 적절하게 보호할 수 있는지 의문이 생긴다. 비록 상린관계에 관한 민사법이나 불법행위법이 방어(defence)와 배상 가능성을 충분히 제공한다고 해도 이런 사법상의 책임소송은 적용범위가 한계를 갖게 되므로 국경을 넘는 환경피해의 경우에는 이런 소송을 국제화하는 새로운 방법을 모색해야 한다. 그런데 이것은 국제사법(國際私法)상의 방법이 적당한지 또는 개인 보호를 향상하기 위한 새로운 수단을 국제법에서 찾는 것이 더 적합한 것인지 의문이 생기게 한다. 이러한 맥락에서 개인에 대한 보호는 피해자인 당사자의 지위와 소송권을 폭넓게 개선하는 방식을 통해 실체법과 절차법의 양 영역에서 적용범위의 확대를 꾀하고 있다. 그런데 이에 대한 각

18) A. Rest, *supra* note 8, p. 334.

국 국내법규정들 사이의 긴장관계와 충돌 가능성이 나타날 수 있는데, 이는 궁극적으로 국제법을 통해서만 해결될 수 있을 것이다. 그러나 국제법은 체계상의 이유로 개인보호를 국적국의 외교적 보호권 행사에 의하도록 하고 있는 엄격한 종속성(mediatization)의 원칙에 묶고 있다는 것이 문제이다. 그러나 각국은 국가간의 협력을 통하여 자국 국민을 보호하는 방법에 높은 관심을 보이고 있는데, 이것은 대표적으로 인권관련 조약들을 통하여 성과를 얻은 바가 있다. 그래서 이러한 새로운 경향이 지구의 환경보호분야에서도 인정될 수 있는가 하는 문제는 장래에 지구환경보호뿐만 아니라 오염희생자구제에서도 상당히 중요한 역할을 할지에 대한 판단근거가 될 것이다.

다른 국가에서 발생한 환경오염으로 인해 피해를 입은 개인에 대한 각국의 국내적 구제절차상 현실적으로 외국인인 피해자에게 적절한 구제방법을 제공하기가 어렵기 때문에 국제적 차원의 구제절차 마련이 절실하게 요구된다. 먼저 개별적인 국제환경협약에 의무적인 국가책임조항을 두고 있지 않은 경우에는 환경보호를 위해서 개인의 권리보호를 강화하는 것도 국경을 넘는 환경오염에 대한 책임을 이행하는 하나의 방법일 수 있다. 보통 양자간에 체결되는 계약적 조약[19](contractual treaty)은 별개로 하더라도, 국제법상 개인의 권리보호를 위한 국제사회의 더 많은 노력을 요구하는 국제기구의 선언, 권고 그리고 결의 등이 나타나고 있다. 예를 들면, 스톡홀름선언 원칙22에는 "각국은 오염희생자에 대한 보상과 책임

---

19) 계약적 조약이란 당사자의 이해관계가 상호 대향하는 의사표시를 내용으로 하며, 당사자간의 급부와 반대급부, 즉 권리의무가 쌍무성을 띤 조약으로 보통 특별조약이 이에 해당한다. 이러한 조약과 대비되는 조약으로 국제법상 가치와 비중이 있는 것은 입법조약(law-making treaty)이다. 이에 대해서는 *Oppenheim's International Law, supra* note 12, pp. 1203-1206; Gerhard von Glahn, *Law Among Nations*, 5th ed.(New York: MacMillan Publishing Co., 1986), pp. 16-17 참조.

에 관한 국제법의 더 나은 발전을 위해 상호 협력해야 한다"고 규정하고 있다. 또한 리우선언 원칙13은 "각국은 환경오염이나 기타 환경손해의 피해자에 대한 책임과 보상에 관한 국내법을 발전시켜야 한다"고 규정하여 오염희생자를 보호하기 위한 국제법의 발전뿐만 아니라 각국의 국내법을 발전시킬 것을 선언하고 있다. 더 나아가 리우선언 원칙10에서는 각국에게 개인의 피해구제와 보상 등 사법(司法) 및 행정절차에 효과적으로 접근할 수 있게 할 것을 규정하여 오염희생자가 오염원인국에서 적절한 피해구제를 받을 수 있도록 하고 있다. 특히 OECD는 오염희생자의 내·외국인 여부에 따른 불공평한 대우를 줄이는 데 큰 공헌을 해왔다. 모든 OECD문서가 법적 구속력이 있는 것은 아니지만 궁극적으로 국제법의 형성과 발전에 영향을 주는[20] '연성법'(soft law)으로 외관을 갖추고 있으며, 국가관할권 내에서 비내국인의 법적 보호에 관하여 상당히 단호한 표현을 담고 있다.[21] 대기오염분야의 전형적인 모델 조약으로서 1974년 '덴마크, 핀란드, 노르웨이와 스웨덴 간의 환경보호협

---

20) OECD의 문서가 국제법의 형성과 발전에 영향을 주었다는 점에 대해서는 D.J. Harris, *supra* note 6, pp. 65-66 참조.

21) 예를 들면, 1974년 '국경을 넘는 오염에 관한 원칙에 대한 권고,' 1976년 '국경을 넘는 오염과 관련하여 동등한 액세스권(equal right of access)에 관한 이사회 권고,' 그리고 1977년 '무차별과 동등한 액세스권에 관한 제도의 이행을 위한 권고' 등이 이러한 내용을 담고 있다. 특히, 1977년 '무차별과 동등한 액세스권에 관한 제도의 이행을 위한 권고'는 보상 또는 배상문제의 관점에서 실체법과 절차법의 양 측면에서 외국인과 내국인의 동등한 대우를 다루고 있다. 그래서 이 권고 표제B(개인의 법적 보호)의 보충조항 4에 "a) 원인국은 국경을 넘는 오염으로 인한 손해를 보았거나 또는 국경을 넘는 오염의 심각한 위험에 노출된 모든 사람에게 원인국에서 적어도 필적할 만한 상황에서의 국내적 오염의 경우에서 동일한 상황과 지위의 사람에게 제공되는 정도의 동등한 대우를 받을 수 있음을 명확히 해야 한다. b) 절차적 관점에서 이러한 대우는 국내오염의 방지 또는 감소 그리고 발생된 손해에 대한 보상을 획득하기 위하여 원인국내에 존재하는 모든 사법적·행정적 절차에 참가 또는 호소할 수 있는 권리를 포함한다"라고 규정하고 있다(A. Rest, *supra* note 8, pp. 321-322).

약'은 사인보호를 우선적으로 취급하고 있다. 손해를 입은 개인(사인)에게 이 조약의 당사국인 다른 국가에 소송을 제기하여 배상을 받아낼 수 있도록 하고 있다. 또한 지금까지 다른 조약에서 포함시키지 않은 내국인과 외국인의 동등한 대우(equal treatment)를 내용으로 하는 무차별원칙을 제도화함으로써 개별적 사인의 보호를 위한 새로운 골격을 처음으로 규정하고 있다. 이 협약 제3조 1항에는 절차법영역에서의 내국인과 외국인의 동등한 대우를 다음과 같이 규정하고 있다.

> 다른 체약당사국의 환경적으로 해로운 활동으로 야기된 생활방해(nuisance)로 영향을 받거나 받을 수 있는 모든 사람은 손해를 예방할 수 있는 조치를 포함한 그러한 행위의 허용성의 문제에 대하여 특정의 법원 또는 행정당국에 제기할 권리를 가지며, 법원 또는 행정당국의 결정에 대해 그 행위들이 실행된 법적 실체로써 동일한 범위와 기간에 상소할 수 있는 권리를 갖는다.

또한 손해에 대하여 적용 가능한 실체법과 관련하여 각국의 국내법을 조화롭게 하고자 의도하고 있는데, 이 협약 제3조 2항은 다음과 같이 규정하고 있다.

> 1항의 규정은 환경적으로 해로운 활동으로 야기된 손해를 배상하는 것과 관련하여 동등하게 적용되어야 한다. 보상문제는 행위가 행해진 국가의 보상법규보다 피해당사자측에 불리한 법규에 의해 판단되어서는 안 된다.

피해자측에 더 유리한 법이 각각의 개별적 사례에서 동일하게 적용된다면 이 규칙은 최상의 해결책이 될 수 있는데, 이 규칙은 뛰어난 방법으로 국제저촉법(international conflict of law)들을 보충할 수 있으며, 나아가 국제저촉법들을 대신할 수도 있을 것이다.[22]

또한 UNEP도 국제법이 환경보호분야에서 개인의 보호를 보장하는 방향으로 발전해야 함을 지지하고 있으며,[23] 오염희생자 개인이 배상받을 수 있는 가능성을 인정하고 있는 대표적인 법적 문서인 UN해양법협약은 제235조 2항에서 "각국은 그들 관할권 아래에 있는 자연인 또는 법인에 의한 해양환경오염으로 인한 손해에 관하여 법제도에 따라 신속하고 적절한 배상 또는 다른 구제를 위한 상환청구(recourse)가 이용 가능하도록 보장하여야 한다"라고 규정하고 있다.

2001년 '위험한 활동으로부터 야기되는 국경을 넘는 손해의 방지에 관한 규정초안' 제15조는 '비차별'(non-discrimination)이라는 제목 아래에 "국가는 심각한 국경을 넘는 손해의 위험에 노출될 수 있거나 노출되고 있는 사람들(자연인 또는 법인)에게, 보호를 구하기 위한 사법절차나 기타 절차에 대한 접근 또는 기타 적절한 구제에 대한 접근을 그 국가의 법체계에 따라 허락함에 있어, 국적이나 거주지 또는 침해가 발생할지도 모르는 장소를 기초로 하여 그들을 차별대우해서는 안 된다"라고 규정하고 있다. 이는 기원국에

22) Rest는 이와 같은 규정의 출현은 스칸디나비아국가 법체계의 특별한 동질성을 바탕으로 가능한 것이기 때문에 이 같은 협정이 미래의 국제환경협정의 모델로 전환될 수 있을지는 의문시된다고 주장한다(*Ibid*., p. 320).

23) UNEP는 '2개국 또는 그 이상 국가들에 의해 공유되고 있는 자연자원의 보존과 조화로운 이용에서 각국에 대한 지침을 위한 환경분야에서의 UNEP의 행위원칙'(UNEP Draft Principles of Conduct in the Field of the Environment for the Guidance of States in the Conservation and Harmonious Utilization of Natural Resources Shared by Two or More States)의 원칙14에서 "각국은 그들의 법제도 및 그들이 합의한 기본원칙에 따라서 공유자연자원의 이용으로 발생한 환경피해를 입었거나 영향을 받을 수도 있는 다른 국가 사람에게 동일한 행정 및 사법절차를 통하여 동등한 접근과 대우를 제공할 수 있도록 노력해야 하고, 영향을 받았거나 받을 수도 있는 그들 관할권 내의 사람들에게 이용 가능하게 하며, 구제방법을 동등하게 이용 가능하게 하여야 한다"라고 하고 있다.

서의 활동으로 영향을 받을 가능성이 있는 다른 국가 사람들에게 기원국 내에서 동일하게 영향을 받을지도 모르는 기원국 국민과 동일하게 대우받을 권리를 부여하고 있는 것이다.[24)]

환경오염으로 인한 피해자 개인의 구제와 관련한 내용을 종합해 보면, 피해자 개인의 배상청구와 관련하여 내국인과 비내국인을 동등하게 대우하고, 비내국인이 관련 구제절차에 참가할 가능성과 관련하여 국제적 차원에서 개인의 권리보호를 강화할 것을 강조하고 있다고 말할 수 있다. 그리고 여기서 비차별원칙은 국제관습법상의 원칙으로 나타나고 있다고 볼 수 있을 것이다. 다만 개인의 보호를 강화하는 내용을 실정국제법으로 법전화하는 작업이 더욱 진전되는 것이 바람직하다.

5. 국제재판관할권의 확대

현재 국제재판은 국제환경분쟁의 해결에서 제한적인 역할밖에 수행하지 못하고 있다. 그 이유 중에 하나는 현재 ICJ를 비롯한 대부분의 권리구제기관은 국가에게만 당사자능력을 인정하여 개인의 소송능력을 배제하고 있기 때문이다. ICJ 같은 국제재판기관들은 국가에게만 제한적으로 소송당사자 자격을 인정함으로써 환경규범의 강력한 옹호자이며 실제적인 집행자인 비정부간환경기구, 민간환경단체나 환경운동가 개인이 그들의 주장을 ICJ에 직접 제기할 수 없다. 환경오염으로 인한 일차적 피해자는 거의 개인임에도 이들을 국제재판에 의한 구제를 실행할 수 있는 당사자지위에서 배제시킴

---

24) ILC Report(2001), p. 428.

으로써 환경오염의 책임이 있는 국가에 대한 철저한 책임부과가 이루어질 수 없었고, 이것이 결과적으로 환경오염을 방지하지 못하는 한 원인이 되고 있다.

오늘날 국제사회는 주권적 이익의 대립으로 국제법의 실효성 확보에 어려움이 없는 것은 아니지만 그래도 국제사회에서 발생하는 분쟁을 국제법을 통해서 해결해 나가는 것이 바람직하고 국제법이 지향하여야 할 발전 방향이다. 최근 국제사회는 "과학과 기술의 발달로 인하여 국가간의 상호의존성(interdependence of states)이 증가하고 있으며, 이러한 상호의존성은 국가들의 개별성에 기초한 국제법이 적합하지 않다는 점을 부각시키고 있다"[25]고 지적한 바가 의미하듯이 국제사회에서 발생하는 분쟁에 대한 해결도 ICJ가 중심적 역할을 할 수 있도록 ICJ의 권한을 확대하고 강화해 나가야 한다. 그 방법은 첫째 ICJ의 강제관할권을 확대하는 것이다, 예를 들면, UN에 가입하고 있는 모든 회원국은 의무적으로 선택조항을 수락하게 하는 방법을 생각할 수 있을 것이다. 둘째는 ICJ에 소송을 제기할 수 있는 당사자의 범위를 국가에만 제한하지 않고 사안에 따라 제한적으로 국제기구에게뿐만 아니라 개인에게까지 확대하는 것이다. 즉 ICJ에 소송을 제기할 수 있는 당사자의 범위를 확대하는 것이다. 특히 지구의 환경보호를 위해서는 특정한 국제환경기구에 소송당사자능력을 인정하는 것을 생각해 볼 수 있을 것이다.

---

25) Manfred Lachs, "Thoughts on Science, Technology and World Law," *AJIL*, Vol. 86, 1992, p. 680.

제 9 장

환경오염예방을 위한 절차적 의무

1. 절차적 의무의 등장
2. 환경영향평가의무
3. 통지 및 정보제공의 의무
4. 협의의무
5. 절차적 의무에 대한 비판적 검토

제 9 장 환경오염예방을 위한 절차적 의무

1. 절차적 의무의 등장

환경문제는 다른 법 영역에서와 같이 행위의 결과에 대한 책임을 부과하는 것보다 그러한 오염행위가 발생하지 않도록 사전에 예방하는 것이 더 중요하다. 환경은 일단 훼손되면 원상회복이 불가능하거나 원상회복되기 위해서는 장기간이 필요하다. 그렇기 때문에 국제환경책임제도가 지구환경문제의 해결에 효과적이지 못하다는 지적을 받는다. 오늘날 환경법이 배상이나 보상문제보다 예방이나 협력에 더 무게를 두고 있는 것도 이러한 인식을 바탕으로 하고 있는 것이다.

환경은 일단 한번 파괴되면 원상회복이 거의 불가능하기 때문에 환경문제에 효율적으로 대처하기 위해서는 환경오염에 대한 사전예방이 매우 중요하다. 이러한 인식을 바탕으로 심각한 환경피해를 예방하고[1] 국가책임제도에 고유한 대립적 소송절차를 피하기 위한 노력[2] 속에서 국제법전문가들은 환경피해가 발생하기 전에 피해를

1) 전(前)UNEP전문가 Sand는 "책임을 기초로 하고 있는 전통적인 사법심사기능은 당해사실의 발생 '후'에만 개입한다는 점과 너무 늦어 개선책을 취할 수 없는 단계에 이르기 전에 예방적인 환경규제가 필요함이 명백하다"고 주장하였다(Peter H. Sand, "International Cooperation: The Environmental Experience," in J. Mathews(ed.), *Preserving the Global Environment*, 1991, p. 275).

2) Schneider는 "국제적인 노력의 중심적인 방향은 잠재적 갈등이 적대적 대립으로 나타나기 전에 해결하는 방향이어야 한다"라고 주장하였다(J. Schneider,

방지하기 위하여 고안된 국가행동원칙을 발전시켰다.[3)4)] 즉 국경을 넘는 잠재적인 환경피해를 평가할 의무와 다른 국가에 위험한 활동을 통지할 의무를 포함하는 절차적 의무(procedural obligation)가 국경을 넘는 환경오염에 대응하는 법적 수단으로 나타나고 있다.[5)] 최근 국경을 넘는 잠재적인 환경위험을 평가하고, 잠재적으로 그러한 위험의 영향을 받는 국가에 통지할 의무를 국가에게 부과하고 있는 조약을 비롯한 구속적 문서의 확산은 소급적 해결방식에서 벗어나 절차적 요구라는 새로운 제도를 통한 예방적 해결방식을 향한 움직임을 보여주고 있는 것이다.[6)]

전통적인 국제법상 국가책임이론은 실체적인 1차적 법규위반의 결과에 대하여 사후에 책임이라는 2차적 법규인 절차적 규범이 적용되는 것이다. 즉 국경을 넘는 환경손해가 발생한 경우에 그 결과에 국가책임이 적용되는 것으로 인식하였다. 그러나 이러한 전통적

World Public Order of Environment(Toronto: University of Toronto Press, 1979), p. 197).

3) Peter H. Sand, *supra* note 1, p. 274; Cooper 교수는 "국가계획수립단계에서의 '치명적' 영향에 대한 자각과 고려는 확실히 건전한 계획을 수립할 수 있게 하며, 국제분쟁을 피할 수 있게 할 것이다"고 주장하였다(Catherine A. Cooper, "The Management of International Environmental Disputes in the context of Canada-United States Relations: a Survey and Evaluation of Techniques and Mechanism," *Canadian Yearbook of International Law*, Vol. 24, 1986, p. 296).

4) J. Brunnēe는 이와 같은 움직임에 대하여 "국제환경법이 결과에 대한 반응이라는 접근방식에서 예방적 접근방식으로 이동했다"고 주장하고 있다(J. Brunnēe, *Acid Rain and Ozone Layer Depletion: International Law and Regulation*(New York: Transnational Publishers, 1988), p. 4).

5) Xue Hanquin, *Transboundary Damage in International Law*(Cambridge: Cambridge University Press, 2003. pp. 165-174; Phoebe N. Okowa, "Procedural Obligation in International Environmental Regime, "*The British Yearbook of International Law*, Vol. 67, 1996, pp. 277-278; Note, "Development in Law: International Environmental Law," *Harvard Law Review*, Vol. 104, 1991, p. 1493.

6) John H. Knox, "Assessing the Candidates for a Global Treaty on Transboundary Environmental Impact Assessment," *New York University Environmental Law Journal*, Vol. 12, 2003, pp. 153-155.

인 접근방식에 대하여 국제법전문가(publicist)들은 이의를 제기하고 있다. 손해가 발생한 '후'에 그 결과에 대하여 국가책임을 적용하는 것은 국제적인 환경보호를 위하여 요구되는 국가의 행위를 유인하는 데 그치는, 제한적인 유용성만을 보이는 한계를 지니고 있다는 것이다.[7] 심지어 전통적 국가책임이론은 효과적인 환경보호에 기여하지 못하고 '적대적 대립'(adversary confrontation)만을 조장한다는 비판을 받기도 하였다.[8] 또 다른 학자는 국가책임을 통하여 지구의 환경오염문제에 대응하는 것은 2차적 또는 주변적 역할밖에 하지 못한다고 주장한다.[9] 이러한 상황에서 등장한 현대적인 국가책임론은 국경을 넘는 오염이 발생하기 '전'에 국가책임을 잠재적인 오염원인국에 귀착시킬 수 있는 국가행위의 1차적 규칙인 절차적 의무, 즉 사전평가의무, 통지의무, 정보제공의무 및 협의의무의 부과를 모색하고 있다. 다시 말해서, 국가의 관행에도 어느 정도 반영되고 있기도 하는 것으로, 국제법전문가들 중에는 단지 환경오염이 발생한 후에야 제기되는 전통적인 책임과 보상문제에 대한 관심에서 벗어나 환경오염이 발생하기 전에 국가책임을 인정할 수 있는 국가의무의 창설에 더욱 관심을 보이고 있다.[10]

앞에서 살펴본 바와 같이 실행할 수 있는 국가책임제도를 발전시키지 못하게 되자 국제환경법에서 국가책임의 역할을 무시하는 비판이 나오기도 하였다. 이러한 비판적인 학자들은 특히 기존의 국가책임제도가 소급적(ex post facto)으로 작용하기 때문에 국경을 넘는 환경오염방지에 부적합함이 국제판결에서도 나타나고 있음을

7) Aida Luisa Levin, *Protecting the Human Environment: Procedures and Principles for Preventing and Resolving International Controversies*(New York: UNITAR, 1977), p. x.

8) J. Schneider, *supra* note 2, p. 127.

9) L. F. E. Goldie, "Development of an International Environmental Law," in J. L. Hargrove(ed.), *Law, Institutions and Global Environment*(New York: Oceana Publications, 1972), p. 148.

10) Phoebe N. Okowa, *supra* note 5, p. 278.

주장하였다. 또한 일반적인 국가책임제도를 통하여 조약상의 당사자들로 하여금 환경오염을 방지하도록 하기 위해서는 복잡한 재판절차를 거쳐야 하는 등 상당한 시간이 필요하다. Kiss에 따르면 현재의 환경문제들은 책임제도에 대한 우려가 너무 강하여 환경을 보호하지 못하는 상태에 머물고 있다고 비판한다. 그는 "책임제도는 환경보호를 보장하는 데 불충분하다. 환경에 가해진 손해는 종종 치명적이고 취소할 수도 없고 원상회복비용이 엄청나게 많이 들어간다. 이 같은 이유 때문에 사후(a posteriori)개입은 효과적인 구제책으로 간주될 수 없다"고 하였다.[11)]

재판제도의 핵심적 특성인 이미 발생한 분쟁에 관련법규를 적용하는 소급적 개입이라는 측면에서 보면 이러한 특성은 국제관계에 갈등과 불화를 가져오는 영향을 미치기도 한다. 즉 국가책임제도는 국제적인 환경보호를 해치는 '당사자의 적대적 대립'(adversary confrontation)을 조장하는 측면이 있다.[12)] 이러한 대립은 국제공동체를 지배하는 법이며 국가상호협력에 의존하는 법인 국제법에 역행하고 있는 것이다.[13)]

국제환경법분야에서 국경을 넘는 심각한 환경피해를 예방하고 국가책임제도에 고유한 대립적 소송을 피하며 환경위해가 발생하기 전에 그 위해를 방지하기 위하여 국가의 행위규칙(rules of conduct)으로 절차적 의무를 발전시켜 나가고 있다. 즉 국경을 넘는 잠재적인 환경위해를 평가할 의무와 관련국가에게 위험한 활동에 관한 정보를 제공하고 그러한 환경상태에 관하여 통지할 의무를 포함하는 절차적 의무가 국경을 넘는 환경오염에 대응하는 원칙적 보루

---

11) A. Kiss, *Droit Internatioal de l'Environment*, Revue Juridique de l'Environment(Lyon, France, 1989), p. 131.

12) J. Schneider, *supra* note 2, p. 197.

13) I. Brownlie, *Principles of Public International Law*, 6th ed.(Oxford Univ. Press, 2003), pp. 449-454.

로 국제환경법 영역에서 자리를 잡아 가고 있다. 최근의 국경을 넘는 잠재적인 환경위험을 평가하고, 피영향국에게 잠재적으로 위험한 활동에 관한 정보를 제공하며, 그러한 환경상태에 대하여 통지할 의무를 기원국가(state of origin)에게 부과하고 있는 조약과 헌장의 확산은 소급적 해결방식에서 벗어나 절차적 요구라는 새로운 제도를 향한 움직임을 보여주고 있는 것이다. 예를 들면, 1982년 UN해양법협약을 보면 각국은 그들이 계획하는 활동이 환경오염의 원인이 되거나 환경에 해로운 영향을 준다는 믿을 만한 증거가 있는 경우, 잠재적인 결과를 평가하고 실제적인 결과를 공표 또는 관련 국제기구에 통지할 의무를 부과하고 있다.14) 1992년 리우선언 원칙15에서도 "환경을 보호하기 위하여 각국의 능력에 따라 예방적 조치가 널리 실시되어야 한다"고 천명하고 있다. ILC가 원래'국제법에 의하여 금지되지 않은 행위로 인한 위험한 결과에 대한 국제책임'(International Liability for Injurious Consequences arising out of Acts not Prohibited by International Law)이란 제목으로 다루었던 주제도 2001년에 '위험한 활동에서 야기되는 국경을 넘는 손해의 방지에 관한 규정초안'(Draft Articles on Prevention of Transboundary Harm from Hazardous Activities)으로 변경되었는데, 이는 쟁점이 많고 복잡한 책임(liability)문제에 대해서는 나중으로 미루고 먼저 예방(또는 방지 prevention)문제를 다루고 있는 것으로, 이 초안에도 협력의무, 평가의무, 통지 및 정보제공의무, 예방조치에 관한 협의의무 등을 규정하고 있다.15)

14) UN해양법협약 제204조, 제205조, 제206조 참조.

15) 2001년 '위험한 활동에서 야기되는 국경을 넘는 손해의 방지에 관한 규정초안' 제4조, 제7조, 제8조, 제9조.

2. 환경영향평가의무

환경적으로 건강하고 양심적인 의사결정을 촉진하기 위하여 주창된 환경영향평가의무는 국가에게 부과된 주요한 절차적 의무를 구성한다.[16] 환경영향평가는 1969년 미국의 국가환경정책법(National Environmental Policy Act: NEPA)에 의해 최초로 소개된[17] 이후 현재 많은 국가의 국내법체계에 도입되고 있다.[18] 또한 국제적으로는 많은 국제협약과 지역적 또는 전지구적 차원에서 채택된 비구속적 문서에서도 환경영향평가를 요구하고 있다. 이와 관련하여 1990년대 이후 발생한 몇몇 국제사례들[19]에서도 환경영향평가에 관한 문제가 어느 정도 반영되었다.[20] 이러한 국제사례들은 국제법

16) David A. Wirth, "International Technology Transfer and Environmental Impact Assessment," in G. Handl & R. Lutz(eds.), *Transferring Hazardous Technologies and Substances: The International Legal Challenge*(London: Graham & Trotman, 1989), p. 84.

17) National Environmental Policy Act of 1969(NEPA) § 102(2)(C), 42 U.S.C. § 4332; Angela Z. Cassar & Carl E. Bruch, "Transboundary Environmental Impact Assessment in international Watercourse Management," *New York University Environmental Law Journal*, Vol. 12, 2003, p. 173; Kevin R. Gray, "International Environmental Impact Assessment: Potential for a Multilateral Environmental Agreement," *Colorado Journal of International Environmental Law and Policy*, Vol. 11, Winter 2000, p. 83.

18) 전세계적으로 70% 이상의 국가가 환경영향평가를 채택하고 있으나, 사회경제적 발전정도, 문화의 차이 및 정부 전통 등에 의해 다양하게 나타나고 있다(Kevin R. Gray, *supra* note 17, p. 89).

19) 예를 들면, 1995년 ICJ에 프랑스의 지하핵실험 재개(resumption)와 관련한 1995년 뉴질랜드의 신청(application), 1997년 Gabcikovo-Nagymaros Project 사건, 2001년 MOX plant와 관련한 아일랜드와 영국 간의 분쟁 등이다.

20) 환경영향평가의무와 관련한 선례로 자주 언급되는 Lanoux호사건에서 중재법정은 국가의 관할권 또는 통제 아래에서의 활동이 원인이 된 영역외 손해를 평가해야 할 의무가 국가에 있음을 밝혔다. 즉 중재법정은 부수적 의견(in dicta)에서 "상류국은 관련된 또 다른 이익을 고려하고 자신과 다른 유역국의 이익을 협상하는 데 성실하게 관심을 갖는다는 것을 보여줄 의무가 있다"라고 판결했다(Lac Lanoux case(Spain v. France), *R. Int'l Arb. Awards*, Vol. 12, 1956, p. 315).

이 어떤 국가가 환경에 심각한 악영향을 줄 수 있는 활동에 종사하거나 허용하기 전에 사전환경영향평가를 요구하고 있음을 보여주는 것이다. 이렇듯 환경영향평가는 특정한 활동이 국경을 넘는 심각한 환경피해를 야기할 잠재성이 있는지 여부를 평가하기 위한 매우 유력한 관행이 되었다.[21]

1) 환경영향평가의 개념 및 특징

환경영향평가(Environmental Impact Assessment, EIA)는 환경오염 사전예방제도로 각종 사업계획을 수립하고 시행함에 있어서 당해 사업계획의 경제성, 기술성뿐만 아니라 환경적 요인도 종합적으로 비교, 검토하여 환경적으로 건전하고 지속가능한 개발이 되도록 함으로써 쾌적한 환경을 유지하고 조성하는 것을 그 목적으로 한다.[22] 즉 환경에 심각한 영향을 미치게 될 개발계획 등 사업의 환경영향을 검토, 분석하고 평가하여 부정적인 영향을 제거 또는 감소시킬 수 있는 방법을 모색하는 제도라고 할 수 있다.[23] UNEP는 환경영향평가를 인간활동이 환경변화를 유발할 염려가 있는 경우, 이에 대하여 어떻게 하는 것이 좋은가를 평가하고 결정하기 위한 행동이라고 정의하고 있다.[24]

---

21) Report of ILC, Fifty-third session(2001), General Assembly, Official Records, Fifty-sixth session, Supplement No. 10(A/56/10), commentary(3), p. 403.

22) 우리나라의 '환경 · 교통 · 재해등에관한영향평가법' 제1조(목적)에도 유사하게 규정하고 있다.

23) 우리나라의 '환경영향평가서 작성에 관한 규정'에서는 환경영향평가란 환경보전에 영향을 미칠 수 있는 개발사업의 계획을 수립함에 있어 그 사업이 환경에 미칠 영향을 미리 예측 · 평가하여 환경에 대한 영향을 저감시킬 수 있는 방안을 강구하며, 목적달성을 위한 합리적인 모든 대안을 비교, 검토하여 경제적 · 기술적 고려 이외에 환경보전의 관점에서 최선의 안을 선택하는 것이라고 정의하고 있다

24) UNEP, Governing Council Decision: Goals and Principles of Environmental Impact

일반적으로 환경영향평가를 단지 사업계획의 실행가능성뿐만 아니라 계획된 활동의 자국환경 및 다른 국가 영토에 미치는 영향을 결정하는 것을 목적으로 하는 기초적인 조사방법이다. 환경영향평가는 의사결정자들에게 환경적으로 건전한 결정을 내리기 이전 단계에서 환경적 요소를 고려할 것을 보장하기 위하여 고안되었다.[25] 그래서 이는 국가들에게 초국경적인 차원에서 환경에 대한 심각한 악영향(significant adverse impact)을 예방, 완화 및 감시하는 것을 지원한다.[26]

환경영향평가는 현재 사회경제적 개발(socio-economic development)과 의사결정과정에서 환경적 고려를 조정하는 국제 및 국내 법적 방법으로 정착되고 있다. 환경영향평가는 의사결정을 이끌어내는 과정으로 설명할 수 있으며, 다음과 같은 역할을 한다. 첫째, 의사결정자들에게 어떤 계획된 활동 또는 정책이나 프로그램에 대한 환경적 영향에 관한 정보를 제공한다. 둘째, 환경영향평가는 그러한 정보에 의해 영향을 받을 수 있는 의사결정을 요구한다. 셋째, 환경영향평가는 의사결정과정에서 잠재적으로 영향을 받을 수 있는 사람들에게 그 과정에 참여하는 것을 보장하는 기술을 제공한다.[27]

2) 환경영향평가의 국제적 발전

(1) 1972년 스톡홀름선언

스톡홀름선언의 원칙은 국가적 또는 국제적 제도로서 환경영향

Assessment, princ. 4, UNEP/GC.14/17 Annex III, UNEP/GC/DEC/14/25(June 17, 1987), *reprinted* in UNEP, "Principles of Environmental Impact Assessment," *Environmental Policy and Law*, Vol. 17, 1987, p. 36.

25) Phoebe N. Okowa, *supra* note 5, p. 279.

26) Patricia W. Birnie and Alan E. Boyle, *International Law and the Environment*, 2nd ed.(Oxford: Clarendon Press, 2002), pp. 130-135.

27) Philippde Sands, *Principles of International Environmental Law*, 2nd ed.(Cambridge: Cambridge University Press, 2003), p. 800.

평가를 명백하게 구체화하고 있지 않다. 그러나 환경영향평가의 기초가 되는 이론적 근거는 "합리적인 계획은 개발의 필요성과 환경보호의 필요성 간의 모순을 조정할 필수적 수단이다"라고 선언하고 있는 원칙14와 그러한 계획은 "환경에 미치는 악영향을 피하고, 모든 인간의 최대한의 사회적·경제적 및 환경상의 이익을 얻도록 입안되어야 한다"라고 선언하고 있는 원칙15에 나타나 있다고 생각한다.[28] 환경영향평가에 대한 지지는 스톡홀름선언 이후 다른 국제기구에서 채택된 국제적 문서들에서도 나타난다.[29]

(2) 1982년 세계자연헌장

국제적 차원에서 환경영향평가에 대하여 간접적으로 언급하고 있는 최초의 문서인 세계자연헌장(World Charter for Nature)은 자연에 대하여 회복 불가능한 손해를 초래할 우려가 있는 활동을 하지 않을 것을 천명하면서, 자연에 대한 중대한 위험을 초래할 우려가 있는 활동을 할 때에는 철저한 사전심사를 행하도록 하고 있으며, 잠재적인 악영향을 완전하게 파악할 수 없는 경우에는 활동을 실행하지 않을 것을 규정하고 있다.[30] 또한 이 헌장은 자연을 혼란

---

28) *Ibid.*, p. 801.

29) 예를 들면, 1975년 유럽안보협력회의(CSCE)의 헬싱키선언은 제5장에서 여러 가지 환경오염수준의 영향 및 인간건강에 관한 환경악화를 평가하기 위하여 협력할 것을 선언하고 있다. 이외에도 OECD Council Recommendation C(74)216, Analysis of the Environment Consequences of Significant Public and Private Projects, 14 November 1974; OECD Council Recommendation C(79) 116, Assessment of Projects with Significant Impact on the Environment, 8 May 1979; FAO, Comparative Legal Strategy on Environmental Impact Assessment and Agricultural Development, 1982, FAO Environmental Paper; OECD Council Recommendation C(85)104, Environmental Assessment of Development Assistance Projects and Programmes, 20 June 1985.

30) 세계자연헌장 제11조 2항.

시킬 가능성이 있는 활동을 할 때에는 그 영향을 사전에 평가하도록 하고 있으며, 개발계획을 수립할 경우에는 충분한 환경영향평가를 사전에 행할 것을 선언하고 있다.[31] WCED의 환경법전문가그룹(Experts Group on Environmental Law)에 의해 1986년 6월에 채택된 '환경보호와 지속가능한 개발을 위한 법원칙에 관한 환경법전문가그룹의 최종보고서'에서 국제법의 새로운 원칙으로서 환경영향평가를 규정하면서, 각국은 자연자원 또는 환경에 심각하게 영향을 미칠 수 있는 사업계획을 수행하거나 활동을 허가하는 경우에 그러한 사업계획이나 활동을 행하기 전에 이의 영향을 평가하도록 요구하고 있다.[32] 1987년 UNEP는 '환경영향평가의 목적과 원칙'(Goals and Principles of Environmental Impact Assessment)[33]에서 환경영향평가의무의 성질과 범위에 관한 지침을 마련하였다. 여기에는 계획된 활동이 환경적으로 건전하고 지속가능한 개발을 확보하는 데 관련된 세 가지 목적을 포함하고 있다. 첫째, 환경영향은 그러한 활동을 허가하는 것을 결정하기 전에 고려되어야 한다. 둘째, 국가의 환경영향평가절차의 이행을 대비하여야 한다. 셋째, 국경을 넘는 심각한 환경적 영향을 미칠 우려가 있는 활동에 대한 통지(notification), 정보(information), 교환(exchange) 및 협의(consultation)를 위한 상호적인 절차를 권장하여야 한다. 이를 위하여 이 원칙은 양자간, 지역적, 다자간 협정을 제안하고 있는데, 이러한 목적은 이미 국가관행 및 구속적 국제문서들에 반영되고 있다.[34]

---

31) 세계자연헌장 제11조 3항.

32) Experts Group on Environmental Law of WCED, *Environment Protection and Sustainable Development: Legal Principles and Recommendation*(Dordrecht: Martinus Nijhoff, 1987), pp. 58-62.

33) UNEP, Governing Council Decision: Goals and Principles of Environmental Impact Assessment, princ. 4, UNEP/GC.14/17 Annex III, UNEP/GC/DEC/14/25 (June 17, 1987).

34) Philippde Sands, *supra* note 27, p. 802.

(3) 1992년 리우선언

리우선언 원칙17은 "환경에 심각한 악영향을 초래할 가능성이 있으며, 권한 있는 국가 당국의 의사결정을 필요로 하는 사업계획에 대하여 환경영향평가가 국가적 제도로서 시행되어야 한다"라고 선언하고 있다. 원칙17의 이러한 의무적인 표현은 환경영향평가가 오늘날 일반국제법에 의해서, 특히 국경을 넘는 결과를 초래하는 환경적으로 해로운 활동과 관련하여 요구된다는 견해와 일치한다. 그리고 국가의 관할권 내 및 통제 아래에서의 그러한 활동은 다른 국가의 환경 또는 국가관할권 밖 지역의 환경을 존중하는 것을 보장할 국가의 의무를 충족하는 경우에만 국경을 넘는 환경영향에 대한 잠재적으로 해로운 활동에 대한 평가 없이 가능하다. 그러나 원칙17의 표현은 일반적일 뿐 각국이 충족시킬 필요가 있는 최소한의 요건에 대해서는 구체적으로 규정하지 않은 한계가 있다.

(4) 1992년 의제21

1992년 UN환경개발회의에서 리우선언과 함께 채택된 의제21(Agenda 21)에는 환경영향평가에 대해 자주 언급하고 있는데, 환경영향평가의 내용과 대상 사업과 관련하여 실제로 많은 영향을 주고 있다.[35] 의제21은 모든 국가에게 지속가능한 인간거주 개발의 증진을 위하여 환경기반시설의 설치를 요구하고, 이를 위하여 "환경영향평가를 먼저 행한 후에 관련된 정책을 결정해야 하며 생태학적인 결과의 비용도 고려해야 한다"[36]라는 원칙을 채택할 것을 요구하고 있다. 또한 모든 단계와 모든 정부부처에서의 의사결정이

35) Angela Z. Cassar and Carl E. Bruch, *supra* note 17, p. 181.
36) 의제21 제7장 제41호(b).

경제적 · 사회적 환경을 통합해서 고려되어야 하며, 부문별로 경제사회적 환경문제의 통합성을 보장하기 위해 국내적으로 확고한 방법과 수단을 마련하고, 개발과정을 체계적으로 감독 · 평가하며, 경제 및 부문별 정책의 환경적 의미에 대한 명료성과 책임성을 보장하도록 요청하고 있다.[37] 또한 의제21은 모든 단계의 계획과 집행에서 자료와 정보이용을 개선하도록 하면서, 결정사항의 영향에 대한 사전적 · 동시적 평가를 위한 (비용과 편익 그리고 위험의 평가도 포함되어 있는) 포괄적인 분석절차(comprehensive analytical procedures)의 채택을 요구하고 있다.[38] 그리고 각국정부는 국가 및 국제기구의 지원을 받아 토지자원에 대한 통합적이며 지속가능한 접근을 촉진할 수 있는 기획 및 관리기법이 좀 더 광범위하게 적용될 수 있도록 하여야 하며, 이를 위해 특정 활동이 갖고 있는 환경적 · 사회경제적 영향과 위험도, 비용 및 이익 등을 평가할 수 있는 기술과 절차를 체계적으로 도입하도록 요구하고 있다.[39] 그리고 눈에 띄는 것은 의제21은 분야별로 환경영향평가를 권장하고 있는 점이다.[40] 또한 의제21은 지속가능한 개발의 선결요건 중 하나가 의사결정에서 공공의 참여(public participation)임을 확인하면서 개인, 집단 및 조직의 환경영향평가 과정 참여의 필요성을 언급하고 있다.[41] 2002년 지속가능발전 세계정상회의(WSSD)[42]에서도 이러한 의제21

37) 의제21 제8장 제4호.

38) 의제21 제8장 제5호(b).

39) 의제21 제10장 제8호(b).

40) 즉 대기보호(의제21 제9장 제12호(b)), 토지자원의 관리(제10장 제8호(b)), 산림파괴 방지(제11장 제24호(b)), 지속가능한 산지개발(제13장 제17호(a)), 지속가능한 농업 및 농촌개발의 촉진(제14장 제10호(b)), 생물다양성 보호(제15장 제5호(k)), 생명공학의 환경안전관리(제16장 제45호(c)), 해양 및 해양생물자원의 보호(제17장 제5호(d)), 담수자원의 질과 공급의 보호(제18장 제12호(c)), 유해화학물질의 환경안전관리(제19장 제21호(d)), 방사성폐기물의 환경안전관리(제22장 제4호(d)) 분야 등에서 환경영향평가가 행해지도록 요구하고 있다.

41) 의제21 제23장 제2호.

에 나타나 있는 환경영향평가에 대한 요구를 확인하였다.[43)]

(5) 2001년 ILC 초안

ILC의 2001년 '위험한 활동으로부터 야기되는 국경을 넘는 손해의 방지에 관한 규정초안'(Draft Articles on the Prevention of Transboundary Harm from Hazardous Activities) 제7조는 위 내용의 의제21과 특히 리우선언 원칙17의 내용을 반영하고 있다.[44)] 규정초안 제7조는 "본 규정들의 범위 내에 있는 활동을 허가하는 결정은, 특히 환경평가를 포함하여, 그러한 활동에 의해 야기되는 발생가능한 모든 국경을 넘는 손해의 평가에 기초하여 이루어져야 한다"라고 규정하고 있다. 그러나 초안은 환경영향평가를 실시해야 할 활동의 목록 및 기준 그리고 누가 이러한 평가를 수행해야 하는지의 문제를 미결로 남겨놓고 있다.

(6) 조약 및 구속적 문서에 나타나 있는 환경영향평가

수많은 조약 및 기타 구속력 있는 문서들은 특정 상황에서 환경영향평가의 실시를 요구하는 조항을 포함하고 있다.[45)] 대표적인 것

---

42) 2002년 8월 26일부터 9월 4일까지 남아프리카공화국 요하네스버그에서 '지속가능발전 세계정상회의'(World Summit on Sustainable Development, WSSD)가 개최되었다. WSSD는 1992년 리우에서 개최된 유엔환경개발회의에서 결의되고 합의된 사항들이 그동안 전세계에서 어떻게 실현되어 왔는지를 평가한다는 의미에서 일명 'Rio+10'이라고도 불린다.

43) 예를 들면, WSSD에서 채택된 '이행계획'(Plan of Implementation), 제18조(e), 제34조(c), 제36조(i) 참조; Angela Z. Cassar and Carl E. Bruch, *supra* note 17, p. 184.

44) ILC Report(2001), p. 402.

45) Philippde Sands, *supra* note 27, pp. 803-805; Phoebe N. Okowa, *supra* note 5, p. 279, footnote. 12; ILC Report(2001), pp. 402-403.

으로 1991년 환경영향평가협약[46]을 들 수 있다. 이에 앞서서 나타난 1985년 환경영향평가에 관한 EC지침[47]은 환경영향평가의 성질 및 범위에 관한 국제적 지침을 제공하는 역할을 하였으며, 환경영향평가협약의 채택에 영향을 미쳤다. 그러나 개괄적으로 볼 때 이들이 환경평가를 지지하고 있는 최초의 문서는 아니다. 1974년 북구환경보호협약[48]은 한 당사국 영토 내의 활동이 다른 당사국의 영토 내에서 이루어진 경우 그 영향의 평가를 요구하였다.[49] 즉 환경상 해로운 활동을 인허가할 수 있는지 여부를 심사할 권한이 있는 법원 또는 행정기관(심사기관)은 일반적인 환경상의 이익보호 역할을 위임할 특별기구(감독기관)의 요청에 따라, 환경적으로 해로운 활동이 이루어지고 있는 국가의 절차규칙과 양립하는 범위 내에서, 당해활동의 인허가 신청서에 대해 해당 심사기관이 다른 국가에서의 영향을 평가하는 데 필요하다고 간주하는 명세서, 설계도 및 기술도면의 제공을 요구할 수 있도록 규정하고 있다.

UNEP의 지역해(regional sea) 관련 많은 협약들에도 환경영향평가에 대한 일반적 규정을 두고 있다.[50] 그리고 1985년 자연 및 자연

---

46) 이 협약의 정식명칭은 Convention on Environmental Impact Assessment in a Transboundary Context이다. *reprinted* in 30 ILM 800. 이 협약은 1991년 2월 25일 핀란드 Espoo에서 채택되었는데 이런 이유로 'Espoo협약'이라고도 한다.

47) Council Directive 85/337/EEC, OJL175, 5 July 1985, 40. 동 지침은 환경영향평가의 성질 및 범위, 실행 및 평가과정에의 참여권 등에 관하여 자세하게 규정하고 있는 최초의 국제문서로 이후에 채택된 법적 문서의 모델이 되었다고 평가할 수 있다. 동 지침은 당시 EEC 10개 회원국의 만장일치에 의해 채택되었다. 동 지침은 회원국들에게 1988년 7월 3일까지 당해지침에 응하기 위해 필요한 조치를 취할 것을 요구하고 있다. 동 지침은 1997년 개정(amend, 수정)되었다. 또한 2001년 EU는 환경에 대한 일정한 계획의 영향평가에 관한 Directive 2001/42/EC를 채택하였다(Kevin R. Gray, *supra* note 17, pp. 118-124).

48) 이 협약의 정식명칭은 Nordic Convention on the Protection of the Environment이다. *reprinted* in 13 ILM 511.

49) 북구환경보호협약 제6조.

50) 예를 들면, 1978년 Kuwait Regional Convention for Co-operation on the Protection

자원의 보전에 관한 ASEAN협정[51] 제14조는 환경영향평가 의무의 범위에 관하여 규정하고 있다. 즉 "체약국은 자연환경에 심각한 영향을 미칠 수 있는 활동의 제안에 대해서는 가능한 한 그 제안이 채택되기 전에 그 영향을 평가하기 위한 절차를 취하도록 약속하고, 정책결정과정에서 그 평가결과를 고려하여야 한다"라고 규정하고 있다.

이외에도 많은 협약들이 환경영향평가에 대한 일반적 의무를 명시적 또는 묵시적으로 규정하고 있다. 예를 들면 1980년 남극해양생물자원보존협약[52](CCAMLR) 제15조 2항(d), 1988년 남극광물자원개발활동의 규제에 관한 협약[53](CRAMRA) 제2조 1항 및 4항, 1986년 ILO의 석면안전이용협약[54] 제1조 2항, 1988년 산화질소(NOx)의정서[55] 제6조, 1989년 Basel협약[56] 제4조 2항(f), 1992년

---

of the Marine Environment from Pollution 제11조, 1981년 Convention for Co-operation in the Protection and Development of the Marine and Coastal Environmental of the West and Central African Region(1981 Abidjan Convention) 제13조, 1981년 Convention for the Protection of the Marine Environment and Coastal Area of the South-East Pacific(1981 Lima Convention) 제8조, 1982년 Regional Convention for the Conservation of the Red and Gulf of Aden Environment(1982 Jeddah Convention) 제11조, 1985년 Convention for the Protection, Management and Development of the Marine and Coastal Environment of the East African Region(1985 Nairobi Convention) 제13조, 1986년 Convention for the Protection of the Natural Resources and Environment of the South Pacific Region(1986년 Noumea Convention) 제16조.

51) 이 협정의 정식명칭은 Association of South East Asian Nations Agreement on the Conservation of Nature and Natural Resources이다. *reprinted* in *Environmental Policy and Law*, Vol. 15, 1985, p. 64.

52) 이 협약의 정식명칭은 Convention on the Conservation of Antarctic Marine Living Resources이다. *reprinted* in 19 ILM 841.

53) 이 협약의 정식명칭은 Convention on the Regulation of Antarctic Mineral Resource Activities이다. *reprinted* in 27 ILM 868.

54) 이 협약의 정식명칭은 ILO Convention No. 162 Concerning Safety in the Use of Asbestos이다. *reprinted* in 2 SMTE 359.

55) 이 의정서의 정식명칭은 Protocol Concerning the Control of Emission of Nitrogen Oxides or Their Transboundary Fluxes이다. *reprinted* in 28 ILM 214.

56) 이 협약의 정식명칭은 Convention on the Control of the Transboundary Movement of Hazardous Wastes and their Disposal이다. *reprinted* in 28 ILM 657.

기후변화협약[57] 제4조 1항(f), 1992년 국제수로협약[58] 제3조 1항 및 제9조 2항(j), 1992년 산업사고의 국경을 넘는 영향에 관한 협약[59] 제4조, 1994년 에너지헌장조약[60] 제19조, 1998년 Aarhus협약[61] 제6조 2항(e) 등이 환경영향평가에 관한 규정을 두고 있다. 그러나 1971년 람사협약[62]같이 1972년 이전에 채택된 조약들은 환경영향평가에 관한 규정을 두고 있지 않으며, 이후에 채택된 조약 중에도 1985년 오존층보호를 위한 비엔나협약과 1987년 몬트리올의정서는 금지된 오존층파괴물질의 대체기술 개발은 환경영향평가 아래에서 이루어져야 한다는 점을 명백하게 요구하지 않고 있다. 이러한 점은 이들 조약의 실효성을 제약하는 것이라고 보지 않을 수 없다.[63] 환경영향평가를 규정하고 있는 주요한 조약들을 살펴보자.

① UN해양법협약

1982년의 UN해양법협약은 당사국에게 다른 국가 또는 자국 관할권을 넘어선 지역의 해양환경에 대한 활동의 영향을 사전에 평가하도록 요구하고 있다.[64] 즉 각국은 자국의 관할권 또는 통제 아

57) 이 협약의 정식명칭은 UN Framework Convention on Climate Change이다. *reprinted* in 31 ILM 849.

58) 이 협약의 정식명칭은 Convention on the Protection and Use of Transboundary Watercourses and International Lakes이다. *reprinted* in 31 ILM 1312.

59) 이 협약의 정식명칭은 UNECE Convention on the Transboundary Effects of Industrial Accidents이다. *reprinted* in 31 ILM 1330.

60) 이 조약의 정식명칭은 Energy Charter Treaty and Energy Charter Protocol on Energy Efficiency and Related Environmental Aspects이다. *reprinted* in 33 ILM 360.

61) 이 협약의 정식명칭은 Convention on Access to Information, Public Participation and Decision-Making and Access to Justice in Environment Matters이다. *reprinted* in 38 ILM 517.

62) 이 협약의 정식명칭은 Ramsar Convention on Wetlands of International Importance especially as Waterfowl Habitat이다. *reprinted* in 996 UNTS 2456.

63) Philippde Sands, *supra* note 27, p. 805.

64) Patricia W. Birnie and Alan E. Boyle, *supra* note 26, p. 96.

래 계획된 활동이 해양환경에 실질적인 오염 또는 중대하고 해로운 변화를 가져올 것이라고 믿을 만한 합리적인 근거가 있는 경우, 그 국가는 실행 가능한 한 그 활동의 해양환경에 대한 잠재적인 영향을 평가하고, 그 평가결과에 관한 보고서를 적당한 간격을 두고 권한 있는 국제조직에 송부하여야 하며, 이를 모든 국가가 이용할 수 있도록 하여야 한다.[65] 그러나 이러한 규정은 당사국에게 모호하고 약화된 의무를 부과하고 있을 뿐이라고 비판을 받는다.[66]

② 환경영향평가협약

이 협약은 UN유럽경제위원회(UNECE)의 작품으로 1991년 채택되었는데,[67] 이는 1985년 환경영향평가에 관한 EC지침을 바탕으로 하고 있으나 몇 가지 측면에서 이 지침보다 의무부담이 더 큰 요건을 부과하고 있다.[68] 이 협약은 국경을 넘는 영향을 미치는 사업계획에 대하여 통지, 평가, 협의를 위한 구체적 요건을 설정하고 있는데, 1997년 9월 발효되기는 하였지만 현재 적용지역이 유럽으로 제한되어 있다. 그러나 앞으로 전지구적 차원에서 환경영향평가를 다루는 단일의 국제조약을 마련하는 데 상당히 중요한 문서가 될 것이므로[69] 이 협약의 내용을 구체적으로 검토하겠다. 주요한 내용은 다음과 같다.[70]

65) UN해양법협약 제205조 및 제206조.

66) Allen L. Springer, *The International Law of Pollution*(London: Quorum Books, 1983), pp. 145-146.

67) 이후에도 UNECE는 이 협약의 이행문제를 다루기 위하여 2001년 이행위원회(Implementation Committee)를 설립하였으며, 2003년 5월 21일 Kiev에서 전략적 환경평가에 관한 의정서를 채택하였다.

68) Kevin R. Gray, *supra* note 17, pp. 100-104.

69) John H. Knox, *supra* note 515, pp. 162-167.

70) 이 협약은 전문과 20개 조항 및 부속서 Ⅰ, Ⅱ, Ⅲ, Ⅳ, Ⅴ, Ⅵ, Ⅶ로 구성되어 있다. 부속서 Ⅰ은 '환경영향평가가 적용되어야 하는 활동(17개) 일람표'이고 부속서 Ⅱ는 '환경영향평가서의 내용'에 관한 것이고, 부속서 Ⅲ은 '부속서

당사자에게 계획된 활동[71](proposed activity)으로부터 국경을 넘는 환경에 대한 심각한 악영향(significant adverse transboundary environmental impact)[72]을 방지하고 감소시키고, 통제할 수 있는 모든 적절하고 효과적인 조치를 취할 의무를 부과하고 있다.[73] 또한 이 협약은 원인당사자(parties of origin)는 국경을 넘는 심각한 악영향을 미칠 우려가 있는 계획된 활동을 피해당사자(affected parties)에게 통지할 것[74]과 관련국가와 논의(discussion)할 것[75]을 요구하고 있다. 또한 원인당사자에게 국경을 넘는 심각한 악영향을 줄 우려가 있는 계획된 활동을 허가 또는 실시하기 전에 환경영향평가를 이 협약의 규정에 따라 실시하도록 요구하고 있다.[76] 그리고 이러한 환경영향평가는 최소한 계획된 활동의 계획단계에서부터 실시하도록 요구하고 있다.[77] 당사자는 환경영향평가서(Environmental Impact Statements, EIS)에 국경을 넘는 심각한 악영향을 받을 우려가 있는 지역에 거주하는 공공(public)[78]에게 환경영향평가서의 준

Ⅰ에 명기되지 않은 활동의 환경에 대한 심각성을 결정할 때 협력하는 일반적 범위'에 관한 내용이다. 부속서 Ⅳ는 '심사절차', 부속서 Ⅴ는 '사업개시 후의 분석', 부속서 Ⅵ은 '쌍무 및 다국간 협력의 요소', 부속서 Ⅶ은 '중재'에 관한 내용이다. 이 글의 환경영향평가협약 내용에 대한 분석은 Philippde Sands, *supra* note 27, pp. 814-817을 바탕으로 작성하였다.

71) 환경영향평가협약은 제1조 '용어정의'에서 계획된 활동(proposed activity)에 대하여 "국내절차에 따라 권한 있는 기관의 결정을 필요로 하는 모든 활동 또는 그러한 활동의 모든 주요한 변경"이라고 정의하고 있다(제1조 5항).

72) 환경영향평가협약은 제1조 '용어정의'에서 '국경을 넘는 영향'(transboundary impact)에 대하여 "오로지 지구적 규모의 성질을 갖는 영향이 아니라 계획된 활동에 의해 발생할 수 있는 당사자 관할권 아래에 있는 지역 내의 영향으로, 그 물리적 기원이 다른 당사자의 관할권 아래에 있는 지역에서 전부 또는 일부가 일어나는 모든 영향"이라고 정의하고 있다(제1조 8항).

73) 환경영향평가협약 제2조 1항.

74) 환경영향평가협약 제2조 4항.

75) 환경영향평가협약 제2조 5항.

76) 환경영향평가협약 제2조 3항.

77) 환경영향평가협약 제2조 7항.

78) 공공(public)은 하나 또는 그 이상의 자연인이나 법인을 말한다(환경영향평가

비에 참여할 수 있는 기회를 주는 환경영향평가절차를 마련하여야 한다.[79] 원인당사자는 국경을 넘는 심각한 악영향을 받을 우려가 있는 지역에 살고 있는 공공에게 계획된 활동에 관한 적절한 환경영향평가절차에 참여할 기회를 주어야 하고, 원인당사자는 피해당사자의 공공에게 제공되는 이러한 기회가 원인당사자의 공공에게 제공된 것과 동등하도록 보장하여야 한다.[80]

이 협약은 국제협력을 요구하고 있다. 즉 원인당사자는 국경을 넘는 심각한 악영향을 야기할 우려가 있는 부속서 I의 목록에 명기되어 있는 17개의 계획된 활동에 관해, 적절하고 효과적인 협의를 확보할 목적으로, 피해당사자가 될 우려가 있다고 원인당사자가 생각하는 어떠한 당사자에 대하여도, 그 계획된 활동에 대해 가능한 한 신속히, 그리고 원인당사자의 공공에 대해 이루어지는 통보보다 늦지 않게 통보하여야 한다.[81] 이 통보에는 당해 계획된 활동에 관한 정보, 이루어질 가능성이 있는 결정의 성질을 포함하여야 하고, 이때 피해당사자가 환경영향평가절차에 참여할 것인지 여부에 대한 회답에 소요되는 합리적인 기간을 인정하여 이를 표시하여 통보하여야 한다.[82] 이에 대하여 피해당사자는 원인당사자에 대하여 통보를 수령한 사실을 정해진 기간 내에 회답하고, 이 회답에 스스로 환경영향평가절차에 참여할 의사가 있는지 여부를 표명해야 한다.[83][84] 피해당사자가 환경영향평가절차에 참여하기로 결정하

협약 제1조 10항).

79) 환경영향평가협약 제2조 3항.

80) 환경영향평가협약 제2조 6항.

81) 환경영향평가협약 제3조 1항.

82) 환경영향평가협약 제3조 2항.

83) 환경영향평가협약 제3조 3항.

84) 피해당사자가 환경영향평가절차에 참가할 의사가 없다고 표명한 경우 또는 당해 피해당사자가 당해 통보 중에 특별히 정해진 기간 내에 회답하지 않은 경우에는 제2조 5항, 6항, 7항, 8항 및 제4조 내지 제7조는 적용되지 않는다(환경영향평가협약 제3조 4항).

면, 계획된 활동 및 국경을 넘는 심각한 영향과 관련한 정보를 수령한 이후에, 환경영향평가서 준비에 필요한 경우, 피해당사자는 자신의 관할권 아래에 있는 잠재적으로 영향을 받을 환경에 관해 합리적으로 입수 가능한 정보를 신속하게 제공하여야 한다.[85] 당사자가 부속서 Ⅰ의 목록에 게재되어 있는 계획된 활동의 국경을 넘는 심각한 악영향에 의해 피해를 입을 것이라고 생각하고, 앞에서 언급한(제3조 1항에 규정하고 있는) 통보가 이루어지지 않았을 경우, 관계당사자는 피해당사자의 요청에 의해, 국경을 넘는 심각한 악영향이 존재할 우려가 있는지 여부에 관해 토의할 목적으로, '충분한 정보의 교환'이 이루어져야 한다. 이때 그러한 악영향이 존재할 우려에 대해 관계당사자들이 합의를 도출한 경우에는 이 협약의 규정이 적용된다. 그러나 이러한 합의가 이루어지지 않은 경우에는 관계당사자들이 당해문제를 해결하기 위한 별도의 방법에 대하여 합의하지 않으면, 어느 당사자든 국경을 넘는 심각한 악영향 가능성에 관해 심의하기 위해 부속서 Ⅳ에 의해 설립된 심사위원회(inquiry commission)에 그 문제를 제기할 수 있다.[86] 관계당사자들은 피해당사자 공공에게 계획된 활동에 관하여 정보가 통보되도록 보장하여야 하고, 계획된 활동에 대해 원인당사자의 권한 있는 기관에 의견을 표명하거나 반대를 주장할 가능성이 부여되도록 보장하여야 한다.[87]

원인당사자의 권한 있는 기관에 제출된 환경영향평가서는 상당히 포괄적인 내용을 담고 있는 부속서 Ⅱ에서 요구하고 있는 정보[88]를 포함하여야 한다.[89] 원인당사자는 피해당사자, 공동조직이

---

85) 환경영향평가협약 제3조 6항.
86) 환경영향평가협약 제3조 7항.
87) 환경영향평가협약 제3조 8항.
88) 환경영향평가협약 부속서 Ⅱ는 환경영향평가서에 포함되어야 할 최소한의 정보를 다음과 같이 제시하고 있다.

있는 경우 그 기관 및 피해를 입을 우려가 있는 지역에 소재하는 공공에게 환경영향평가서를 제공하여야 한다. 이 경우 당해기관 및 공공의 의견이 계획된 활동에 관한 최종적인 결정이 이루어지기 전의 합리적인 기간 내에 원인당사자의 권한 있는 기관에 제출될 수 있다.[90] 원인당사자는 환경영향평가서 완성 후에 계획된 활동의 국경을 넘는 잠재적인 영향 및 그 영향을 경감 또는 제거하기 위하여 피해당사자와 협의를 시작하여야 한다. 이들 당사자는 협의를 시작할 때 협의의 지속기간에 관한 합리적인 시간범위에 관해 합의해야 한다. 예를 들면, 국경을 넘는 심각한 악영향을 완화하기 위해 가능한 조치 및 기타 상호원조의 형태 같은 사항에 관하여 협의한다.[91]

계획된 활동에 관한 최종결정(final decision)을 내리는 경우에, 당사자는 환경영향평가서 및 제3조 8항과 제4조 2항에 의해 접수받은 의견을 포함한 환경영향평가의 결과와 제5조에 의한 협의의 결과를 적절히 고려하여야 한다.[92] 그리고 원인당사자는 계획된 활동에 관한 최종결정을, 이것이 기초한 근거 및 의견과 함께 피해당사자에게 통보하여야 한다.[93]

---

1) 계획된 활동과 그 목적, 2) 적당한 경우에는 계획된 활동의 합리적인(예를 들면, 장소상 또는 기술상의) 대체방안 및 취소 또는 선택 방안(reasonable alternatives and the no-action alternative) 등에 관한 기술(記述), 3) 계획된 활동과 그 대체방안에 중대하게 영향을 받을 우려가 있는 환경에 대한 기록, 4) 계획된 활동과 그 대체방안의 잠재적 영향 및 중대성의 평가에 관한 기록, 5) 환경에 대한 악영향을 최소한으로 하기 위한 완화조치의 기록, 6) 예측방법과 기초가 되는 추론 및 사용된 관련 환경자료의 명확한 표시, 7) 필요한 정보 수집시에 직면하는 지식의 차이와 불확실성의 확인, 8) 적당한 경우에는 감시와 관리계획의 개요 및 사업개시 후의 분석에 관한 계획, 9) 적당한 시각적인 표현(appropriate visual presentations)을 포함한 지도, 도표 등의 비기술적 요약(non-technical summary).

89) 환경영향평가협약 제4조 1항.

90) 환경영향평가협약 제4조 2항.

91) 환경영향평가협약 제5조.

92) 환경영향평가협약 제6조 1항.

93) 환경영향평가협약 제6조 2항.

이 협약에 따르면, 환경영향평가절차는 사업개시 전에 이루어지는 것이 전부가 아니라 사업개시 후에도 일정한 행위를 요구하고 있다. 즉 관계당사자는, 이들 중 어느 당사자든 그 요청에 의해, 이 협약에 따라 환경영향평가가 실시된 활동이 야기할 수 있는 국경을 넘는 심각한 영향을 고려해야 하고, 사업개시 후의 분석이 실시되어야 하는지 여부 또한 만약 실시된다면 어느 정도 실시되어야 하는지를 결정하여야 한다.[94] 사업개시 후의 분석에는 특히 당해활동의 감시(surveillance)와 국경을 넘는 악영향의 확인(determination)을 포함한다. 이러한 감시와 확인은 부속서 V에 규정하고 있는 목표[95]를 달성할 목적으로 실시될 수 있다. 원인당사자 또는 피해당사자는 사업개시 후의 분석 결과, 국경을 넘는 심각한 악영향이 존재하거나 그러한 영향을 야기할 요인이 발견되었다고 결론을 내린 것에 합리적인 이유가 있을 때에는 다른 일방의 당사자에게 즉시 통보하여야 한다. 이때 관계당사자는 당해 영향을 감소시키거나 제거하기 위해 필요한 조치에 관하여 협의하여야 한다.[96]

이외에도 협약은 당해 협약상의 의무를 이행하기 위해 부속서 VI에 게재된 여러 요소를 기초로 하는 2국간 또는 다수국간 협약 또는 기타 약정을 통해 협력할 것을 요구하고 있으며,[97] 당사자에게 특별한 조사계획(research programme)의 수립 또는 강화에 관한 사항을 고려할 것을 요구하고 있다.[98] 또한 이 협약의 많은 규정[99]이

94) 환경영향평가협약 제7조 1항.

95) 환경영향평가협약 부속서 V는 '사업개시 후의 분석'이란 제목 아래 세 가지 목표를 제시하고 있다. 1) 활동의 허가 또는 승인 및 완화조치의 유효성에 나타나고 있는 조건에 따른 감시, 2) 적절한 관리 및 불확실성에 대한 대처를 목적으로 한 영향의 재검토, 3) 동일한 형태의 장래 활동에서 경험을 전달하기 위한 과거의 예측 검증.

96) 환경영향평가협약 제7조 2항.

97) 환경영향평가협약 제8조.

98) 환경영향평가협약 제9조.

99) 환경영향평가협약 제2조 5항, 8항, 9항 10항 등.

환경평가, 통보 및 협력 등과 관련한 국제법의 발전과 관련이 있다.

③ 환경보호에 관한 남극조약 의정서

1991년 환경보호에 관한 남극조약 의정서[100]는 남극환경과 생태계 보호를 위하여 남극에서의 순수한 과학적 활동 이외에 어떠한 개발행위도 금지하고 있으며, 남극환경을 적극적으로 보호하기 위해 모든 남극활동에 대하여 환경영향평가를 의무화하고 있다. 이 의정서 제8조는 1988년의 CRAMRA의 환경영향평가규정을 대신하고 있는데,[101] 남극의 환경 또는 생태계에 대한 활동의 영향을 사전에 평가할 것을 요구하고 있다. 즉 각 당사국은 과학연구계획에 따라 남극조약지역에서 수행되는 활동, 관광 및 남극조약 제7조 5항[102]에 따라 사전통고를 요하는 그 밖의 정부 및 비정부활동(이와 연관된 보급지원활동 포함)에 관한 결정에 도달하는 계획수립과정에서 이 의정서 부속서 I[103]에 규정된 평가절차가 적용되도록 보장하여

---

100) 이 의정서의 정식명칭은 Protocol on Environmental Protection to the Antarctic Treaty이다. *reprinted* in 30 ILM 1461; 이 의정서는 남극환경 및 이에 종속되고 연관된 생태계의 포괄적 보호를 약속하고, 이에 따라 남극을 평화와 과학을 위한 자연보존구역으로 지정하고 있다. 주요내용으로는 1) 과학적 연구를 제외한 일체의 광물자원 관련 활동의 금지, 2) 남극관련 활동의 환경영향평가 실시, 3) 특정의 경우를 제외하고는 토착포유생물의 포획과 비토착생물의 반입의 금지, 4) 남극지역의 활동으로 발생한 폐기물의 처리 등이다.

101) Kevin R. Gray, *supra* note 17, pp. 115-116.

102) 남극조약 제7조 5항 "각 체약당사국은 이 조약이 자국에 대하여 발효할 때 다른 당사국에게 다음 사항을 통보하고 그 이후에도 사전에 통고한다. a) 자국의 선박 또는 국민이 참가하는 남극지역을 향한, 또는 남극지역 내에서의 모든 탐험대 및 자국 영역 내에서 조직되거나 또는 자국의 영역으로부터 출발하는 남극을 향한 모든 탐험대, b) 자국 국민이 점거하는 남극지역에서의 모든 기지, c) 이 조약 제1조 2항에 규정된 조건에 따라 남극지역에 들어가게 될 군요원 및 군장비"

103) 환경보호에 관한 남극조약 의정서 부속서 I은 '환경영향평가'에 관한 내용으로, 예비단계(제1조), 초기환경평가(제2조), 포괄적 환경평가(제3조), 포괄적 환경평가에 기초한 결정(제4조), 감시(제5조), 정보의 회람(제6조), 긴급한 경우(제7조), 개정 및 수정(제8조)으로 구성되어 있다.

야 한다.[104] 그리고 위에서 언급한 계획된 활동은 그 활동이 1) 사소하거나 일시적인 것에 못 미치는 정도의 영향(less than a minor or transitory impact), 2) 사소하거나 일시적인 영향(a minor or transitory impact), 3) 사소하거나 일시적인 것을 초과하는 정도의 영향 중 어떠한 영향(more than a minor or transitory impact)을 미치는지에 관하여 사전에 평가하기 위하여 부속서 Ⅰ에 규정된 환경영향평가절차에 따라 수행하도록 하고 있다.[105] 이와 같이 이 의정서에서 구체화된 의무는 1985년 EC지침 및 환경영향평가협약과는 다른 접근방법을 취하고 있다. 이러한 접근방법은 세계자연헌장(World Charter for Nature) 제11조(paragraph 11)에서 권고된 내용과 유사하다.[106] 이 의정서는 현행활동의 강화 또는 약화, 활동의 추가, 시설의 해체 또는 그 밖의 다른 방법에 의하여 초래되는 어떠한 활동의 변경에도 부속서 Ⅰ에 규정된 환경영향평가절차를 적용하도록 하고 있다.[107] 그리고 당해활동이 둘 이상 당사국에 의해 공동계획되는 경우, 관련 당사국은 그들 중에서 부속서 Ⅰ에 규정된 환경영향평가절차의 이행을 조정할 하나의 당사국을 지명해야 한다.[108] 부속서 Ⅰ은 환경영향평가절차를 영향의 정도에 따라 예비, 초기, 포괄적 환경영향평가 3종류로 규정하고 있다.[109]

첫째, 예비단계(preliminary stage)－의정서 제8조에 규정된 계획된 활동이 환경에 미치는 영향은 당해활동이 시작되기 전에 적절한 국내절차에 따라서 검토된다. 당해활동이 사소하거나 일시적인

104) 환경보호에 관한 남극조약 의정서 제8조 2항.
105) 환경보호에 관한 남극조약 의정서 제8조 1항.
106) Philippde Sands, *supra* note 27, p. 818.
107) 환경보호에 관한 남극조약 의정서 제8조 3항.
108) 환경보호에 관한 남극조약 의정서 제8조 4항.
109) Philippde Sands, *supra* note 27, pp. 818-819; 최재용, "남극보호를 위한 환경영향평가제도의 도입," 『환경포럼』 제8권 제4호(통권 제92호), 2004, 381-38면.

것에 못 미치는 정도의 영향을 미치는 것으로 결정되면, 당해활동은 즉시 수행될 수 있다.[110]

둘째, 초기환경평가(Initial Environmental Evaluation)－당해활동이 사소하거나 일시적인 것에 못 미치는 정도의 영향을 미칠 것으로 결정되지 아니하였거나 또는 포괄적 환경평가가 준비되고 있지 않으면, 초기환경평가가 준비된다. 초기환경평가에는 계획된 활동이 사소하거나 일시적인 것을 초과하는 정도의 영향을 미칠 수 있는지 여부를 평가할 수 있도록 충분한 정보를 포함하여야 한다. 이 정보에는 활동의 목적, 위치, 지속기간 및 강도를 포함한 계획된 활동에 대한 기술(記述) 그리고 계획된 활동에 대한 대안(alternatives)의 고려와 계획된 활동이 미칠 수 있는 영향에 대한 고려(누적적 영향에 대한 고려 포함) 등이 포함되어야 한다. 초기환경평가에서 계획된 활동이 단지 사소하거나 일시적인 영향만을 미칠 것으로 나타난다면, 감시를 포함한 적절한 활동의 영향을 평가하고 입증하기 위하여 준비되어 있다는 조건 아래 이 활동은 계속될 수 있다.[111]

셋째, 포괄적 환경평가(Comprehensive Environmental Evaluation)－초기환경평가에서 계획된 활동이 사소하거나 일시적인 것을 초과하는 정도의 영향을 미칠 것으로 나타나거나 또는 결정된다면 포괄적 환경평가가 준비된다.[112][113]

---

110) 환경보호에 관한 남극조약 의정서 부속서 Ⅰ 제1조.

111) 환경보호에 관한 남극조약 의정서 부속서 Ⅰ 제2조.

112) 환경보호에 관한 남극조약 의정서 부속서 Ⅰ 제3조 1항.

113) 포괄적 환경평가는 다음을 포함한다. 1) 목적, 위치, 지속기간 및 강도를 포함한 계획된 활동의 기술, 실행되지 아니한 대안을 포함한 활동에 대한 가능한 대안과 동 대안들의 결과, 2) 예측된 변화와 비교될 초기 환경관련 상태에 대한 기술과 계획된 활동이 없을 경우 미래의 환경관련 상태에 대한 예측, 3) 계획된 활동의 영향을 예측하기 위하여 사용된 방법과 자료에 대한 기술, 4) 계획된 활동의 있을 수 있는 직접적 영향의 성질, 정도, 지속기간과 강도에 대한 평가, 5) 계획된 활동의 존재 가능한 간접적 또는 2차적인 영향에 대한 고려, 6) 현존 활동과 그 밖의 다른 알려진 활동을 감안한 계획된 활동의 누

포괄적 환경평가 초안(draft Comprehensive Environmental Evaluation)은 공개적으로 이용 가능하고 또한 모든 당사국에게 의견 표명(comment)하기 위하여 배포되며 당사국은 그것을 공개적으로 이용할 수 있도록 조치한다. 의견 접수를 위하여 90일의 기간이 부여된다.[114] 포괄적 환경평가 초안은 적절히 검토하기 위하여 적어도 차기 남극조약협의당사국회의(Antarctic Treaty Consultative Meeting) 개최 120일 전에 당사국에 배포됨과 동시에 환경보호에 관한 의정서위원회(Protocol's Committee on Environmental Protection)에 송부된다.[115] 계획된 활동을 수행하려는 결정이 포괄적 환경평가 초안의 배포일부터 15개월 이상 지체하지 아니한다는 조건하에 포괄적 환경평가 초안이 남극조약협의당사국회의에서 위원회의 조언에 따라 검토되지 아니하는 한 남극조약지역에서 계획된 활동을 계속 수행하려는 어떠한 최종 결정도 내려지지 아니한다.[116]

최종적인 포괄적 환경평가(final Comprehensive Environmental Evaluation)는 포괄적 환경평가초안에 대하여 접수된 의견을 언급(address), 포함(include) 또는 요약(summarise)해야 한다. 최종적인 포괄적 환경평가와 이와 관련된 어떤 결정에 대한 통지 그리고 계획된 활동의 이점(advantages)과 관련하여 예견되는 영향의 중요성에 대한 평가

적적 영향에 대한 고려, 7) 계획된 활동의 영향을 감소 또는 완화시키고 예상하지 않은 영향을 탐지하기 위하여 취해질 수 있으며 또한 즉각적이고 효과적으로 사고를 처리하고 활동의 부정적 영향을 조기 경고할 수 있는 조치의 확인(감시계획 포함), 8) 계획된 활동의 불가피한 영향의 확인, 9) 과학연구수행과 그 밖의 다른 현존하는 사용목적 및 가치에 대하여 계획된 활동이 미치는 효과에 대한 고려, 10) 이 항에서 요구되는 정보 수집에 있어 접하는 지식과 불확실성의 차이에 대한 확인, 11) 이 항에서 제공되는 정보의 비기술적 요약(non-technical summary), 12) 포괄적 환경평가를 준비한 사람 또는 기구의 성명과 주소 및 그에 대한 논평을 보낼 곳의 주소(환경보호에 관한 남극조약 의정서 부속서 Ⅰ 제3조 2항).

114) 환경보호에 관한 남극조약 의정서 부속서 Ⅰ 제3조 3항.

115) 환경보호에 관한 남극조약 의정서 부속서 Ⅰ 제3조 4항.

116) 환경보호에 관한 남극조약 의정서 부속서 Ⅰ 제3조 5항.

도 모든 당사국에게 배포된다. 또한 당사국은 남극조약지역에서 계획된 활동이 시작되기 적어도 60일 전에 이들을 공개적으로 이용할 수 있도록 하여야 한다.[117] 이러한 환경평가에 기초하여 당해계획된 활동을 계속할 것인지 여부 그리고 계속한다면 원래의 형태인지 또는 수정된 형태인지를 결정하여야 한다.[118][119]

감시(Monitoring)는 포괄적 환경평가가 완결된 후 계속되는 활동의 영향을 평가하고 입증하기 위하여 주요한 환경지표에 대한 적절한 감시를 포함한 절차가 준비되어야 한다. 이러한 절차는 당해활동의 영향에 대한 규칙적이고 입증할 수 있는 기록을 제공할 수 있도록 계획되어야 한다.[120]

④ 생물다양성협약

1992년의 생물다양성협약[121]은 생물다양성의 보전과 지속가능한 이용에 심각한 악영향을 미치거나 미칠 우려가 있는 활동의 진행과정 및 범주를 확인하고, 이들 결과에 대한 표본조사 및 그 밖의 다른 기법을 통한 감시를 협약당사국에게 이행할 것을 요구하고 있다.[122] 또한 이 협약은 생물다양성에 심각한 악영향을 미칠 우려가

117) 환경보호에 관한 남극조약 의정서 부속서 I 제3조 6항.

118) 환경보호에 관한 남극조약 의정서 부속서 I 제4조.

119) 남극의 환경영향평가 실적을 보면, 초기환경영향평가는 1987년부터 2001년까지 총 326건이 시행되었다. 국가별 초기환경영향평가 수행건수는 미국이 115건(35.2%)으로 가장 많고, 스페인 41건 뉴질랜드 27건, 호주 24건 순이며, 초기환경영향평가 대상은 과학실험 및 연구에 관한 활동이 99건으로 약 30%를 차지하고 있으며, 기지의 증축과 개축, 기지의 운영과 관리의 순으로 나타났다. 포괄적 환경영향평가는 1988년부터 2001년까지 총 12건이며, 2004년 2월 기준으로 6건이 계류 중이다(http://www.kei.re.kr/02_pub/r_forum_don.asp?page_num=2&SEQ=92(2006년 7월 6일 최종방문)

120) 환경보호에 관한 남극조약의정서 부속서 I 제5조.

121) 이 협약의 정식명칭은 Convention on Biological Diversity이다. *reprinted* in 31 ILM 822.

122) 생물다양성협약 제7조(c).

있는 계획된 사업에 대하여 이러한 악영향을 피하거나 최소화하고, 공공의 참여를 위한 환경영향평가에 필요한 절차를 도입할 것을 당사국에게 요구하고 있다.[123] 또한 당사국은, 적절히 양자·지역 또는 다자간 약정의 체결을 장려함으로써, 상호주의 기초 위에서, 다른 나라 또는 자신의 국가관할권을 넘어선 지역의 생물다양성에 심각한 악영향을 미칠 가능성이 있는 자국의 관할권 또는 통제 아래 있는 활동에 관하여 통지(notification), 정보교환(exchange of information) 및 협의(consultation)를 촉진하여야 한다.[124] 그리고 자국의 관할 또는 통제 아래 있는 지역에서 발생하는 위험이나 피해로서 다른 나라의 관할지역 내 또는 자신의 국가관할권을 넘어선 지역의 생물다양성에 긴박하고 심각한 위험이나 피해가 있는 경우, 그러한 영향을 받을 수 있는 국가에게 즉시 그러한 위험이나 피해를 통고할 뿐만 아니라 이러한 위험이나 피해를 방지하거나 최소화하기 위한 조치를 취해야 한다.[125]

⑤ 최근 판례

가. Gabcíkovo-Nagymaros Project(Hungary/Slovakia)사건

Gabcíkovo-Nagymaros Project(Hungary/Slovakia)사건[126]에서 헝가리는 Gabcíkovo-Nagymaros 댐체제의 건설 및 운영과 관련하여 당

123) 생물다양성협약 제14조 1항(a).

124) 생물다양성협약 제14조 1항(c).

125) 생물다양성협약 제14조 1항(d).

126) Gabcíkovo-Nagymaros Project사건은 국제법전문가에게 여러 가지 쟁점을 제기하고 있다. 국제사법재판소가 다룬 이 사건에 대한 판결은 전통적인 주제인 조약법, 국가책임법, 국가승계법뿐만 아니라 새로이 발전해 가고 있는 환경법분야에서도 중요한 내용을 담고 있기 때문에 이 사건에 대해 완전히 이해하려면 판결문 전체에 대한 이해가 요구된다. 다만 이 글에서는 환경영향평가와 관련하여 논평할 가치가 있다고 보이는 부분만 소개하겠다. 이 사건의 판결에 관한 소개는 강병근, "ICJ의 1997년 Gabcíkovo-Nagymaros Project사건,"『한림법학 FORUM』제7권, 1998, 233-283면 참조.

해 사업이 야기할 수 있는 환경 위해와 국제법에서 요구되고 있는 적절한 환경영향평가절차를 통하여 그러한 위험의 성질이 평가되지 않았다고 주장하였다. 그러나 국제사법재판소(ICJ)는 헝가리의 이와 같은 주장을 받아들이지 않았다. 이 사건은 ICJ에 국제적 규모의 환경영향평가에 대한 요구를 명확하게 할 수 있는 적절한 선례가 될 수 있었으나, ICJ는 이러한 기회를 살리지 못했다. 재판소의 다수의견은 환경적 관심사를 대수롭지 않게 여기고 환경영향평가에 대해 한 번도 언급하지 않았다. 더구나 ICJ는 Slovakia가 환경적 효과에 대한 적절한 분석도 없이 Variant C[127]를 이행하는 것에 대해 질책하지 않았다. ICJ는 당사국들이 1977년 조약[128] 제15조와 제19조에 포함되어 있는 활동의 환경적 결과를 새롭게 보아야 한다는 요구를 무시하고 판단하였다. 그래서 이 판결은 체결 당시에 환경감시를 명백하게 규정하고 있지 않은 조약들에 현재의 환경규범을 편입하는 것에 관한 교훈을 거의 주지 못했다고 볼 수 있다. 이와 같이 ICJ는 대규모 사업을 진행하기 이전에 실시하는 환경영향평가의 유용성을 명백하게 확립하지 못했기 때문에 이 사건은 장래에 개발의 환경적 영향과 관련한 분쟁에서 적절한 선례가 되지 못했다고 평가할 수 있다.[129]

이러한 재판소의 판결과는 달리 개별의견을 낸 Weeramantry 판

127) Gabcíkovo-Nagymaros사업의 환경문제에 대한 우려가 불거지면서, 이 문제와 관련하여 체코슬로바키아와 헝가리가 협상을 진행하였는데, 협상이 진행되는 동안 체코슬로바키아가 대안을 모색하였다. 그 대안 중 하나가 나중에 'Variant C'라고 알려진 것인데, 주요 내용은 체코슬로바키아가 자기 쪽 영토에서 Dunakiliti의 상류 10㎞ 지점의 다뉴브강의 흐름을 일방적으로 변경하려는 것이었다.

128) 1977년 체코슬로바키아와 헝가리가 체결한 양국간 조약을 말하며, 정확한 명칭은 'Gabcíkovo와 Nagymaros지역의 수문장치 건설 및 운영에 관한 조약'이다.

129) Erika L. Preiss, "The International Obligation to Conduct an Environmental Impact Assessment: THE ICJ Case Concerning the Gabcíkovo-Nagymaros Project," *New York University Environmental Law Journal*, Vol. 7, 1999, pp. 351-352.

사는 국제환경법의 문제들을 직접적으로 제기하면서 국제관습으로서 환경영향평가를 실시할 의무가 확립되어 있다고 주장하였다.[130) 환경적 측면에서 볼 때 Weeramantry 판사의 견해는 재판소의 판결보다 더 의미가 있다. Weeramantry 판사는 "환경영향평가원칙은 국제적인 수락(acceptance)을 모아가고 있으며 재판소가 인식해야 할 정도로 일반적 승인(recognition) 차원에 도달하였다"고 언급하였다.[131) 새롭게 등장하고 있는 이러한 원칙을 인식하는 데 실패한 재판소는 국제환경법의 발전에 해로운 결과를 줄 수도 있다는 우려를 표명한 것이다.

나. 2001년 MOX Plant와 관련한 아일랜드와 영국의 분쟁

이 분쟁은 UN해양법협약 제206조와 관련이 있다. 2001년 10월 아일랜드는 해양법협약에 근거하여 영국을 상대로 혼합산화물(mixed oxide, MOX) 연료를 제조하기 위한 새로운 핵시설물의 인가와 관련하여, 특히 영국이 해양법협약 제206조에서 확립된 의무를 위반하였다고 주장하였다. MOX생산공장 가동이 당해시설로부터 운반될 수 있는 방사성 물질의 국제적 이동을 포함하여 아일랜드해(Irish Sea)의 해양환경에 미치는 잠재적 영향에 대한 평가를 하지 않은 1993년 환경영향평가서에 기초하여 시설물을 인가한 것은 해양법협약 제206조를 위반한 것이며, 1993년과 2001년 시설물 인가 기간에 일어났던 법적 발전을 반영하고 있지 못하다고 주장하였다.[132) 2001년 12월 UN해양법재판소(ITLOS)는 소송상의 실체적

130) Case Concerning the Gabcikovo-Nagymaros Project: Separate Opinion of Justice Weeramantry(Hungary v. Slovakia), (ICJ Sept. 25, 1997), p. 20, available in <http://www.icj-cij.org/icjwww/idocket/ihs/ihsjudgement/ihs_judgment_970925_frame.htm> (visited August 5, 2006).

131) *Ibid*.

132) ITLOS Order, 3 December 2001, 41 ILM 405, para. 26.

쟁점을 다룰 수 있는 중재법정(arbitral tribunal)을 설치하라는 잠정조치(provisional measures)를 내렸지만 아일랜드가 요구한 시설가동의 중지를 거부하였다. 이와 관련하여 Mensah 판사는 "적절한 환경평가를 실시해야 할 의무에서 발생하는 절차적 의무의 어떠한 위반이 없는데도, 중재법정이 그러한 위반이 사실상 일어난 것으로 결론을 내린다면, 해양법협약 부속서 Ⅶ의 중재 결정에 의해 영국에 대하여 효과적으로 강제될 수 없다"라는 의견을 표명하였다.[133] 이는 해양법협약 제206조의 규정이 당사국에게 구체적이지 못한, 모호한 의무를 부과하고 있기 때문에 나온 결과라고 생각한다. 그러나 Szekely 특별판사는 1993년 환경영향평가서의 부적절성은 환경영향평가가 예방 국제법의 중심적 도구가 된 이후에 더 광범위한 잠정조치를 정당화하는 효과가 있다는 소수의견을 내놓았다.[134]

3) 환경영향평가의무에 대한 법적 평가

지금까지 살펴본 바와 같이 환경에 피해를 줄 수 있는 활동을 개시하기 전에 환경영향평가를 실시할 의무가 국제적 차원에서 승인 및 수락되고 있음을 알 수 있다. 많은 조약 속에 이러한 의무가 규정되고 또한 자국의 국내법에 환경영향평가를 채택하고 있는 국가가 증대하고 있는 사실은 환경영향평가가 국제환경법의 원칙으로 확립되어 가고 있음을 보여주는 것이다. 그러나 환경영향평가가 국경을 넘는 환경오염을 예방하는 법적 수단으로 적용되는 데에는 많은 한계가 있다. 그럼에도 국제법의 현단계에서도 환경영향평가의무는 협의, 통지, 정보교환 의무 등과 함께 절차적 의무에 해당하는 것으로 어떤 국가가 실행한 '주의'(diligence) 정도를 평가

133) Separate Opinion of Judge Mensah, para. 7.
134) Separate Opinion of Judge Szekely, paras. 12-17.

하기 위한 기준으로서 보조역할(auxiliary role)을 한다고 볼 수 있다. 즉 환경손해가 발생하였는데 그 원인국가가 환경영향평가를 실시하지 않았다면, 상당한 주의(due diligence)의무를 다하지 않은 것으로 판단할 수 있을 것이다.[135)]

현단계의 국제환경법에서 환경영향평가와 관련한 문제는 크게 두 가지 측면에서 제기될 수 있을 것이다. 하나는 법적 측면에서의 환경영향평가의무의 평가이고, 다른 하나는 환경평가를 규정하고 있는 전지구적 차원의 국제조약의 부재로 인한 문제이다. 먼저 지금까지 살펴본 바와 같이 환경에 심각한 악영향을 미칠 수 있는 활동을 개시하기 전에 환경영향평가를 실시할 것을 요구하는 국제적 의무가 절차적 의무로 확립되고 있다. 그런데 이것은 각국이 영역외 환경영향을 평가할 의무를 평가절차를 통과하는 데에만 역량을 동원하여 형식적으로 평가의무를 이행하게 된다면, 환경영향평가가 오히려 환경적으로 위험한 행위를 허용해 주는 통로로 악용될 수 있는 오도된 원칙으로 변질될 위험을 안고 있다.[136)] 또한 환경영향평가의무의 내용이 너무 일반적이고 추상적이라는 비판과 함께 환경위험평가는 행위의 어떤 과정이 국제법을 위반하게 될 것인가와 관련한 구체적 방향을 거의 제시하지 못한다는 비판을 받고 있다. 그래서 사전 환경영향평가의무에 대한 지나친 집착은 국경을 넘는 환경오염을 줄이지 못할 것이라는 우려가 나오고 있다. 환경영향평가의무에 대한 편향된 집착은 사실상 환경적으로 위험한 행위를 합법화할 수 있다. 다시 말해서 환경영향 평가·통지의무 같은 절차적 의무가 국경을 넘는 심각한 환경오염을 방지할 실체적 규범을 대신한다면 각국은 평가와 통지보고의 제출만으로 그

---

135) Phoebe N. Okowa, *supra* note 5, p. 280.

136) J. Blumm, "The National Environmental Policy Act at Twenty," *Environmental Law*, Vol. 20, 1990, p. 452.

들의 국제의무를 다하게 되는 것이다. 이는 단적으로 보면 절차적 의무가 이행되는 한, 절차적 의무는 국가에게 국경을 넘는 환경오염을 발생시켜도 무방하다고 할 수 있는 묵시적인 허가증(implied license)을 주는 것이라고 볼 수도 있다. 결국 절차적 의무에 명확한 내용을 부여하지 못함으로써 이런 새로운 제도는 국제법전문가들이 환경오염에 대한 국가책임제도를 발전시키기 위한 시도 속에서 저질렀던 과오와 혼합되어 나타나게 된다.[137] 이런 측면을 고려해 보면 일련의 애매모호한 의무를 주장함으로써 이전의 환경오염에 대한 국가책임제도 같은 단계에 머물게 하는 결과를 낳고 있다는 비판을 면할 수 없을 것이다.

환경영향평가의무가 영역외 손해(extraterritorial damage)를 미연에 방지하기 위하여 의도되었을지라도, 앞에서 소개한 두 가지 사례에서 본 바와 같이 그것은 각국에게 환경적으로 해로운 활동을 삼가게 하는 구체적 의무를 부과하지 못하고 있다. 각국은 계획된 활동의 국경을 넘는 손해를 고려할 의무가 있으나, 명백한 평가기준의 부재는 해로운 활동을 선택한 국가의 정책결정에 대하여, 손해 발생 전에 책임을 부과하는 것을 저해하고 있는 것이다. 그래서 환경영향평가의무는 행위를 결정한 실체적 정당성(substantive merits)과 영역외 환경영향에 대한 어떤 국가의 평가의 절차적 적절성(procedural adequacy)에 대한 사법적 심사의 기회를 창출하지 못하는 순수한 절차적 의무에 머물고 있다고 평가받기도 한다.[138] 국가의 환경영향평가가 절차적으로 충분한가에 대한 국제적인 사법심사의 희박성은 평가의무의 실질적인 효과를 희석하고 있는 것이다.

---

137) Pierre-Marie Dupuy, "International Liability for Transfrontier Pollution," in M. Bothe(ed.), *Trends in Environmental Policy and Law* (Berlin: Erlich Schmidt Verlag, 1980), pp. 379-380.

138) E. Rich, "The Multilateral Development Banks, Environmental Policy and United States," *Ecology Law* Q., Vol. 12, 1985, pp. 688-703.

그럼에도 Sand는 환경영향평가가 적어도 환경적으로 위험한 계획에 대한 정치적 반대의견을 모으는 건전한 효과가 있다고 주장한다.[139] 그러나 이것 또한 문제가 있다. 환경영향평가가 계획된 활동에 대하여 실제로 국제적인 저항을 일으킨다면, 당해 원인국은 그러한 계획된 활동이 진실로 환경을 위협할 수도 있는 피해의 중대함과 위험을 환경영향평가서에 기재하는 것을 최소화할 것이다. 이렇게 되면 사전평가의 요구는 각국에 대하여 그들의 평가보고서에 환경위험요인을 감추거나 속이게 하고 당해 계획된 활동에 반대하는 정치적 캠페인을 좌절시키는 그릇된 동기를 만들어 낼 수도 있다.

이와 같은 환경영향평가의 문제점은 환경문제의 복잡성과 과학적 불확실성 때문에 어느 정도 불가피한 현상이라고 볼 수도 있겠지만 명백히 나타나고 있는 문제들은 해결방안을 모색해야 할 것이다. 현재 환경영향평가제도는 발전이냐 퇴보냐 하는 갈림길에 서 있지만 우세한 견해는 환경영향평가는 장래 더 주도적인 역할을 할 것으로 생각된다. 환경영향평가제도가 자연자원의 훼손, 환경오염의 사전적 예방수단으로 지금까지 개발된 정책도구 중 가장 이상적이라는 견해가 전세계적으로 공감을 얻고 있다. 그러나 완성된 제도가 아니라 계속적인 보완과 발전을 필요로 하는 제도라는 인식도 동시에 존재한다. 이러한 인식을 토대로 환경영향평가에 대한 구체적인 국제적 기준을 설정하는 전지구적 차원의 조약이 필요하고 이를 효과적으로 집행·감시할 국제기구를 기존의 국제기구 중에서 지정하든 새로운 국제기구를 창설하여 임무를 수행하도록 하여야 할 것이다.

---

139) Peter H. Sand, *supra* note 1, pp. 273-275.

3. 통지 및 정보제공의 의무

1) 환경정보의 중요성

국제사회는 자연자원의 이용과 관련한 국가의 이익에 영향을 줄 수 있는 활동 및 상태에 관한 정보의 중요성을 인정하고 있다. 오늘날 환경정보는 국제환경법의 중심에 있는 사항으로 나타나고 있다. 앞에서 살펴본 환경영향평가는 환경정보를 얻기 위한 중요한 방법 중 하나이다. 이러한 방법과 별도로 국제사회는 국경을 넘는 환경적 영향을 미치는 일정한 활동에 관한 정보를 제공하는 방법을 발전시키고 있다. 즉 최근의 국제환경협약들에는 당사국에게 당해 조약상의 이행과 관련한 정보를 다른 당사국 또는 국제기구에 제공하는 법적 의무를 규정하고 있다.[140] 최근 들어 어느 국가가 자국의 관할권 내에서 또는 통제 아래에서 국경을 넘는 심각한 환경위해를 야기하는 방법으로 자국의 영토를 사용하고자 할 경우 이에 관한 정보를 피해가 예상되는 국가에 사전에 통지할 의무가 있다는 규정이 다수의 국제환경협약 및 환경관련 국제문서에 등장하고 있는 것이다.[141] 그리고 더 나아가서 해당 국가는 정보를 공급하고 교환할 의무가 있음을 승인하고 있다. 즉 국내적 차원에서 뿐만 아니라 국제적 차원에서 효과적인 환경의 관리·보호·협력을 위한 선행조건으로 정보(information)를 취급하고 있다. 각국은 환경위해의 위험성을 안고 있는 활동과 관련한 정보를 제공하고 긴급한 환경상태에 관하여 관련국가에 통지할 의무가 있음이 국제환경법분야에서 인정되고 있다. 그런데 여기서 유의할 점은 환경관

140) 이러한 의무를 포함하고 있는 주요한 조약들에 대해서는 Philippe Sands, *supra* note 27, pp. 826-868 참조.

141) O. Schachter, "The Emergence of International Environmental Law," *Journal of International Affairs*, Vol. 44, Winter 1991, p. 475.

련 조약을 비롯한 국제문서들을 살펴보면 정보교환, 정보제공, 통지 등의 의무가 각각 독립된 별도의 의무라기보다는 서로 중복되거나 연관되어 있다는 사실이다.[142)]

2) 국제적 동향

환경적으로 위험한 활동을 관련국가에 통지해야 할 의무는 Corfu해협사건에서 유추할 수 있다.[143)] 이 사건은 국제환경법과 직접적인 관련성은 없으나 통지의무의 고전적 사례로 평가되고 있다. 이 사건에서 ICJ는 알바니아에게 자국의 영해인 Corfu해협에 부설되어 있는 기뢰를 이 해역을 항해하는 선박에 통지해야 할 의무가 있다고 하였다.[144)] 또한 Lanoux호중재재판도 그 부수적 의견(in dicta)에서 Bayonne조약에 따라 프랑스는 댐건설계획을 스페인에게 알려주어야 한다고 밝혔다.[145)] 재판정이 Bayonne조약과 관계없이 통지의무가 적용될 수 있었는지 아닌지에 대한 문제는 밝히지 않았음에도, 많은 국제법학자들은 이 사건에 대한 해석을 통해 자국에게 귀책될 수 있는 계획된 활동이 국경을 넘는 환경위해의 위험이 심각하게 있는 경우에 그러한 환경상태에 대하여 통지할 의무는 국제관습법의 원칙으로서 각국에게 적용된다는 점을 명백히 표명하고 있다.[146)]

---

142) Philippe Sands, *supra* note 27, p. 828.

143) J. McLoughlin & E. G. Bellinger, *Environmental Pollution Control: An Introduction to Principles and Practice of Administration*(London: Graham & Trotman, 1993), p. 164.

144) Corfu Channel case(U.K. v. Albania), ICJ Reports(1949), p. 4 *et seq*.

145) Lac Lanoux case(Spain v. France), *R. Int'l Arb. Awards*, Vol. 12, 1956, p. 314.

146) Patricia W. Birnie and Alan E. Boyle, *supra* note 26, pp. 126-129; M. Bothe, "Transfrontier Environmental Management," in M. Bothe(ed.), *Trends In Environmental Policy and Law*(Berlin: Erlich Schmidt Verlag, 1980), p. 394; M. Bothe, "Development and Problems of Co-operation with regard to Transboundary Air Pollution in Western Europe," in C. Flinterman, B. Kwiatkowska & J.G. Lammers(eds.),

정보의 중요성은 환경분야에서도 예외는 아니어서 환경보호와 관련 있는 양자조약과 다자조약, UN총회와 UNEP의 결의 등에서도 정보와 관련한 규정이 등장하고 있다.[147] 정보 제공 및 통지의무는 처음에는 국제수로의 이용을 규율하는 원칙에서 나타났다. 즉 잠재적으로 위험한 활동을 다른 국가에 통지할 의무에 대해 공유수자원의 이용에 관하여 규정하고 있는 1966년의 '국제하천의 수류이용에 관한 헬싱키규칙'[148] 제29조는 "각 유역국은 적절하고 합리적으로 이용 가능한 정보(relevant and reasonably available information)를 다른 유역국에 제공할 것"을 권고하고 있다. 1972년 스톡홀름선언 원칙20은 최신 과학정보의 자유로운 흐름과 경험의 교류는 환경문제해결을 촉진하기 위해 지지되고 장려되어야 함을 천명하였다. 1982년 세계자연헌장은 정보와 관련한 의무의 범위와 내용을 확대하여, 자연에 관한 지식의 보급, 자연에 관한 과학적 연구지식의 보급, 자연의 과정·생태계·생물종의 악화현상 및 위협의 감시 그리고 개인이나 집단의 환경과 직접 관계가 있는 의사결정과정에 참가할 기회의 보장을 선언하고 있다.[149] 이러한 태도는 1992년 리우선언에서도 과학적·기술적 지식(정보)의 교환, 개인의 환경정보에 대한 접근 및 의사결정에 참여, 국가의 정보제공을 통한 공공의 인식과 참여의 촉진과 증진, 긴급상태에 대한 통지, 국경을 넘어서 환경에 심각한 영향을 야기할 수 있는 활동에 대하여

Transboundary Air Pollution: International Legal Aspects of the Co-operation of States(London: Martinus Nijhoff Publishers, 1986), pp. 123-124; G. Handl, "The Environment: International Rights and Responsibilities," *Proceeding of ASIL*, 1980, p. 224; Daniel B. Magraw, "Transboundary Harm: The International Law Commission's Study of International Liability," *AJIL*, Vol. 80, 1986, p. 328; Philippde Sands, *super* note 27, pp. 826-847.

147) J. Brunnée, *supra* note 4, pp. 106-108.

148) 이 규칙의 정식명칭은 Helsinki Rules on the Use of Waters of International Rivers이다. *reprinted* in IEL, p. 400.

149) 세계자연헌장 제15조, 제18조, 제19조, 제23조.

피해가 예상되는 국가에게 사전에 적시 통고 등을 규정하고 있다.[150] 그리고 법적 구속력은 없지만 1992년의 리우선언에서도 원칙19에 "각국은 심각한 국경을 넘는 심각한 악영향을 야기할 수 있는 활동에 대하여 피해가능성이 있는 국가에게 사전에 적기의 통지 및 관련정보를 제공해야 한다"고 천명하고 있다.

이와 관련된 내용은 UNEP의 활동 속에서도 나타난다. '2국 또는 그 이상 국가들에 의해 공유되고 있는 자연자원의 보존과 조화로운 이용에서 각국에 대한 지침을 위한 환경분야에서의 UNEP의 행위원칙초안'[151] 원칙6은 "다른 국가 영토의 환경에 심각한 영향을 줄 것이 합리적으로 예측가능한 자연자원의 보존 또는 이용"에 있어서는 인접국가에게 통고할 것을 요구하고 있으며, 원칙5는 협력원칙 및 선린성의 정신에 입각하여 정보 교환을 요청하고 있다. UNEP 환경법전문가그룹은 1993년에 공공의 인식, 교육, 정보 및 공공의 참여 촉진이라는 새로운 프로그램을 채택하였다.[152] 2001년에는 공공의 참여 및 환경정보에의 접근을 촉진하는 프로그램을 채택하였다.[153] 또한 WCED의 법률전문가그룹의 1986년 법원칙 제5조와 제6조도 국경을 넘는 자연자원과 관련하여 국가간의 정보교환과 정보제공을 지지하고 있다. ILA도 "원칙적으로 국가는 잠재적인 희생국에게 새롭거나 또는 증가하는 오염에 관한 정보를 제공해야 할 의무가 있다는 국제관습법규가 나타났다"고 결론을 내리고 있다.[154]

---

150) 리우선언 원칙9, 원칙10, 원칙18, 원칙19.

151) UNEP Draft Principles of Conduct in the Field of the Environment for the Guidance of States in the Conservation and Harmonious Utilization of Natural Resources Shared by Two or More States, UNEP G.A. Res. 3129(XXVIII), U.N. Doc. UNEP/IG 12/2(1978), *reprinted* in ILM, Vol. 17, 1978, p. 1097.

152) Programme for Development and Periodic Review of Environmental Law, Programme G; UNEP/GC 17/5, 2 Februrary 1993, 14.

153) Programme for Development and Periodic Review of Environmental Law for the First Decade of Twenty-First Century, section 7, GD Res. 21/23(2001).

154) ILA, Report of the Sixtieth Conference, 1982, p. 173, *reprinted* in J. McLoughlin &

1986년 체르노빌사건 발생 직후 국제원자력기구(IAEA)가 채택한 '핵사고조기통고에 관한 협약'[155]에서도 국가들로 하여금 국경을 넘는 환경피해의 위협이 있는 핵시설이용에서 발생하는 사고 또는 작동상의 난점에 대하여 시기적절한 주의경고를 하도록 규정하고 있다.[156] 특히 1989년 Basel협약[157] 제13조에서도 다른 국가의 인간건강과 환경에 위험을 가져다주는 위험폐기물의 국경을 넘는 이동(transboundary movement)의 경우에 즉시 통지할 의무를 규정하고 있다. 1992년 산업사고의 국경을 넘는 영향에 관한 협약 제4조도 위험한 활동에 대해 피해국가에게 통고할 것을 규정하고 있다. 1992년 생물다양성협약도 당사국에게 생물다양성의 긴박하고 중대한 위험 또는 손해에 대해 잠재적인 피영향국가에게 즉시 통보하도록 규정하고 있다.[158] 2000년 생명공학안전의정서[159] Biosafety Protocol도 생물다양성의 보존과 지속가능한 이용에 심각한 악영향을 줄 수 있는 유전자조작식물의 국경을 넘는 이동에 관하여 잠재적인 피영향국가에게 통지할 적절한 조치를 취하도록 규정하고 있다.[160]

2001년 '위험한 활동으로부터 야기되는 국경을 넘는 손해의 방지에 관한 규정초안' 제8조도 '통지와 정보'(notification and information)

E. G. Bellinger, *supra* note 143, p. 164.

155) 이 협약의 정식명칭은 Convention on Early Notification of a Nuclear Accident이다. *reprinted* in ILM, Vol. 25, 1986, p. 137.

156) 이외에도 환경적인 위험이나 잠재적인 위험에 관한 사전통지의무의 내용을 포함하고 있는 조약은 '멕시코-미국 간의 경계협정' 제6조, 1979년 ECE협약 제3조, 제4조 및 제8조, 1985년 자연 및 자연자원의 보전에 관한 ASEAN협정 제18조 내지 제20조, 오존층 보호를 위한 비엔나협약 제4조 등이 있다(J. Brunnée, *supra* note 4, p. 107).

157) 이 협약의 정식명칭은 Basel Convention on the Control of Transboundary Movements of Hazadous Wastes and Their Disposal이다. *reprinted* in IEL, p. 601.

158) 생물다양성협약 제14조 1항(d).

159) 이 협약의 정식명칭은 Cartagena Protocol on Biosafety to the Convention on Biological Diversity이다. *reprinted* in ILM, Vol. 39, 2000, p. 1027.

160) 생명공학안전의정서 제17조 1항.

라는 제목 아래에 "기원국은 영향을 받을 가능성이 있는 국가에게 적시에 위험 및 평가에 대하여 통지를 제공하여야 하고, 환경영향평가의 기초가 된 이용 가능한 기술적 및 다른 모든 적절한 정보를 제공하여야 한다"고 규정하고 있다. 그리고 초안 제17조는 '긴급사태의 통지'(notification of an emergency)라는 제목을 두고 "기원국은 지체 없이 그리고 가장 편리한 수단에 의해, 영향을 받을 가능성이 있는 국가에게 이 규정의 적용범위 내에 있는 활동에 관련한 긴급사태를 통지하고 또 그 국가에게 모든 이용 가능한 적절한 정보를 제공하여야 한다"고 규정하고 있다.

3) 통지 및 정보제공의무에 대한 법적 평가

통지와 정보제공의무는 국경을 넘는 환경오염을 예방하기 위하여 고안된 절차법 체제의 사활적 요소로서 일반적으로 승인된 국제환경법의 원칙이다.[161] 그러나 이러한 많은 증거에도 불구하고 국가의 활동이 잠재적으로 국경을 넘는 환경오염의 우려가 있는 경우에 인접국가에 통지 또는 정보를 제공할 의무가 국제관습법으로서의 지위를 갖는가에 대한 견해는 일치를 보지 못하고 있다. 1972년 스톡홀름회의에서 제안된 원칙20 초안은 "각국은 그 국가 관할권 밖의 지역환경에 심히 반하는 영향의 위험을 피하기 위하여 필요하다고 그들이 믿고 있거나 믿을 수 있는 근거를 가지고 있을 때 그들의 관할권 내 또는 통제 아래에서 활동이나 개발에 관한 적절한 정보"를 교환할 것을 각국에게 요구하는 용어를 포함하고 있었다.[162] 그러나 이 원칙초안은 통지의무가 제3세계 경제발

---

161) 김대순, "적법행위에 대한 국가책임이론의 정립을 향하여: 2001년 ILC초안을 중심으로," 『국제법학회논총』 제48권 제1호, 2003, 21면.

162) Draft Declaration on the Human Environment, U.N.Doc. A/CONF. 48/4, Annex,

전에 방해가 될 것이라는 점을 염려한 개발도상국, 특히 브라질과 전달하고자 하는 정보의 종류를 결정하는 것은 주권적 권리라고 주장한 몇몇 국가의 주장에 의해 폐기되었다.[163] 그래서 사전공표가 국제관습법상의 의무라는 관념은 단지 모호한 지위만을 남기고 있다고 주장하는 견해도 있다.[164][165]

그런데 이러한 사전통지의무를 법전화하는 것은 각국의 진정한 열망과 일치하지 않는 결과를 가져올 수 있다. 왜냐하면 각국은 사전공표(prior disclosure)라는 특별한 의무를 그들의 이익과 반대되는 것으로 파악하기 때문이다. 의무는 각국이 의무를 만족시키기 위하여 행위의 범위를 넓게 해석할 수도 있는 일반성의 수준에서 추출된다. 또한 많은 협정은 통지의무이행의 적시(timeliness)에 대한 기준도 명확하게 열거하고 있지 않다.[166] 더욱이 각종 헌장과 결의들은 전형적으로 통지하여야 할 대상을 "적절하고 합리적으로 이용 가능한 정보"[167](relevant and reasonably available information), "모든 적절하고 이용 가능한 정보"[168](all relevant and available information),

---

para. 20, 1972, p. 4.

163) Louis B. Sohn, "Stockholm Declaration on the Human Environment," *Harvard International Law Journal*, Vol. 14, 1973, p. 500; J. Schneider, *supra* note 511, p. 159: 당시 브라질은 아르헨티나와 환경분쟁 중이었기 때문에 모든 사전통지의무 또는 협의의무의 도입을 반대하였다(J. Brunnēe, *supra* note 4, p. 106).

164) Allen L. Springer, *supra* note 66, p. 147.

165) 그러나 이러한 정보제공의무는 UN총회의 의제로도 다루어졌는데, 1972년에 환경관련정보의 교환의무가 총회 결의2995에 규정되었다. 즉 "만약 자국의 영역에서 수행되는 업무와 관련한 기술적인 정보가, 인접지역의 환경에 발생할지도 모르는 중대한 위해를 피할 목적으로, 공개적이고 공식적으로 제공된다면 환경분야에서의 국가간의 협력이 효과적으로 이루어질 것이다." 또한 1973년의 총회 결의3129에서 이러한 의무는 공유자연자원에 관하여 더욱더 구체적으로 명시되었다. 즉 "자연자원을 공유하는 국가들 사이에는 그러한 자원의 개발에 있어서 정보 및 사전협의체계를 더욱 발전시켜야 한다." 이와 같이 스톡홀름선언에서는 채택되지 않았지만 그 후 국제무대에서 빈번히 논의되고 있음은 부인하기 어려울 것이다.

166) Aida Luisa Levin, *supra* note 7, p. 9.

167) International Law Association, Report of the 52nd Conference, 1966, p. 84.

"이용 가능한 기술적이고 모든 기타 적절한 정보"[169](available technical and all other relevant information), "적당한 정보"[170](appropriate information) 또는 단순하게 "정보"[171](information) 라는 모호한 용어를 사용하고 있다. 그런데 정보가 '적절한'(relevant)지 또는 '이용 가능한'(available)지를 결정하는 보편적인 기준은 나타나 있지 않다.[172] 다시 말해서 대부분의 국제문서들이 의무를 발생시키는 데 필요한 환경위해 정도를 구체화하지 못하고 있다. 결국 통지의무도 고도의 희망을 표현하는 공허한 추상적 개념에 불과하다는 비판을 모면하기 어려운 실정이다.

통지의무의 모호한 이론적 근거는 증명되지 않고 고도로 논쟁이 될 수 있는 가정에 기초한다. Bothe는 정보를 제공할 의무는 잠재적인 피영향국(a potentially affected state)에게 "자국을 보호하고 해롭지 않은 환경을 향유하는 데 자국의 이익을 주장"하는 것을 허용할 것이라고 주장한다.[173] Magraw는 그러한 의무가 피해국에게 위해(harm)를 최소화하기 위하여 고안되었다는 것은 '명백하다'고 주장하고, 만약 미국이 인도의 Bhopal에 있는 Union Carbide공장의 허술한 직업훈련과 공장설계를 알았다면 "인도에 그러한 위험의 통보는 인도가 구제행위를 취하도록 하였을 것이고 전적으로 그 재난을 피했을 것"이라는 가정을 세우기도 하였다.[174] 그러나 설사

---

168) Schematic Outline, "Third Report on International Liability for Injurious Consequences Arising Out of Acts Not Prohibited by International Law," Yearbook of ILC 1982, Vol. Ⅱ(part 2), p. 62.

169) Draft Articles on Prevention of Transboundary Harm from Hazardous Activities 제8조; ILC Report(2001), p. 406.

170) OECD Recommendation C(77) 28, *reprinted* in *OECD*, *Legal Aspects of Transfrontier Pollution*(Paris: OECD, 1977), p. 29.

171) 국가의 경제적 권리의무헌장(Charter of Economic Rights and Duties of States) 제3조, U.N. Doc. A/RES/3281, *reprinted* in ILM, Vol. 14, 1975, p. 255.

172) Daniel B. Magraw, *supra* note 146, p. 328.

173) M. Bothe, "Transfrontier Environmental Management," in M. Bothe(ed.), *Trends In Environmental Policy and Law*(Berlin: Erlich Schmidt Verlag, 1980), p. 394.

174) Daniel B. Magraw, *supra* note 146, p. 328.

Union Carbide의 행위를 미국에 귀책시키더라도(실제 그럴 수 없지만) 1984년 Bhopal사고는 통지의무를 부과하는 것이 무용지물이라는 것을 보여줄 것이다. 즉 어눌한 국가 관료들은 자주 제공된 정보에 대응하는 동원력을 보이지 못하기 때문이다. 인도는 미국보다도 위험을 알 수 있는 더 나은 위치에 있었고, 또한 신문 보도에 의하면 인도정부의 노동부 공무원이 사고 이전에 공장의 중요한 안전상태를 알고 있었다고 한다.[175] 설령 미국이 인도정부에게 공장의 위험을 보고하였더라도 인도정부가 공장을 폐쇄할 것을 환기시키거나 공장근처 주민들에게 철거할 것을 고무했을지는 의심스러워 보인다.

더욱 일반적 수준에서 볼 때, 어떻게 단순한 정보 규정이 국경을 넘는 환경위해를 줄일 것인지 불분명하다. 다시 말해서 어느 정도의 위해와 위험이 통지 또는 정보교환의무를 발동하게 하는가가 명백하지 않다.[176] 결국 정보를 제공할 단순한 의무는 국가관할권 밖의 환경에 커다란 위험을 주는 활동을 삼가게 할 구체적인 어떠한 의무도 부과하지 않는다. 책임기준의 부재 또는 위해를 가하기 전의 행위원인의 부재는 어떻게 사전통고(prior notice)가 어느 국가가 오염되지 않은 환경에 그의 법적으로 보호된 이익을 주장하는 것을 가능하게 할 것인가에 대한 구상을 어렵게 만들었다.

이러한 난점에도 불구하고 통지의무에 대하여 많은 학자들의 지지는 거의 전폭적이다.[177] 그러나 통지의무가 특히 조약들과 선언들 속에 성문화되었을 때 다음과 같은 점에서 환경보호라는 목적

175) *N.Y.Times*, Dec. 29, 1984, col. 3.

176) J. Brunnée, *supra* note 4, p. 108.

177) *Ibid.*; M. Bothe, "International Legal Problems of Industrial Siting in Border Areas and National Environmental Policies," in Transfrontier Pollution And The Role of States, OECD ed., 1981, p. 87; O. Schachter, *supra* note 141, pp. 475-479.

에 역행할 수도 있다. 첫째, 통지의무규정의 부주의한 기안은 원인국이 피해국에 정보를 제공함으로써 단순히 국경을 넘는 위해를 피하기 위한 그들의 책임을 이행하였다고 주장하는 것을 허용할 수 있다. 1972년 스톡홀름회의에서 멕시코대표는 "원칙21과 원칙22에 구체적으로 표현된 환경보호를 보장할 책임은 단지 인접국가들에게 통지하는 것만으로 충분하다"라는 의미로 해석될 수 있다는 이유로 원칙20 초안에 반대하였다.[178] 둘째, 각국이 가지고 있는 정보를 제공하는 의무에 있어서 정보유형의 모호함은 불충분하거나 부적합한 정보를 제공하는 것으로 각자의 의무를 다한 것으로 허가해 주는 위험을 안고 있다. 국가안전을 위한 예외[179](national security exception), 공표기준의 불확정성, 각국의 정보공표에 대한 일반적인 기피는 통지의무가 원인국가의 편에서 이익이 되게 해석될 수 있게 하고 있다. 그래서 어떤 국가가 의무의 정신을 모욕하는 것인데도 그 행위를 국제의무를 충족하게 하는 것으로 옹호할 수 있을 것이다. 셋째, 통지의무는 각국에게 환경적으로 위험한 행위를 국제법적으로 합법화하는 역할을 할 수도 있다.

결론적으로 잠재적인 환경위해에 대하여 인접국가에게 통지하거나 정보를 제공할 의무를 규정하고 있는 문서들이 존재하지만 조약상의 규정으로 나타나고 있는 것은 상대적으로 적은 편이고 대부분은 법적 구속력이 없는 국제기구의 결의 또는 선언, 국제법관련 연구단체의 결의 등을 통해서 나타나고 있는 상황이다. 따라서 이러한 통지의무의 위반을 이유로 국가책임을 부과하기는 현실적으로 어렵다. 단지 국제환경법의 연성법적 성질로 인하여 나타나는

178) U.N. G A 27th Session, Second Committee, U.N. Doc. A/C. 2/SR. 1470, 1972, p. 19.

179) 국가안전을 위한 예외는 "각국이 국가 또는 산업안전을 위험에 빠뜨릴 수 있는 정보를 제공하지 않을 것"이기 때문에 불가피하다고 한다(Daniel B. Magraw, *supra* note 146, p. 328).

현상으로서 각국이 국경을 넘는 심각한 위해나 심각한 위해의 위험성에 대하여 관련국가에 통지 또는 정보를 제공할 의무를 지고 있다는 점에 대하여 폭넓게 인식되고 있음을 보여주고 있다.

4. 협의의무

국경을 넘는 환경오염을 방지하기 위해서는 오염원인국과 잠재적 피해국간에 긴밀한 논의구조를 설정하는 것이 필요하다. 즉 잠재적 오염원인국과 피해국 사이에 손해를 발생시키거나 또는 발생시킬 수 있는 활동에 대한 지식이 공유되고 이에 관련한 충분한 정보도 교환된 상태라면, 계획된 활동에서 발생되는 손해 또는 손해발생의 위험을 어떻게 방지하느냐에 대하여 관련국간에 충분히 협의하여 이에 적합한 방지체계를 창출해 내는 일이 필요하다. 이것이 바로 협의의무(duty to consult)이다. 관련국가 상호간에는 신의성실과 협력정신에 바탕을 두고 당사국들의 이익을 고려하는 체계를 설정하기 위해 협의하여야 한다.[180] 이러한 협의에서 다루어지는 내용은 대개 환경정책적 판단이 필요한 것이지만 일부 사항에서는 기술적인 측면의 고려도 필요한 경우가 있을 수 있으므로 외교관들간의 협의뿐만 아니라 당사국 전문가들의 협의 또한 필요하다 할 것이다.[181] 오염원인국 또는 피해국이 다수인 경우에는 어느 한 국가의 선도적 역할에 의하여 관련국가들 전부가 참가하는 회의가 진행되게 할 수 있다.[182]

---

180) Yearbook of ILC 1990, Vol. Ⅱ(part 1), p. 107.

181) Allen L. Springer, *supra* note 66, p. 151.

182) Yearbook of ILC 1990, Vol. Ⅱ(part 1), p. 107.

잠재적인 피영향국가에게 국경을 넘는 손해를 야기할 우려가 있는 활동에 관한 정보를 제공하고 그러한 정보를 바탕으로 관련 국가가 협의하는 것은 환경피해를 예방하기 위해서 매우 중요한 절차적 규칙이다. 관련국가간의 이러한 협의의무는 국제재판에서도 인정되었다. 예를 들면, 협의의무에 대한 지지는 Lanoux호사건에서 볼 수 있다. 그뿐만 아니라 협의에 관한 원칙은 1969년의 북해대륙붕사건[183]과 1974년의 어업관할권사건[184]에서 ICJ에 의해 인정되었다.

리우선언 원칙19는 "각국은 국경을 넘어서 환경에 심각한 악영향을 야기할 수 있는 활동에 대하여 피해가 예상되는 국가에게 사전에 적시적인 통고 및 관련정보를 제공하여야 하며, 초기 단계에 성실하게 이들 국가와 협력하여야 한다"고 규정하고 있다. 이외에도 많은 조약과 국제문서에 협의의무가 반영되어 있다.[185]

2001년 '위험한 활동으로부터 야기되는 국경을 넘는 손해의 방지에 관한 규정초안' 제9조는 1항은 '예방적 조치에 관한 협의'(Consultation on preventive measures)라는 제목을 두고 "관련국들은 국경을 넘는 심각한 손해를 예방하거나 또는 어떤 경우에는 그 위험을 최소화하기 위하여 채택될 조치와 관련하여 수락 가능한 해결을 달성하기 위하여 어느 한쪽의 요청에 따라 협의에 들어가야 한다"라고 규정하고 있다.[186] 계속해서 2항에는 "초안규정 제10조에 비추어 이익의 형평한 균형에 기초한 해결을 구해야 한다"고 규정하고 있다. 초안규정들이 대개 정보제공이나 통고 등 절차적 의무를 담고 있는데 반해, 제10조는 협의 또는 협상에서 관련

---

183) North Sea Continental Shelf case(Federal Republic of Germany v. Denmark; Federal Republic of Germany v. Netherland), ICJ Report(1969), p. 3 at 47.
184) Fisheries Jurisdiction(Merits)(UK v. Iceland), ICJ Report(1974), p. 3 at 31-32.
185) 협의의무를 규정하고 있는 다양한 조약에 관해서는 Philippe Sands, *supra* note 27, pp. 838-840 참조.
186) ILC Report(2001), p. 409.

국가들 사이의 이익의 균형을 적절히 확보하기 위해 노력할 때 기초로 삼아야 하는 여러 실체적 요소를 열거하고 있는데 제10조는 초안규정의 중심적 위치를 차지하고 있다. 초안 제10조(이익의 형평한 균형과 관련된 요소)의 규정을 보면 다음과 같다.

(a) 국경을 넘는 중대한 손해의 위험정도 그리고 그러한 손해를 예방하거나 그 위험을 최소화하거나 그 손해를 교정하기 위한 수단의 이용가능성의 정도
(b) 활동의 중요성, 단 그 활동이 영향을 받을 가능성이 있는 국가에 대해서는 잠재적 위해(harm)를 주지만 기원국에 대해서는 사회적·경제적·기술적 성격의 전반적인 이점(advantages)을 줄 수 있음을 고려할 것
(c) 환경에 대한 중대한 위해의 정도 그리고 그러한 손해를 예방하거나 또는 그 위험을 최소화하거나 환경을 원상회복하기 위한 수단의 이용가능성
(d) 기원국과 적절한 경우 영향을 받을 가능성이 있는 국가가 예방비용에 기여할 준비가 되어 있는 정도
(e) 예방비용을 생각하고 또 다른 곳 또는 다른 수단에 의해 그 활동을 수행하거나 그것을 대체활동으로 교체할 수 있는 가능성과 관련하여 그 활동의 경제적 실행가능성(economic viability)
(f) 영향을 받을 가능성이 있는 국가와 동일하거나 또는 유사한 활동에 적용하는 예방의 기준 그리고 유사한 지역적 또는 국제적 관행에서 적용되는 기준[187]

제10조의 목적은 이익의 형평한 균형에 기초한 해결을 달성하기 위해 협의에 참여하는 국가들을 위해 지침을 제공하는 데 있다.

187) *Ibid.*, p. 412.

이익의 형평한 균형에 도달하려면 사실이 입증되어야 할 것이고 또한 모든 관련 요소가 검토되어야 한다. 그런데 제10조에 언급된 요소와 사정은 완벽한 목록이 아니며 이들 요소와 사정들 간에 우선순위가 있는 것도 아니다.[188] 아무튼 관련 국가들이 이러한 요소들을 고려하여 이익의 균형을 확보할 수 있는 예방체계의 확립을 이루었다면 일단 협의의무는 다한 것으로 보아야 할 것이다. 이러한 요소들이 법적 의미를 지닌 것이 아니므로 협의 또는 협상에서 고려해야 할 내용으로서 의미만을 갖는다. 그러나 이러한 요소들이 잠재적인 오염원인국들과 피영향국들 사이에서 신의성실(good faith)에 따라 활동하도록 한다는 점에서 일정한 법적 가치가 있다고 하겠다.[189]

그러나 국경을 넘는 환경오염의 경우에 잠재적인 피해국인 인접국가와 협의해야 할 의무가 일반국제법규로 존재하는지 여부는 명백하지 않다. 몇몇 학자들은 국경을 넘는 환경오염의 경우에 일반적인 협의의무가 존재한다고 주장한다.[190] 그러면서 수자원이용 분야에서 협의의무는 국제관습법상의 법규로 넓게 인정되고 있다고 주장한다.[191] 그러나 또 다른 학자들은 국가관행의 존재와 법적 확신을 확인하는 특히 대기오염에 관하여는 충분하지 않다고 주장한다.[192]

188) 초안 제10조에 대한 자세한 해석은 김대순, 『국제법론』(제11판)(서울: 삼영사, 2006), 553-556면 참조.

189) *Yearbook of ILC 1990*, Vol. Ⅱ(part 1), pp. 93-94, para. 39.

190) M. Bothe, "Developments and Problems of Co-operation with Regard to Transboundary Air Pollution in Western Europe," in C. Flinterman, B. Kwiatkowska & J.G. Lammers(eds.), *Transboundary Air Pollution: International Legal Aspects of the Co-operation of States*(London: Martinus Nijhoff Publishers, 1986), p. 123.

191) J. Brunnée, *supra* note 4, p. 108: 미국과 영국 간에 체결된 캐나다와 미국 간의 경계수역에서 나타나는 문제를 다루고 있는 1909년 경계수역조약(Boundary Waters Treaty)은 공동위원회(International Joint Commission)의 구성과 함께 당사국들은 중요한 과제 중 하나로서 협의를 위한 forum을 제안하는 하나의 조직체를 제안했다.

192) Frederic L. Kirgis, *supra* note 26, pp. 359-360.

생각건대, 많은 사례에서 볼 수 있는 국가관행은 특히 중대하게 위험한 위해를 중심으로 논의되어 왔는데, 이러한 측면에서 보면 국경을 넘는 심각한 환경위해를 야기하거나 야기할 우려가 있는 경우에 국제관습법상의 법규는 국가들로 하여금 관련 인접국가들과 협의할 의무를 부여하고 있다고 볼 수 있다. 그러나 협의의무는 단지 신뢰 속에서 협의하고 협상할 의무이지 실제로 합의에 도달할 의무는 아니라는 점을 분명히 인식해야 한다.[193]

5. 절차적 의무에 대한 비판적 검토

원래 국제환경법은 국경을 넘는 환경손해에 대한 배상과 보상의 지불 등 피해자의 사후구제에 관한 책임제도에 중점을 두었으나 환경문제의 특수성과 책임제도의 메커니즘상 효과적인 환경보호를 실현하는 데 부적합함을 인식하고 각국에게 절차적 의무를 부과하여 예방적 측면의 법적 제도를 검토하기에 이르렀다. 그리하여 각국에게 환경오염의 사전방지를 위한 절차적 의무를 부과하고 있는 환경조약이 다수 등장하게 된다. 그러나 절차적 의무는 생활방해형 책임제도(a nuisance-style liability regime)가 조성하기도 한 대립을 막는 데는 실패하고 있다. 사전환경영향평가 또는 통지의무의 위반은 손해의 발생 '후'까지 국가를 책임의 청구에 복종시키지 못한다.[194] 그래서 사전피해방지책임(pre-injury responsibility)도 환경오

193) J. Brunnée, *supra* note 4, p. 111.

194) Pierre-Marie Dupuy는 "국제법위반으로 인한 손해는 구제할 책임이 있다. 그래서 이것은 손해발생 후에만 발생하는 파생책임(derived liability)이고, 바로 이런 이유로 이와 같은 책임방식은 보통은 피해를 방지하기 위한 법적 장치로 이용될 수 없다"고 주장하고 있다(Pierre-Marie Dupuy, *supra* note 137, p. 379).

염을 방지하기 위한 방법으로는 한계를 보여주고 있는 것이다. 또한 실체적 법규를 대신한 절차적 의무는 역설적으로 환경보호에 있어서 국제법의 역할을 제한하고 있다고도 볼 수 있다. 심하게 말하면 환경위험평가(evalution of environmental hazards)는 거의 행위의 어떤 과정이 국제법을 위반하게 될 것인가와 관련하여 거의 방향을 제시하지 못하고 있다. 또한 정보제공 및 통지의무는 실제로 아무것도 명령하지 못한다. 즉 그것은 오염원인국가가 새로운 정보에 부합되게 그들의 행위를 변경해야 하는지 아닌지 그리고 어떻게 변경해야 할지에 관하여 아무런 지침을 제공하지 않는다. 이런 측면에서 볼 때, 사전평가·통지의무에 대한 지나친 집착은 국경을 넘는 환경오염을 줄이지 못할 것이다. 다시 말해서 절차적 의무에 대한 편향된 집착은 사실상 환경적으로 위험한 행위를 합법화할 수 있는 위험성을 지니고 있다. 절차적 의무의 이행은 sic utere tuo ut alienum non laedas원칙으로부터 연유하는 실체적 의무를 면제하는 사유로 작동할 수 있는데, 사전평가·통지의무 같은 절차적 의무가 심각한 국경을 넘는 환경오염을 방지할 실체적 규범을 대신한다면 각국은 평가와 통지보고의 제출만으로 그들의 국제의무를 다하게 되는 것이다. 이는 극단적으로 보면 절차적 의무가 이행되는 한, 절차적 의무는 국가에게 국경을 넘는 환경오염을 발생시켜도 무방하다고 할 수 있는 묵시적인 허가증을 주는 것이라고 볼 수도 있다. 결국 절차적 의무에 명확한 내용을 부여하지 못함으로써 이런 새로운 제도는 국제법전문가들이 국가책임제도를 발전시키기 위한 시도 속에서 저질렀던 과오와 혼합되어 나타나고 있다는 비판을 모면하기 어려운 상황이다. sic utere tuo ut alienum non laedas원칙을 실체적 의무규정으로 법전화하는 데 실패한 원인은 한편으로 중요하지 않은 의무를 부과하는 일반적 의무와 다른 한편으로 각국의 의지와 대립하는 특수한 의무간의 갈등을 조정하지 못한데서 유래하였다. 유사하게 절차적 의무의 함정은 일련의 애매모호한 의무를 공포함으로써 이전의 책임제도와 같은 단계의 허약한 제도를 낳을 우려가 있음을 유념해야 한다. 환경관련 국제의무를 포함한 실체법의 강화와 국제책임제도의 확립 그리고 이와 조화를 이루며 효과적인 지구환경보호를 위한 절차적 의무규정을 발전시키기 위한 의지와 실천이 요구되는 것이다.

제 10 장

국제환경협약의 실효성을 위한 비당사국에 대한 무역규제

1. 국제환경협약상 무역규제
2. 환경보호를 위한 무역규제에 관한 논쟁
3. 비당사국에 대한 유인방법과 무역규제의 방식
4. 무역규제조치의 법적 근거
5. 무역규제조항을 포함하고 있는 국제환경협약

제 10 장 국제환경협약의 실효성을 위한 비당사국에 대한 무역규제

1. 국제환경협약상 무역규제

현재 국제사회는 날로 심각해지고 있는 지구환경오염을 방지하기 위하여 다수의 환경관련 국제선언과 국제환경협약·헌장을 체결·채택하여 국가에 대하여 환경보호의무를 부과하고 있지만 이와 같은 의무들이 충분히 이행되고 있는 것은 아니다. 더구나 많은 국가들은 지구환경보존에 상당히 중요하게 여겨지는 국제환경협약에 가입하고 있지 않고, 가입한 국가들도 조약의 핵심조항에 대하여 유보를 선언하여 해당조약의 의의를 경감시키고 있다. 또한 가입국들도 국제환경협약들의 환경보호의무에 대한 실효적 이행 정도가 만족할 만한 상태라고는 볼 수 없다. 지구환경문제는 각종의 오염원으로 인한 환경파괴를 막아내고, 생태계를 보존하여 인간의 삶의 질을 향상시키기 위하여 어떻게 각국의 노력을 집약하고 그 의지를 실효적으로 실현해 나가느냐 하는 문제라고 볼 수 있다. 이는 곧 실효적인 국제환경법체계의 확립 및 이행과 직결되는 문제이다.

최근에 국제환경협약의 실효성[1](effectiveness)을 확보하기 위하여

1) 여기서 실효성이란 협약이 의도했던 목적을 달성했는가와 협약 자체가 애초에 문제해결을 위해 제대로 접근했는가를 의미한다(이재협, "국제환경협약에서의 이행 및 준수체제," 『서울국제법연구』 제6권 2호, 1999, 262면).

협약상의 의무 불이행국가 또는 비당사국에 대하여 무역규제(거래금지 또는 제한)를 허용하는 규정이 나타나고 있다. 지구환경문제는 개별국가의 노력만으로는 해결이 비효율적이거나 불가능하기 때문에 전지구적 차원의 국제협력이 필수적인데 환경요인을 고려하지 않은 제품의 국가간 이동을 규제하지 않는다면 환경규제의 실효성은 반감될 것이다. 그런데 각국은 자국의 경제적 사회적 여건에 따라 상이한 환경정책을 채택할 수 있는 주권적 권리를 가지고 있으므로 지구환경보호를 위한 환경규제에 대한 견해가 상반될 수 있으며, 자국의 경제적 여건을 이유로 국제환경협약에 참여하는 것을 꺼려하거나 무임승차(free ride)를 시도할 수 있다. 이러한 경우 지구환경보호에 필수적인 의무의 이행을 거부하거나 비협조적인 국가에 대하여 무역규제조치를 취하는 것은 지구환경보호를 위한 국가의 참여를 견인하는 역할을 한다. 국제환경협약상의 의무불이행에 대한 제재조치 중의 하나가 무역규제조치이다. 조약은 원칙적으로 당사국에 한하여 의무를 부담시키고 있기 때문에 환경관련 국제조약의 비당사국에게는 조약상의 의무이행을 요구하는 것이 불가능하게 된다. 그래서 비참여국에 대한 제재의 방법으로 무역규제조치 등이 등장하고 있다.

2. 환경보호를 위한 무역규제에 관한 논쟁

1972년 스톡홀름선언 원칙24는 "환경의 보호와 개선에 관한 국제문제는 국가의 대소에 관계없이 평등한 입장에서 협조적인 정신에 따라 취급되어야 한다. 다국간 협정, 양국간 협정 및 기타 적당한 방법에 의한 협력은 모든 국가의 주권과 이익에 충분한 고려를 하면서, 모든 분야의 활동에서 생길 수 있는 환경에 대한 악영향을 효과적으로 규제하고 예방하며 감소시키고 제거하기 위하여 불가결한 것이다"라고 하고 있다. 그러나 각국은 지구환경을 보호·보존하기 위하여 협력한다는 기본원칙에는 동의하고 있으나 지구환경보호·보존을 위한 책임과 재정부담에 대해서는 극심한 대립을 보이고 있다. 지구환경보호를 위한 국제적 노력은 많은 국제환경협약들의 체결로 나타나고 있는데, 이들 협약 중에는 무역규제를 포함하고 있는 경우도 있다. 그런데 지구환경보호를 위해 무역을 규제할 수 있는가? 이에 관하여 개발도상국과 선진국 사이에, 환경보호론자와 자유무역론자 사이에 의견이 대립되고 있다.

1) 선진국과 개발도상국의 논쟁

지구환경보호를 위한 무역규제문제에 관하여 선진국과 개발도상국간의 입장대립은 그동안의 국제환경회의 또는 국제환경협약체결과정에서 표출되었다. 선진국은 범세계적인 환경보호조치의 필요성을 강조하면서 국가별 환경보호조치의무, 강력한 예방의무 및 오염자부담원칙(polluter pays principle) 등 환경보호 측면을 강조하고, 반면에 개발도상국은 개발의 필요성과 발전권(right to development)을 주장하면서 개발도상국의 특수한 사정, 지구환경파괴에 대한 선진국의 역사적이고 누적적인 책임을 고려한 보상형식의 재정 및 기술지원을 요구하고 있다. 선진국은 오염자부담원칙에 따라 모든 당사국이 오염을 감소시키고 비용도 분담하여야 하며, 환경보호를 위한 조약의 이행을 위해서는 어느 정도의 무역규제는 필요하다고 주장하는 반면에, 개발도상국은 지금의 지구환경문제는 과거 선진국이 산업화과정에서 환경오염을 일으킨 결과이기 때문에 선진국이 더 많은 비용을 부담하고 책임져야 한다고 주장한다.

1972년의 스톡홀름선언 원칙21은 개발이익과 환경보호를 균형 있게 취급하였으나, 1992년 리우선언은 개발에 비중을 더 두고 있다는 비판을 받고 있다.[2)] 리우선언에서 보여지는 바와 같이 환경보호정책과 경제개발정책 사이의 조화는 향후 국제환경협약의 실효적인 이행에서 핵심적인 과제이다. 선진국들 입장에서 접근해 보면, 스톡홀름선언과 리우선언 모두 핵심적인 문제는 환경보호이다. 선진국 사람들은 일반적으로 개발도상국 사람들보다 경제적으로 안정되어 있기 때문에 삶의 질의 문제에 대하여 깊은 관심을 보이게 된다. 이와는 반대로 개발도상국들 입장에서 보면, 이들은 대체로 제2차 세계대전 이후에 독립한 국가들로 사회·경제적 성장이 주요한 문제였다. 따라서 이들 국가는 자연자원의 개발에 관심을 두게 되었다. 근대 국제법에서 자연자원에 대한 주권개념은 탈식민지시대에 자결권(right of self-determination)의 일부로 발전되어 왔다. 그런데 자연자원의 개발을 통하여 이미 높은 생활수준을 누리고 있는 선진산업국들이 제3세계국가에게 자연자원을 개발하는 것을 삼갈 것을 요구하고, 이를 위반하여 생산되는 제품 등에 대하여

---

2) 리우선언은 스톡홀름선언이 개발과 환경을 균형 있게 강조한 것에 비해 경제적 발전에 더 호의적 태도를 보인 것으로 평가한다. Wirth 교수는 "리우선언은 스톡홀름선언에서 환경과 개발 사이를 균형 있게 간주하였던 것을 전체적으로 거절하였다. 환경에 대한 권리 대신에 리우선언 원칙3은 개발권리는 개발과 환경에 대한 현세대와 미래세대의 요구를 공평하게 충족할 수 있도록 실현되어야 한다고 규정하고 있다"라고 언급하고 있다(David. A. Wirth, "Rio Declaration on the Environment and Development: Two Steps Forward and One Back, or Vice Versa?" *Georgia Law Review*, Vol. 29, 1995, p. 614). 또한 Guruswamy 교수도 스톡홀름선언 원칙21에 규정하고 있는 국경을 넘어 손해를 야기하지 말아야 할 의무는 리우선언 원칙2에서 약화되었음을 지적하였다. 즉 스톡홀름선언은 개발정책이 아니라 단지 '환경정책'에 의거해야만 자연자원을 개발할 권리를 허용하였으나 리우선언은 각국은 자국의 '환경정책뿐만 아니라 개발정책'에 의거하여 자국의 자원을 개발할 권리가 있음을 선언하고 있다는 것이다(Lakshman Guruswamy, "International Environmental Law: Boundaries, Landmarks, and Realities," *Natural Resources and Environment*, Vol. 10, 1995, p. 43).

거래를 금지 또는 제한하는 것에 개발도상국들은 강하게 저항한다. 개발도상국들은 그동안 산업화과정에서 지구환경을 오염시킨 책임이 대부분 선진산업국가에게 있다는 것이다. 특히 저개발국가들은 빈곤이라는 지상과제를 해결하기 위하여 아직 산업화과정이 필요한데, 선진산업국의 이미 수행된 개발정책에 대한 대가를 자신들이 부담케 하는 무역규제조치는 개발도상국에게 빈곤을 강요하는 것이라고 강력히 반대하는 것이다.

생각건대, 환경보호를 위해 무역규제는 특히 개발도상국과 같이 자본 및 기술 확보에 어려움을 겪고 있는 국가들의 반발을 초래하게 될 것이다. 개발도상국들은 자신들을 주요한 오염국가로 지적하고 있는 환경관련 보고서에 대하여 의심의 눈초리 이상의 강한 적대감을 보이고 있다.[3)]

2) 자유무역주의와 환경보호주의의 대립

환경보호를 위한 무역규제조치에 대한 논란은 위에서 본 바와 같이 선진국과 개발도상국의 대립을 통해서도 나타나지만, 구체적인 사항에 따라서는 선진국 사이에도 의견대립이 나타나고 개발도상국들 사이에도 견해를 같이하는 것이 아니기 때문에, 환경보호를 위한 무역규제조치에 대한 더욱 본질적인 논쟁은 환경보호와 자유무역이라는 두 가지 가치의 충돌에서 비롯되는 것이다. 다시 말해

3) 예를 들면, *World Resource* 1990-1991년 판에서 온실가스배출국가 순위 50개국을 발표하였는데, 브라질, 중국, 인도, 인도네시아 등이 10위 안에 포함되었다. 이에 대하여 이들 국가들은 자신들의 온실가스배출은 성질상 본질적으로 다르다고 대응하였다. 즉 자신들의 배출은 '생존을 위한 배출'(survival emissions)이라면 서양국가들의 배출은 '사치스러운 배출'(luxury emissions)이라는 것이다(Michal J. Kelly, "Overcoming Obstacles to the Effective Implementation of the International Environmental Agreements," *Georgetown International Environmental Law* Review, Vol. 9, 1997, p. 456).

서 환경보호와 자유무역은 양립하기 어려운 대립하는 가치이고 이 두 가지를 조화하는 것은 전지구적 관심사이다. 전통적으로 환경보호론자와 자유무역론자들은 환경보호를 위한 주요한 정책수단으로서 무역규제조치에 대하여 견해를 달리하여 왔다. 즉 자유무역과 환경보호는 대립하는 가치로서 팽팽한 긴장관계를 형성하고 있다. 환경보호론자들은 자유무역이 환경을 파괴할 수 있으므로 지구환경보호를 위한 효율적인 수단의 하나로 무역규제조치를 적극 활용할 것을 주장한다. 반면에 자유무역론자들은 자유무역을 제한하는 무역규제는 WTO협정에 반하는 것이라고 주장한다. 이와 같이 자유무역과 환경보호는 각각 필연적으로 상대방에 대하여 자유로운 성장을 방해하고 있다. 무역자유화는 환경보호론자의 시각에서 보면 환경오염을 심화시키는 것으로 평가되었고,[4] 자유무역론자들은 환경보호론자의 의제(agenda)를 믿을 수 없는 것으로 간주하였다. 많은 자유무역론자들은 국제환경조약을 이행하기 위하여 무역규제를 하는 것에 대하여 염려를 하고 있다. 또한 환경규범을 일방적으로 적용하는 것은 자유무역제도를 파괴할 것이라고 비난하고 있다.[5] 환경관련 무역규제 조항을 두고 있는 1973년 '멸종위기에 처한 야생동식물의 국제무역에 관한 협약'[6](이하 CITES), 1987년 '오존층 파괴물질에 관한 몬트리올의정서'[7](이하 Montreal의정서), '유해폐기물의 국가간 이동 및 처리에 관한 바젤협약'[8](이하 Basel협약) 등은 GATT/WTO 같은 자유무역체제와 충돌된다는 것이다.

---

4) *Ibid.*, p. 471.

5) Daniel C. Esty, Greening the GATT: Trade, Environment, and Future, 1994, p. 2.

6) 이 협약의 정식명칭은 Convention on International Trade in Endangered Species of Wild Fauna and Fiora, 일명 CITES이다. 993 U.N.T.S. 243.

7) 이 의정서의 정식명칭은 Montreal Protocol on Substance that Deplete the Ozone Layer이다. ILM, Vol. 26, 1987, p. 1550.

8) 이 협약의 정식명칭은 Basel Convention on the Control of Transboundary Movements of Hazardous Wastes and Their Disposal이다. ILM, Vol. 28, 1989, p. 657.

그런데 환경보호와 자유무역이라는 두 가지 가치 중에 하나만을 선택하는 것이 인류의 생존과 번영에 필수적인 것은 아니다. 즉 환경보호와 자유무역이라는 두 가지 가치는 상호보완적인 것으로 이 두 가지 명제 모두 자원의 좀 더 효율적인 이용을 지향하고 있기 때문에 기본적으로 양립이 가능한 것이다.[9] 자유무역은 자원의 효율적 배분과 경제성장에 필수적이며, 적절한 환경보호 또한 지속가능한 성장에 필수적이기 때문이다. 또한 자유무역이 환경보호를 위한 시설 및 투자에 필요한 재원을 창출한다는 측면을 무시할 수 없다.

3. 비당사국에 대한 유인방법과 무역규제의 방식

1) 비당사국을 협약으로 유인하는 방법

보통 국제환경협약의 내용에 대한 각국의 입장이 다르기 때문에 국제환경협약에 참가하는 것도 자국의 이해관계에 의해 좌우되고 있다. 국제환경협약의 실효적 이행을 위해서는 대다수 국가가 이에 참가하여야 하나 특정한 환경조약에 참가하거나 또는 참가하지 않거나 그 결정은 개별국가의 의사에 달려 있어서 아무리 훌륭한 환경조약을 체결하더라도 많은 국가가 이에 참여하지 않는다면 이는 당해조약의 내용을 훼손하는 결과를 가져온다. 따라서 국제환경협약의 실효적 이행을 통해서 지구환경보호라는 목표를 달성하기 위해서는 대다수 국가가 협약상의 의무를 이행하는 것이 필수적이다. 그런데 조약은 원칙적으로 당사국에 대해서만 구속력이 있기 때문

9) Daniel C. Esty, Greening the GATT: Trade, Environment, and Future, 1994, 김현종(옮김), 『무역과 환경보존』(서울: 철학과 현실사, 1996), 100면.

에 전지구적인 환경문제를 실제적으로 해결하려면 비당사국, 즉 비가입국을 규제할 수 있는 방법이 모색되어야 한다. 최근 국제환경협약들에서 당사국뿐만 아니라 비가입국에 대해서도 그 효과가 미치도록 하는 방법이 나타나고 있는데 대략 다음과 같다.[10)]

첫째, 조약에 가입권유조항을 두어 도의적으로 가입을 호소하는 방법 또는 국제적 여론의 압력에 의해 가입을 강제하는 방법이다. 둘째, 비가입국에게도 체약국회의 등에 옵서버 자격을 부여하는 방법이다. 셋째, 가입국에게만 특혜적 이익을 주거나 반대로 비가입국에 대하여 불이익을 주는 방법이다. 넷째, 보다 강력한 대응으로 지구환경보호와 환경파괴금지는 국제법상 강행법규(jus cogens)임을 명문화하여 이를 위반한 경우 그 위법행위를 바로 국제범죄로 간주하여 제재하는 방법 등이다. 여기서는 이러한 방법들 중에서 국제환경협약상의 의무를 이행하지 않거나 가입하지 않는 국가에게 불이익을 주는 무역규제조치를 단행하는 방법에 관하여 살펴본다.

오늘날 국제환경협약은 대체로 선진국, 특히 미국의 과학자들에 의한 과학적 발견과 미국의 자연보호단체의 압력으로 미국의 의회가 국내법을 제정하고 이를 국제적 협약으로 발전시키도록 하여 미국의 주도로 협약이 체결되는 과정을 밟아 체결된 경우가 많다.[11)] 그러나 아무리 훌륭한 조약이라도 가입국에게만 그 구속력이 미치기 때문에 전지구적인 환경문제에 효과적이지 못한 경우가 나타나게 된다. 그래서 전지구공동체의 참여와 협력이 요구되는 국제환경협약은 협약상의 의무를 이행하지 않는 당사국과 비가입국에 대하여 강제할 수 있는 방법으로 무역규제라는 새로운 형태의 강제메커니즘이 국제법규로 나타나고 있는 것이다.

---

10) 노융희, “지구오염에 대한 국제적 동향,” 『생태계의 위기와 한국의 환경문제』, 따님환경논총 1(도서출판 따님, 1993), 40-42면.

11) 이상돈, 『환경위기와 리우회의』(서울: 대학출판사, 1993), 251면.

2) 당근과 채찍정책

선진국들은 개발도상국들을 국제환경협약에 참여시키기 위하여 '당근과 채찍'(carrots and sticks)정책을 써왔다. 선진국들은 개발도상국들의 설득력 있는 주장을 무마하고 그들의 그동안의 잘못을 완화시키면서 개발도상국들을 국제환경협약체제에 참가하여 이를 준수하도록 하기 위하여 이 정책을 썼던 것이다. 당근정책은 원래 집단적 행동에 참여를 유도하기 위한 선택적 동기(selective incentives)로서 경제단체이론(economic group theory)에서 등장하였던[12] 것이 국제환경협약의 효과적 이행과 관련하여 선진국들이 개발도상국들을 환경보호의 방향으로 유도하기 위하여 이용되기에 이르렀다.[13] 당근정책은 Montreal의정서, 생물다양성협약, 기후변화협약 등에서 채택되고 있는데, 이 조약들은 각기 다른 기술 및 재정지원, 과학 및 환경기술의 이전 등에 관해 규정하고 있으며, 산업기반의 발전을 승인하고 있다. 한편 채찍정책은 비당사국에 대한 무역규제의 형태로 나타나는데,[14] 전형적으로는 이것을 조약 자체에 규정하고 있다. 예를 들면, CITES, Basel협약, Montreal의정서 등은 모두 비당사국들이 조약의 목적을 훼손하는 피난처가 되는 것을 방지하기 위하여 규제된 대상에 대하여 비당사국과의 거래를 금지하고 있다. 이러한 당근정책과 채찍정책을 Montreal의정서에서와 같이 동시에 채택하고 있는 경우도 있다.

---

12) M. Olson, *The Logic of Collective Action*(Cambridge: Cambridge Univ. Press, 1971), p. 51.

13) Peter H. Sand, *Transnational Environmental Law Lessons in Global Change*(London: Kluwer Law International Ltd., 1999), pp. 320-326.

14) *Ibid.*, pp. 314-319.

3) 환경보호를 위한 무역규제의 방식

국가의 불법적인 환경침해행위가 존재하는 경우에 성립되는 전통적이고 일반적인 국가책임제도에 의해서는 지구환경보호를 효과적으로 수행할 수 없다. 따라서 국제환경협약상의 환경보호규정을 위반하는 국가(당사국 및 비당사국 포함)에는 국가책임에 갈음하는 무역규제를 예정하고 있는데 다음과 같은 방식으로 제재가 행해질 수 있다.[15)]

첫째, 환경오염을 유발하는 '제품'(product)에 대한 무역규제[16)]와 환경파괴 및 오염을 유발하는 '공정 및 생산방법'(process and production method: PPMs)에 대한 무역규제[17)]이다. 일반적으로 환경보호를 위한 무역규제는 오염피해를 유발하는 특정한 '제품' 자체를 대상으로 행해지나, 환경오염 및 피해가 거래되는 제품 자체로부터뿐만 아니라 제품을 생산하기 위한 특정의 PPMs로부터도 발생할 수 있기 때문에 이것도 무역규제의 대상으로 하고 있다.

둘째, 국가관할권 내의 환경보호를 위한 무역규제(역내적 무역규제)와 국가관할권 밖의 환경보호를 위한 무역규제(역외적 무역규제)이다. 역외적 무역규제[18)]는 국제법에 근거하여야 하는데 자국 영역

---

15) 최승환, "환경보호와 통상규제," 『환경보호와 국제법 질서』, 이장희(편)(서울: 아시아사회과학연구원, 1997), 264-269면; 이장희, "국제환경협약과 무역규제 조치," 『환경과 무역규제』 학술시민포럼발표요지, 아시아사회과학연구원, 1994년 4월 29일, 2-3면; 서철원, "WTO에서 환경보호를 이유로 한 무역제한 조치," 『국제법학회논총』 제47권 제1호, 2002, 101-110면 참조.

16) 이것은 제품 자체에 내재해 있는 환경·보건·안전에 대한 위험을 이유로 그 상품의 수입을 금지 또는 제한하거나, 관세 또는 기타 세금을 부과하는 경우를 말한다(Richard B. Stewart, "International Trade and Environment: Lessons from the Federal Experience," *Washington Lee Law Review*, Vol. 49, Fall 1992, pp. 1333-1335).

17) 이것은 특정상품이 환경이나 천연자원에 해를 끼치는 방법으로 생산 또는 수확될 경우, 이러한 생산공정이나 수확방법을 규제하는 것을 말한다(*Ibid*., pp. 1343-1345).

18) 이에 해당하는 대표적인 사례는 미국과 멕시코 간의 1991년 '참치수입규제

밖에 있는 자원 및 환경보호를 이유로 타국에게 무역규제를 하는 것은 영역국가의 주권침해 논란이 발생할 여지가 있다.

셋째, 국내법상의 환경기준을 타국이 채택하도록 강제하기 위한 일방적 무역규제와 국제환경협약상의 환경기준을 집행하기 위한 다자적 무역규제이다. 일방적 무역규제는 개별국가의 국내법상의 관련규정에 의한 것이고, 다자간 무역규제는 다자간 환경협약상의 관련규정에 의한 것이다. 그런데 개별국가가 조약상의 근거 없이 자국의 국내법에 의거하여 일방적 무역규제조치를 취하는 것은 다른 국가의 주권을 침해하는 것으로 문제의 소지가 있다.

국제환경협약상의 무역규제조항에서 가장 대표적인 무역규제방식은 특정한 물질 또는 종의 수출입을 규제하는 것이다. 예를 들면, Basel협약에 의하면 당사국과 비당사국 사이에는 위험폐기물을 거래할 수 없으며 수출자가 수입자나 경유국으로부터 사전동의를 얻지 않고서는 폐기물을 운송할 수 없다.[19] CITES는 협약에 따른 적절한 수출입 허가서가 없이는 열거된 종의 국제거래를 금지하고 있다.[20] 이러한 무역규제조치는 해당 협약의 목적을 달성하는 데 매우 중요한 요소 중 하나이다.

환경보호를 위한 무역규제조치 중에서 가장 논란이 되는 것은 세 번째 유형의 무역규제 방식으로서 특히 국내법에 근거하여 일방적 무역규제조치를 행하는 것이 가능한가에 대한 찬반론이 대립

사건'인데, 이 사건은 미국이 자국의 관할권 밖에 있는 동태평양 열대수역 내에서 포획된 참치에 대하여 수입을 규제하여 발생한 사건이다. 이외에도 1991년 미국은 바다거북이의 껍질을 수입하는 일본에 무역규제조치를 취한 바가 있었고, 1991년부터 유럽연합(EU)은 포획방법의 잔혹성을 이유로 '다리를 묶는 덫'(leghold trap)의 사용을 허용하는 국가로부터의 모피수입을 금지한 바 있다(S. Charnovitz, "Exploring the Environment Exceptions in GATT Article ⅩⅩ," *Journal of World Trade*, Vol. 25, 1991, p. 53).

19) Basel협약 제4조 1항.

20) CITES 제6조.

하고 있다.[21] 주로 미국[22]을 비롯한 선진국들은 환경파괴의 파급효과로 인해 국경을 넘는 오염의 형태로 타국에게 또는 산성비, 오존층의 파괴와 같은 형태로 전세계에 손해를 줄 수 있기 때문에 국내법을 적용하여 무역규제를 할 수 있다고 한다.[23] 이에 대하여 개발도상국들은 국제조약상의 근거 없이 국내법을 근거로 무역규제조치를 취하는 것은 경제적 제국주의행위이며 주권침해라고 주장하며 이를 허용할 수 없다고 주장한다. 1992년 리우선언 원칙12의 내용 중 "환경목적을 위한 무역정책조치가 국제무역상 자의적 또는 부당한 차별조치나 위장된 규제수단으로 이용되어서는 안 된다. 수입국은 자국관할권 이외의 영역에서 환경파괴에 대처하는 일방적 행동을 취하는 것을 피해야 한다. 국경을 넘거나 전지구적 차원의 환경문제에 대처하는 환경조치는 가능한 한 국제적 합의(international consensus)에 기초하여야 한다"라고 규정하고 있는바, 어떤 국가가 자국의 국내법을 일방적으로 적용하여 일방적 무역규제를 하는 것은 부당하다고 생각한다. 환경을 목적으로 하는 일방적인 무역조치는 배격되어야 하며, 다자간 국제환경협약상의 관련규정에 따라 해결하여야 한다. 이와 같이 일국이 자국의 국내법을 적용하여 무역규제조치를 취할 수 있는가에 대한 찬반론이 대립하는 반면에 국제환경협약에 기초한 무역규제는 가능하다고 보여진다. 그렇다면 이의 법적 근거는 무엇인가?

---

21) 한국법제연구원, "외국의 미온적 환경규칙에 대한 무역규제를 위한 국내법적용", 외국법제분석 94-4, 1994, 19-20면.

22) 미국의 국내환경법규 중 일방적 무역규제조항을 두고 있는 법으로는 대기정화법, 멸종위기에 처한 종자의 보호에 관한 법률, 해양포유동물보호법, 매구누슨어족보존관리법, 펠리수정법, 바다거북이수정법률, 돌고래보호를 위한 소비자정보법 등이 있다(이상돈, "환경보호와 무역규제," 『환경법연구』 제15권, 1993, 16-25면 참조).

23) 이장희, 앞의 논문(주 15), 3면; 한국법제연구원, 앞의 논문(주 21), 19면 참조.

4. 무역규제조치의 법적 근거

환경과 관련하여 각국의 행위를 강제하기 위해 무역규제조치를 취하는 경우 그의 법적 근거는 무엇인가? 대체로 국제환경협약, 환경과 관련한 국제관습법 및 법의 일반원칙 등이 비당사국과 조약 불이행국에 대한 무역규제의 법적 근거가 될 수 있는가에 대하여 논의되고 있다.

첫째, 환경관련 무역규제조치의 법적 근거는 국제환경협약이다. 현재까지 전지구적으로 발효 중인 국제환경협약은 양자조약을 포함하여 수백 개에 달하고,[24] 이 가운데 20여 개 협약이 무역규제를 규정하고 있다.[25] 이러한 국제환경협약에 근거한 무역규제는 합법적이라고 할 수 있다. 앞에서 언급한 리우선언 원칙21은 법적 구속력이 없는 것이지만 국경을 넘는 환경문제나 또는 전지구적 차원의 환경문제에 대처하기 위한 환경적 조치는 국제적 합의를 기초로 취할 수 있음을 천명하고 있다.

둘째, 국제관습법을 환경관련무역규제조치의 법적 근거로 간주할 수 있는가에 대하여는 논란이 되고 있다. 국제관습법의 성립 요건은 일관되게 계속적인 관행(constant and uniform usage)의 존재와 그 같은 관행을 준수하는 것이 의무적이라는 법적 확신(opinio juris)이다.[26] 환경관련무역규제의 간접적 근거가 될 수 있다고 볼

---

24) Edith B. Weiss, Paul C. Szasz & Daniel B. Magraw, *International Environmental Law: Basic Instruments and References*(Martinus Nijhoff Publishers, 1992), p. ix 참조.

25) E. Petersman, *International and European Trade and Environment after the Uruguay Round*(Kluwer Law International, 1995), pp. 155-161; 이재곤, "환경다변조약상 무역제한조치의 국제법적 문제점," 『국제법학회논총』 제45권 제2호, 2000, 161-162면 참조.

26) *Oppenhiem's International Law*, 9th ed.(Harlow, Longman, 1992), pp. 25-31; Malcolm N. Shaw, *International Law*, 4th ed.(Cambridge Univ. Press, 1997), pp. 58-59.

수 있는 것은 국제사회의 환경관련 국제기구의 결의를 통한 각종 선언들이다. 즉 스톡홀름선언 원칙21은 "각국은 UN헌장과 국제법 원칙에 입각하여 자국의 환경정책에 따라 자국의 자원을 개발할 주권적 권리를 가지며, 또한 자국의 관할권 내에서의 활동이 다른 국가나 자국 관할권 밖의 환경에 피해를 야기하지 않도록 할 책임이 있다"라고 선언하고 있다. 1982년 세계자연헌장 제3장 제20조 (d)에서 국가, 국제기구, 개인, 단체 및 기업은 각각의 관할권 내에서 또는 통제 아래에서의 활동이 다른 국가 또는 국가관할권의 밖의 지역에 있는 자연계(natural system)에 손해를 야기하지 않도록 보장할 것을 규정하고 있다.[27] 또한 1986년 6월 환경과 개발에 관한 세계위원회의 환경법전문가그룹(Experts Group on Environmental Law of the World Commission on Environment and Development)에 의해 채택된 '환경보호와 지속가능한 개발에 대한 법원칙'(Legal Principles for Environmental Protection and Sustainable Development) 제21조 1항[28]에서 "국가는 자연자원의 이용 또는 환경적 불법방해(environmental interference)의 방지 또는 감소와 관련하여 국제의무를 위반한 경우에 국제법상 책임이 있다"고 규정하고 있다. 리우선언도 원칙2에서 이들과 유사한 "각국은 자국의 관할권 내에서 또는 통제 아래에서의 활동이 다른 국가 또는 자국 관할권 밖의 환경에 손해를 야기하지 않도록 할 책임이 있다"라는 규정을 두고 있다. 이와 같이 국경을 넘는 환경오염을 방지할 의무는 그동안의 국제판례와 관행에 의하여 국제공동체 구성원들에 의해 법적 확신이 부여되고 있는 국제관습법이라고 볼 수 있다.[29] 그러나 자국의

27) Edith B. Weiss, Daniel B. Magraw, Paul C. Szasz(eds.), *supra* note 24, p. 187.

28) Expert Group on Environmental Law of the World Commission on Environment and Development, *Environmental Protection and Sustainable Development: Legal Principles and Recommendation*(London: Graham & Trotman, 1987), p. 127.

29) Peter H. Sand, "International Environmental Law after Rio," *European Journal*

환경을 보호하기 위하여 무역규제조치가 국제관습법에 근거하고 있다고 보기에는 많은 어려움이 나타난다.[30] 41개 개발도상국이 모인 1991년 6월 '환경과 개발에 관한 북경선언'제6조는 환경을 이유로 한 무역조치가 개발도상국의 국내문제간섭에 이용되어서는 안 된다고 하여 무역규제에 반대하였고,[31] 1995년 2월 13일 동남아국가연합(ASEAN)-인도합동지역협력위원회회의에서 환경기준과 무역연계를 반대하였다.[32]

이와 같이 환경보호를 위한 무역규제조치에 대한 국가관행이 국제관습법의 성립요건인 보편성(generality), 안정성(regularity) 및 확실성(security)을 결여하고 있으므로 현시점에서는 환경관련 무역규제조치는 국제관습법에 의해서 확립된 법원칙이라고 보기 어렵다.[33] 그러나 이러한 선언들과 결의를 통하여 나타나고 있는 원칙들이 장래 환경관련 무역규제조치의 국제관습법형성에 장기적으로는 매우 큰 영향을 미칠 수 있을 것이다.

셋째, 법의 일반원칙이 환경관련 무역규제조치의 법적 근거가 될 수 있는가에 대해서도 논란의 소지가 존재한다. 법의 일반원칙이란 '문명국의 국내법에 의해서 승인되고 있는 법의 일반원칙'[34](the general principles of law recognized by civilizd nations)을 말하며,[35]

---

of International Law, Vol. 4, 1993, pp. 377-382.

30) E. Petersmann, "International Trade Law and International Environmental Law," *Journal of World Trade*, Vol. 27, 1993, pp. 45-47: 최승환, 앞의 논문(주 15), 271면.

31) 이장희, 앞의 논문(주 15), 4면.

32) 한겨레신문, 1995년 2월 15일, 6면.

33) 이장희, 앞의 논문(주 15), 4면.

34) 국제사법재판소규정 제38조 1항(c).

35) 법의 일반원칙이라고 할 수 있는 것은 동의(consent) · 상호주의(reciprocity) · 국가평등(equality of states) · 판결의 종국성(finality of awards and settlement) · 합의의 법적 효력(the legal validity of agreements) · 신의성실(good faith) · 국내관할권(domestic jurisdiction) · 해양의 자유(freedomof the sees)원칙 등이다 (I. Brownlie, *Principles of Public International Law*, 6th ed.(Oxford Univ. Press, 2003), pp. 18-19).

다수설은 법원성(法源性)을 부인하고 있다.[36] 따라서 법의 일반원칙은 환경관련 무역규제의 법적 근거로는 미약하다 할 것이다.[37]

넷째, 현행 WTO협정에 의해서도 무역규제조치가 가능하다. WTO의 가장 기본적인 이념은 자유무역이지만, 예외적으로 특별한 경우에 무역규제가 가능하도록 허용하고 있다. WTO협정체제상 환경보호를 이유로 하여 일반적인 무역규제조치를 취할 수 있는 근거는 GATT/WTO의 기본원칙에 대한 일반적 예외(general exception)를 규정한 GATT 제20조 ⓑ항 및 ⓖ항이다.[38] 이는 자유무역을 제한하는 예외적인 조치이기 때문에 모든 회원국에 대하여 차별 없이, 수입품과 국산품과 차별 없이 취해져야 한다.[39] 이러한 예외적인 조치는 동일한 조건하에 있는 국가간에 자의적이고 부당한 차별을 행하거나 국제무역에 대한 위장된 제한을 가하는 방법으로 사용되어서는 안 된다.

36) 이에 대해서는 제1장 각주 20)을 참조하라.

37) 이장희, 앞의 논문(주 15), 4면.

38) GATT 제20조
"이 협정의 어떠한 규정도 회원국이 다음의 조치를 취하거나 실시하는 것을 방해하는 것으로 해석되어서는 아니 된다. 다만 그러한 조치를 동일한 조건하에 있는 국가간에 자의적이며 부당한 차별의 수단 또는 국제무역에 대한 위장된 제한을 가하는 방법으로 적용하지 않을 것을 조건으로 한다.
ⓑ 인간이나 동식물의 생명 또는 건강을 보호하기 위하여 필요한 조치
ⓖ 유한천연자원의 보존에 관한 조치, 다만 동 조치가 국내의 생산 또는 소비에 대한 제한과 관련하여 실시되는 경우에 한한다."

39) 어떤 국가가 환경보호와 관련하여 취한 무역규제조치가 GATT/WTO협정을 위반하였는지 여부를 결정하는 데 가장 기본적인 판단기준은 첫째, 그 무역규제조치가 GATT/WTO의 기본원칙인 무차별원칙(최혜국대우원칙과 내국민대우원칙)과 수량제한 금지원칙을 준수하였는지 여부와 둘째, 이를 준수하지 않았을 경우에 GATT/WTO원칙의 일반적 예외를 규정한 GATT 제20조에 따라 예외를 인정받을 수 있는지 여부이다.

5. 무역규제조항을 포함하고 있는 국제환경협약

현재 발효 중인 많은 국제환경협약은 환경오염을 방지하기 위한 일정한 기준을 정하고 이를 위반하여 환경피해를 주는 일정한 형태의 국제무역을 제한하고 있다. 조약당사국간에는 환경기준을 위반한 경우 의무위반을 적용하여 조약상의 규제조치를 취하거나 국가책임을 물을 수 있겠으나 비당사국에 대하여는 효력을 미치지 않기 때문에 비당사국이 국제환경협약의 규정을 위반한 경우 그러한 국가에 대하여 무역규제를 예정하고 있는 것이다. 비당사국의 무임승차(free-riders)를 제한하고 관련조약에 가입을 유도하기 위해 비가입국들에게도 무역규제조치를 규정하고 있다.[40] 이러한 규정을 두고 있는 대표적인 조약으로는 1973년의 CITES, 1987년 Montreal 의정서, 1989년 Basel협약, 1992년 생물다양성협약 및 기후변화협약 등을 들 수 있다. 이러한 국제환경협약들은 그 이행을 강제하기 위하여 무역규제조치를 직·간접적으로 활용하고 있다.[41]

1) CITES

무절제한 국제거래로 멸종위기에 처한 야생동식물을 보호하기 위해 체결된 CITES는 멸종위기의 정도에 따라 규제대상동식물의 수출입을 완전히 금지하거나 제한적인 금지를 하고 있다. CITES의 목표는 남획 및 국제교역을 통한 과도한 개발로부터 멸종위기 야

40) 비가입국에 대한 무역규제는 조약의 제3국에 대한 효력문제와 관련하여 논란의 소지가 있을 뿐만 아니라 자유무역을 기본이념으로 하고 있는 WTO규정과의 저촉문제도 발생한다.

41) 무역규제 조항을 포함하고 있는 다자간 국제환경협약의 구체적 목록은 김현종, 앞의 책(주 9), 398-406면 참조.

생동식물을 보호하는 것이다. 이 협약은 규제대상이 되는 1천여 종의 야생동식물을 멸종위험정도에 따라 세 가지 범주로 분류하여 3개 부속서에 나누어 각각 등재하고, 이의 거래에 대한 부속서별 수출·수입증명서 발급요건을 규정(제3-5조)하고 있다.

첫째 범주는 부속서 Ⅰ에 포함된 것으로 거래가 규제되는 대상은 코뿔소, 호랑이, 바다거북 등 '현재 멸종위기에 처해 있어' 특별히 엄격한 규제를 요하는 야생동식물 및 그 파생품이다.[42] 이들의 거래시에는 수출국의 수출허가서, 수입국의 수입허가서가 반드시 수반되어야 한다. 둘째 범주는 부속서 Ⅱ에 포함된 것으로 거래가 규제되는 대상은 사향노루(musk deer), 곰 등 '현재 멸종위기에 처해 있지는 않으나 거래가 규제되지 않을 경우 멸종될 위험이 있어' 엄격한 규제를 요하는 야생동식물 및 그 파생품이다.[43] 이들 종의 거래시에는 수출국의 수출허가서가 요구된다. 셋째 범주는 부속서 Ⅲ에 포함된 것으로 거래가 규제되는 대상은 개별 당사국이 자국의 판단 아래 자국 관할권 내의 야생동식물 중 일정한 요건과 절차를 적용받아야 하는 규제대상으로 요청한 종이다.[44] 이들 종의 거래시에도 수출국의 수출허가서가 요구되나, 부속서 Ⅱ에 기재된 종에 비해 수출허가서의 발급요건이 완화되어 있다.[45]

---

42) CITES 제3조.

43) CITES 제4조.

44) CITES 제5조.

45) 수출허가를 받는 조건은 부속서 Ⅰ에 열거된 종의 경우 다음과 같은 네 가지이다. 1) 수출국의 관련당국이 수출이 수출대상 종의 생존에 해가 되지 않는다고 의견을 줄 것, 2) 수출국의 관련당국이 그 국가의 동식물보호를 위한 법에 반하는 방법으로 취득하지 않았다는 것에 만족할 것, 3) 수출국의 관리당국이 살아 있는 종이 상해, 건강피해 또는 잔인한 대우의 위험을 최소화하도록 준비되고 선적되었다는 것에 만족할 것, 4) 수출국의 관리당국이 수출대상 종에 대한 수입허가가 부여된 것에 만족할 것 등이다. 부속서 Ⅱ의 종에 대해서는 네 번째 조건이 없고, 부속서 Ⅲ의 종에 대해서는 첫 번째 조건과 네 번째 조건이 없다(CITES 제3조, 제4조, 제5조 참조).

CITES는 비당사국과의 거래에서도 유사한 거래 요건 및 절차를 적용하고 있다.[46] 즉 CITES는 당사국간의 거래뿐만 아니라 당사국과 비당사국 간 거래도 제한하고 있다. 부속서 I의 종을 비당사국에 수출하는 경우에도 수입하는 비당사국의 사전수입허가가 요구되며 비당사국의 수입허가도 요건에 실질적으로 합치되어야 한다. 비당사국으로부터 수입할 경우에도 수입허가가 필요하고 이 수입허가는 수입국이 종의 생존에 해가 되지 않는다는 의견이 있을 때 가능하다.[47] 그리고 CITES의 최고의사결정기구인 당사국총회는 3년마다 개최되어 협약을 준수하지 않은 당사국과 비당사국에 대한 제재조치를 결의한다.

2) Montreal의정서

Montreal의정서는 1985년의 오존층보존을 위한 비엔나협약을 실천하기 위해 여러 가지 규정을 두고 있다. 이 의정서는 염화불화탄소(CFC, 프레온가스), 할론, 메틸브로마이드 등 오존 파괴물질의 범세계적인 생산과 소비감축 및 궁극적으로 전폐를 통해 파괴된 오존층[48]을 회복함으로써 인체 및 환경에 미치는 유해 자외선의 피해를 최소화하고자 체결하였다. 오존층이 파괴되면 인체와 동물에는 피부암 및 백내장이 증가하고, 식물 및 해양 플랑크톤의 엽록소 피해가 증가하여 결국 농산물 수확이 감소하고 해양 먹이사슬이 파괴된다.

---

46) CITES 제10조.

47) 이재곤, 앞의 논문(주 25), 177면.

48) 성층권의 오존층은 태양으로부터 방출되는 유해 자외선을 차단하여 지상의 동식물을 보호해 주는 역할을 하고 있으나, 오존량을 지상기압으로 압축하면 두께가 0.3cm 정도에 불과하고 재생과정이 수십 년에 이르므로 파괴에 매우 취약하다.

Montreal의정서는 채택 이후 여러 번 개정(amendment)과 조정(adjustment)이 이루어졌는데, 무역규제와 관련하여 가장 중요한 것은 CFC를 중심으로 한 오존층파괴물질의 생산과 소비를 감소하거나 제거하도록 좀 더 많은 당사국을 유도하기 위해 비당사국과의 무역을 규제하고 있는 점이다. 비당사국으로부터 오존층을 파괴하는 규제물질의 수입을 금지하고 비당사국에게도 수출을 금지하고 있다. 또한 규제물질을 함유하는 제품에도 무역제한을 부과하고 있다. 그리고 규제물질의 생산 및 이용기술을 비당사국에게 수출하지 못하도록 하고 있고, 당사국은 규제물질의 생산을 용이하게 하는 제품, 장치, 공장 또는 기술을 비당사국에 수출하기 위한 새로운 보조금, 원조, 신용, 보증 또는 보험의 제공을 자제하여야 한다.[49] Montreal의정서 무역규제조항[50]은 조약상의 의무이행에 따른 비용을 부담하지 않은 채 의정서가 가져다주는 환경이익만을 향유하는 소위 '무임승차국가'(free rider states)가 생겨나지 않도록 하기 위하여 고안된 것이다.[51]

3) Basel협약

Basel협약은 UNEP를 중심으로 국제거래 자체가 위험한 것으로 간주되는 유해폐기물의 수송에 무역제한을 가하기 위하여 체결되었다. 채택배경을 살펴보면, 1970년대 초부터 서구 선진산업국을 중심으로 하여 유해폐기물의 국가간 이동이 발생하게 되었으며, 1980년대 초부터는 서구 선진국으로부터 발생한 폐기물이 아프리카의 개발도상국에 방치되어 환경오염문제를 야기하자 이에 따라

49) Montreal의정서 제4조.
50) Montreal의정서 제4조.
51) 법무부, 『국제환경법과 무역』, 1995, 220면.

인체의 건강 및 환경에 피해를 끼칠 위험성이 있는 유해폐기물의 국가간 이동 및 최종 처리에 관한 국제규범의 채택 필요성이 UNEP 등에서 논의되었던 것이다. 이 협약의 목적은 유해폐기물의 국가간 이동 및 발생을 억제하고, 발생된 폐기물에 대해서 환경적으로 건전하고 안전하게 관리 및 처리되도록 하기 위함에 있다. 이 협약은 수은, 카드뮴 등 유해폐기물 47종을 규제대상 폐기물로 지정하여[52] 이들 폐기물의 국가간 이동시 구비하여야 할 절차 및 수출입국의 의무를 설정하고 있다. 특히 폐기물을 유해성 정도에 따라 목록 A(바젤협약 규제대상 폐기물), 목록 B(바젤협약 비규제대상 폐기물), 목록 C(목록 A 또는 목록 B로 구분하기에 불확실한 폐기물)로 구분하고 있다.

Basel협약은 규제대상 유해폐기물에 대한 비당사국과의 수출입을 금지하고 있으며, 당사국간의 수출입 또한 엄격히 통제하고 있다. 유해폐기물의 선적이전에 당사국에게 세가지 조건을 요구하고 있다.[53] 첫 번째 조건은 수입국에 대하여 수출에 대한 서면통지를 하고 수입국으로부터 특정 선적에 대한 서면동의가 있어야 한다.[54] 유해폐기물의 수입을 금지하기로 결정한 국가는 다른 당사국에게 통보하여야 한다. 두 번째 조건은 유해폐기물의 수입을 금지하고 있는 당사국에 대한 수출은 금지되며, 수입국에서 유해폐기물은 환경적으로 건전한 방법으로 관리되어야 한다.[55] 세 번째 조건은 수출국은 유해폐기물을 환경적으로 건전하고 효율적인 방법으로 폐

52) Basel협약의 적용대상 유해폐기물은 폭발성, 인화성, 중독성 등 13가지 특성을 지니고 있는 폐기물 47종(18종의 산업폐기물, 27종의 중금속, 2종의 생활폐기물)으로, 대표적인 대상물질은 의료폐기물, 산화폐기물, 폴리염화페닐류, 염료 및 도료 폐기물, 접착제폐기물, 중금속 등이다.

53) 이재곤, 앞의 논문(주 25), 177-178면.

54) Basel협약 제4조 1항(c).

55) Basel협약 제4조 8항.

기할 수 있는 기술적 능력과 필요한 시설을 갖지 못한 경우에만 유해폐기물을 수출하도록 적절한 조치를 취해야 한다.[56] 즉 Basel 협약은 원칙적으로 유해폐기물 수출국이 환경적으로 건전하고 효율적인 방법으로 폐기물을 취급할 적절한 시설이 없거나 수입국에서 재활용이나 자원회수산업에 투입될 원자재로 필요한 경우에만 국가간 이동을 허용한다.[57] Basel협약상 유해폐기물의 국가간 이동은 이 협약이 금지하지 않는 특정한 경우에만 허용된다는 것을 의미한다. 기본적으로 관련국가가 유해폐기물의 교역을 금지하지 않고 있고 협약의 당사국 또는 협약과 양립할 수 있는 협약의 당사국이어야 하며 도착국에서 폐기물을 환경적으로 건전한 방법으로 취급할 수 있는 경우에 한하여 국가간 이동이 허용된다.[58]

Basel협약은 협약에서 요구하고 있는 유해폐기물이 환경적으로 건전한 관리를 침해하지 않는 협정이 두 국가간에 체결되어 있지 않는 한 비당사국으로부터의 유해폐기물의 수입을 금지하고 있다.[59] 이 조항에는 비당사국의 협약 참여를 유도하기 위한 측면이 있다.

4) 생물다양성협약

생물다양성협약은 생물다양성의 감소[60]와 생물다양성의 가치[61]에 대한 인식이 확대되면서 생물다양성 보전에 대한 필요성이 제기되어 채택되었다. 이 협약의 목표는 인간의 경제개발활동에 의하

56) Basel협약 제4조 9항(b).
57) 법무부, 앞의 책(주 51), 260면.
58) 위의 책, 261면.
59) Basel협약 제11조 1항.
60) 1600년대 이후 멸종속도는 과거 화석으로 확인된 멸종 속도보다 50-100배 빨라지고 있다.
61) 생물다양성은 생태계 안정의 기반이며, 또한 인류복지의 기반(식량, 의약품 등)이다.

여 생물종의 다양성이 현저하게 감소함으로써 자원의 손실 및 생태계의 불안정이 야기되는 상황에 대처, 천연 서식지의 보호 등을 통해 생물종의 다양성을 보전하는 것이다. 또한 생물자원의 지속가능한 이용을 확보하고 유전자원의 이용으로부터 파생되는 혜택을 유전자원 제공국가와 사용국가 간 공평하게 배분하는 것을 목표로 하고 있다.

생물다양성협약은 체약당사자간에 기술에 대한 접근과 기술이전이 협약의 목적달성에 필수적인 요소임을 인정하여 다른 체약당사자의 접근 및 이들에 대한 기술이전을 제공 또는 촉진하도록 하고 있다.[62] 또한 체약당사자가 자신의 국가계획 우선순위 및 사업계획에 따라 협약 목적을 달성하기 위한 국내활동에 대하여 자신의 능력에 따라 재정적 지원 및 유인조치를 제공하도록 있다.[63]

생물다양성협약이 무역규제와 관련이 있는 것은 생물다양성협약에 의해 유전적으로 변형된 생물체의 국제거래가 규제될 수 있는 근거를 마련하였다는 점이다. 2000년 1월에 채택된 생명공학안전의정서(Cartagena Protocol on Biosafety)는 사전예방주의 원칙에 따라 생명공학기술에 의해 개발된 유전자변형생물체(Living Modified Organisms: LMOs)[64]에 대한 무역규제조치를 취하는 것을 허용하고 있다.[65] 즉 이 의정서는 무역규제와 관련한 규정을 두고 있다. 우선 환경방출용 LMOs의 국가간 이동의 경우에는 사전통지동의절차(advanced informed agreement)에 의하여 거래되도록 하고 있다.[66]

62) 생물다양성협약 제16조 1항, 2항.
63) 생물다양성협약 제20조 1항.
64) GMO(Genetically Modified Oganisms)라고도 하나 최근에는 LMOs라는 용어가 선호되고 있다(Holly Saigo, "Agricultural Biotechnology and the Negotiation of the Biosafety Protocol," *Georgetown International Environmental Law Review*, Vol. 12, 2000, pp. 799-800 참조).
65) 생명공학안전의정서 제10조 6항.
66) 생명공학안전의정서 제7조 내지 제12조.

이것은 수출입에 대한 제한 조치라고 볼 수 있다.[67)]

5) 기후변화협약

대기 중에 축적되어 있는 이산화탄소(CO_2), 메탄(CH_4), 프레온가스(CFCs), 아산화질소(N_2O) 등 온실가스[68)]의 증가로 인하여 지구표면의 복사에너지가 대기의 외부로 방출되는 것을 차단(억제)하여 대기온도를 상승시켜 지구온난화의 원인이 되고 있는데, 지구온난화는 해수면 상승에 따른 경작 면적 감소와 주거지 상실, 홍수·가뭄·기상이변 피해의 속출, 산림파괴, 생태계파괴 등 환경에 해로운 영향을 끼친다.[69)] 그래서 지구온난화를 억제하기 위해서는 온실가스 배출을 감축하여야 하는데, 이것은 한 국가의 이행만으로는 지구온난화를 억제하기 불가능한 것이어서 이에 대한 국제적인 노력이 기후변화협약을 채택하게 하였다. 기후변화협약에 의해 지구온난화의 주원인이 되는 이산화탄소, 메탄, 프레온가스, 아산화질소 등의 사용을 억제하여 하여야 하는데, 에너지 다소비업종의 산업활동이 크게 위축되는 등의 영향을 미치고 있다. 이는 기후변화협약이 직접적인 무역규제조항은 두고 있지 않지만 협약 이행과정에서

67) 이재곤, 앞의 논문(주 25), 183면.

68) 온실의 유리나 비닐막이 온실의 기온을 높이는 온실효과 같은 작용을 하므로, 지구온난화를 일으키는 물질을 온실가스(greenhouse gases: GHGs)라고 부른다.

69) 지구온난화의 추이를 보면, 지구온난화의 가장 큰 원인(50% 이상)인 이산화탄소(CO_2)의 대기 중 농도는 산업혁명 이래 연평균 0.5%씩 상승, 산업혁명 이전의 280ppm에서 1990년에는 350ppm으로 25% 증가하였고, 지구평균온도는 0.3-0.6℃ 상승하였다. 이산화탄소는 대부분 화석연료(석유, 석탄, 천연가스)를 연소시킬 때 부수적으로 방출되는데, 2030년경에는 이산화탄소의 대기 중 농도가 산업혁명 이전의 2배 정도에 이르러 지구평균기온이 1.5-4.5℃ 상승하고 해수면도 0.6m 정도 상승할 것으로 예측된다(외교통상부 오윤경 외 20인, 『현대국제법』(서울: 박영사, 2000), 470면).

간접적인 무역규제효과가 발생한다고 이해할 수 있다. 다만 협약 제3조는 "개발도상국의 지속가능한 개발이 보장되어야 하며, 기후변화방지를 위한 조치가 위장된 무역규제수단이 되어서는 안 된다"라고 규정하고 있어 기후변화협약의 실효적 이행을 위한 수단으로써 무역규제조치는 많은 제약이 따르리라고 본다.

제 11 장

국제환경책임을 지원하는 제도의 강화

1. 국제환경기준의 설정
2. 국제적인 보상 및 배상기금의 확보
3. 오염자부담원칙의 확립

제 11 장 국제환경책임을 지원하는 제도의 강화

1. 국제환경기준의 설정

국제사회가 국제환경문제에 대처하기 위해 여러 가지 노력을 기울이고 있는데도 환경오염이 지속되고 있는 것이 현실이다. 국제표준화기구(International Organization for Standardization: ISO)[1]는 세계 모든 기업이 공통적으로 지켜야 할 통일적인 국제환경기준(ISO 18000)의 표준화 작업을 진행하고 있다. 국제표준화기구에서는 기업의 전생산공정과 제품, 환경관련경영체제가 환경친화적인지를 인증해 주는 국제표준규격제도의 도입을 추진하고 있다. ISO 18000의 기본내용은 기업활동 전체에 대한 환경영향평가를 통한 인증을

1) ISO는 원래 1926년 ISA(International Federation of the National Standardizing Associations)로 시작하여 1947년 현재의 명칭으로 공식적인 업무를 시작하였다. 조직은 총회, 이사회, 기타 전문부회가 있으며 기술적인 업무는 2,850개의 기술위원회, 하부 위원회와 업무수행 그룹이 맡아 시행한다. 표준화 업무에는 산업 각 분야, 조사학회 회원, 정부 관계자, 사용자 단체, 국제기구 등이 참가하며, 해마다 모임에 참가하는 전문가의 수는 3만 명에 이른다. 주로 각국의 공업규격을 조정 · 통일하고, 물자와 서비스의 국제적 교류를 유도하며, 과학적 · 지적 · 경제적 활동 분야의 협력을 증진하는 것을 목적으로 활동한다. 1987년 최초로 ISO 9000시리즈를 제정하는 등 설립 이래 광범위한 분야의 국제표준을 제정, 공표하였다. 산업 분야에서 필요한 표준화 작업은 해당 국가 단체에서 충분한 의견수렴을 거쳐 ISO에 제안되면 분과위원회와 기술위원회를 거쳐 총회 정원의 75%의 찬성을 통해 국제규격(IS: International Standard)으로 승인되고 'International Standards'에 실린다. 한 나라에서 한 기관만 회원으로 가입할 수 있고 2006년 현재 154개국이 회원국으로 있으며, 본부는 스위스 제네바에 있다(http://www.iso.org, 2006년 12월 20일 방문).

부여하여 주는 것이지만, 이는 국제환경규범으로 등장한 절차적 규범을 국제적 기준에 따라 이행하도록 할 수 있는 통일적 기준을 제공할 수 있는 데 또 다른 의의가 있다고 볼 수 있다. 환경표준을 준수하지 않은 기업의 제품에 대하여 수출입을 제한하는 제재를 가하게 되어 있으므로 국가는 국가경영에서 이러한 기준을 자국의 관할권 내 또는 통제 아래에 있는 사인(사기업)이 준수하도록 관리하여야 하는데, 이를 위반한 경우 그에 대한 책임을 부담하게 하는 것이다. 또한 사전평가·통지·협의의무가 당사국의 자의적 기준에 의해서가 아니라 이러한 국제적 기준에 의해서 부여된다면 결국은 환경오염을 방지하는 효과뿐만 아니라 이러한 의무를 위반한 경우 위반국의 책임을 결정하는 데 좀 더 효율적인 것이 될 것이다.

2. 국제적인 보상 및 배상기금의 확보

국제법상 개인의 법적 지위가 향상된다는 것은 국제법상 개인의 권리가 인정되고, 그러한 권리가 침해된 경우에 직접적으로 손해배상청구가 존중·이행된다는 사실과 밀접한 관련이 있다. 그러나 국제사회에서 개인의 법적 보호는 아직도 미흡한 편이며, 더욱이 환경오염 희생자가 충분하게 권리구제를 받기에는 더욱 어려운 점이 많다. 특히 사인에 의한 대형 환경오염사고의 경우에는 오염자의 재정적 부담이 광범위하여 충분한 배상이 실현되는 것이 불가능한 경우가 많다. 따라서 환경오염으로 인한 책임을 담보하여 오염희생자에게 손해배상청구를 통한 권리구제를 지원하는 방법이 모색되어야 한다. 환경손상에 대한 손해배상의 범위를 확보하는 가능한 방법은 '오염자부담원칙'(polluter-pays principle)에서 '공동체부담'

(burden of the community)이념까지 다양하게 제기되고 있는데 이러한 제도와 관련하여 다음과 같이 제안되고 있다.[2)]

첫째, 자연자원의 이용으로부터 발생하는 환경위험에 대한 통상적인 강제보험(ordinary, obligatoy insurance)을 생각할 수 있다. 환경을 파괴하는 활동을 한 국가에게 원상복구책임을 지우고, 원상복구가 불가능한 경우에 배상책임을 부과하여 이를 보장하는 방안으로 국가들에게 강제보험 가입을 의무화하는 것이다. 이 방법에 의하여 책임량의 최소와 최대의 경계가 확정될 수 있다.

둘째, 자원이용의 동일한 범주에 속하는 잠재적 오염자 그룹에 의한 보증기금(guarantee fund)의 설립을 생각할 수 있다.[3)] 대표적인 예로 이러한 기금은 유류오염을 다루고 있는 협정들에서 보이는 것과 같이 몇몇 유류회사의 사적 동기에 기초하고 있다. 1971년에 채택된 '유류오염손해에 대한 배상을 위한 국제기금의 설립에 관한 브뤼셀국제협약'[4)]이 이에 해당한다.

최근에 기금모집에서 혁신적인 방법이 나타나고 있다. 예를 들면, 지구환경보호를 위해 개발도상국의 지구환경관련 투자사업 및 기술지원사업에 대해 무상원조 및 장기 저리의 양허성자금을 지원하며 국제환경협약의 재정체계 역할 및 UN환경개발회의(UNCED)에서 합의한 의제21의 이행에 필요한 재정기구 역할을 수행하기 위해 1990년에 지구환경금융(Global Environment Facility: GEF)이

---

2) A. Rest, "Responsibility and Liability for Transboundary Air Pollution Damages," in C. Flinterman, B. Kwiatkowska & J. G. Lammers(eds.), *Transboundary Air Pollution: International Legal Aspects of the Co-operation of States*(Dordrecht: Martinus Nijhoff Publishers, 1986), pp. 334-335.

3) 제19차 남극조약협의당사국회의에서 남극환경보호조치에 필요한 경비를 충당하기 위해 남극환경보호기금을 설치하기로 합의하였다(동아일보, 1995년 5월 16일, 2면).

4) 이 협약의 정식명칭은 Brussels International Convention on Establishment of an International Fund for Compensation for Oil Pollution Damage이다. 1110 UNTS 57, *reprinted* in ILM, Vol. 11, 1972, p. 284.

설립되었다.[5] GEF는 총 32개 이사회그룹으로 구성된 GEF이사회가 집행기구 역할을 하는데 2006년 8월 현재 176개국이 가입하고 있으며, 기금을 가지고 세계은행(IBRD/IDA)의 융자대상국이나 UNDP 기술지원수혜대상국을 대상으로 지구환경개선에 기여하는 사업으로서 지역적 차원에서 경제적 채산성이 없는 사업을 지원하며, 지구온난화방지, 국제수자원보호, 생물다양성보호, 오존층보호, 사막화 및 산림황폐화방지 등을 위한 활동을 지원하고 있다.[6]

셋째, 배상이 국가의 공적 기금으로부터 지불되는 것을 생각할 수 있다. 이러한 제도는 1973년 '핵에너지에 관한 브뤼셀추가협약'의 서명국인 OECD 회원국에 의해 적용되고 있다. 이것은 국가적 차원에서 개인적인 오염원인자가 충분히 확인될 수 없는 경우에 적용된다. 이러한 기금제도는 특히 증가되는 생활방해(nuisance)의 경우(특히 대기오염분야에서 공통적으로 발생하는 사고)에 개인의 보호에 적합하다. 실제 행해지고 있는 이러한 유형의 기금은 네덜란드에서 실시하고 있다. 이 기금의 비용은 사용한 유류와 방출한 유황(sulphur)의 유형에 따라 양을 변경하는 잠재적 오염자의 세금에 의하여 충당한다.[7] 그런데 기금은 보조적 방법으로 적합하기 때문에 아직 해결되지 않은 해석의 문제가 제기될 수 있다. 그러나 이러한 기금은 다른 국가에서 야기된 환경오염을 해결하는 데는 상당히 효과적이라는 사실은 분명하다.[8]

---

5) Patrica W. Birnie & Alan E. Boyle, *International Law and the Environment*, 2nd ed.(Oxford: Clarendon Press, 2002), pp. 60-61.

6) http://www.gefweb.org.

7) A. Rest, *supra* note 2, p. 335.

8) *Ibid*.

3. 오염자부담원칙의 확립

국제사회에서는 환경오염피해의 책임소재에 관한 원칙으로 오염자부담원칙(Polluter-Pays Principle: PPP)을 마련하고 있다. 이는 환경오염피해를 야기한 원인국가가 피해배상의 책임을 져야 한다는 원칙이다. 오염자부담원칙은 원래 법원칙이라기보다는 환경오염방지 비용을 분담하는 경제정책상의 원칙이었다.[9] 오염자부담원칙이 구체적으로 의미하는 바가 무엇인지에 관해 논란이 있을 수 있으나 OECD가 1972년과 1974년에 채택한 관련문서에 나타난 정의가 통상적으로 사용되고 있다. 오염자부담원칙을 최초로 언급한 것은 1972년 OECD 각료이사회가 채택한 '환경정책의 국제경제적인 측면에 관한 지도원칙에 관한 권고'(Recommendation on Guiding Principles concerning International Economic Aspects of Environment Policies)[10]로, 이 권고문에서 오염방지 및 제거 비용을 오염자가 부담하여야 한다는 원칙을 세우고, 이를 오염자부담원칙이라 정의하였다. 이어 1974년에 채택한 '오염자부담원칙의 이행에 관한 권고'(Recommendation on the Implementation of Polluter Pays Principles)[11]에서 오염자부담원칙을 확장하여 오염방지 및 제거 비용뿐만 아니라 잔여오염물

9) J. McLoughlin & E.G. Bellinger, *Environmental Pollution Control: An Introduction to Principles and Practice of Administration*(London: Graham & Trotman, 1993), p. 145; S.E. Gaines, "The Polluter-Pays Principles: From Economic Equity to Environmental Ethos," Texas International Law Journal, Vol. 26, 1991, p. 463; 경제적 측면에서의 오염자부담원칙에 대한 설명은 Barry C. Field, *Environmental Economics*(New York: The McGraw-Hill Companies, Inc., 1997), pp. 459-460; 이영준, 『국제환경법론』(서울: 법문사, 1995), 63-64면; 박주헌, 『환경경제학』(서울: 경문사, 2000), 301-302면; 유동운, 『환경경제학』(서울: 비봉출판사, 1994), 251-259면 참조.

10) OECD Council Recommendation C(72) 128(1972), *reprinted* in ILM, Vol. 14, 1975, p. 236.

11) OECD Council Recommendation C(74) 223(1974), reprinted in ILM, Vol. 14, 1975, p. 234.

질로 인해 피해를 입은 자에 대해 오염자가 보상할 것을 국가가 명령한 경우에도 오염자부담원칙에 해당한다고 정의하였다.[12] 또한 OECD는 1989년 '우발적 오염사고에 대한 오염자부담원칙의 적용에 관한 권고'(Recommendation on the Application of the Polluter Pays Principles to Accidental Pollution)[13]에서는 위험한 시설의 운영관리자가 당해 시설의 우발적인 사고의 방지와 감소를 위한 조치에 소요되는 비용을 부담하여야 한다고 권고하였다. OECD가 제시한 오염자부담원칙의 본질은 첫째로 이 원칙은 외부비용이 내부화되어야 한다는 것이고, 둘째로 국제무역이나 국제투자를 왜곡시킬 만한 보조금의 사용을 제한하는 것이다.[14] 다시 말해서 OECD는 오염자부담원칙이란 건전한 환경상태를 보장하는 데 필요한 비용을 오염행위자가 부담하여야 한다는 것이다.[15] 이는 환경을 수용가능한 상태로 보존할 목적으로 공공당국이 환경오염을 방지하는 동시에 그러한 조치비용은 생산·소비시에 환경을 오염시키는 기업의 제품과 서비스 가격에 반영하여 하여야 한다는 것이다.[16] 따라서 이 원칙은 오염희생자의 손해를 배상할 법적 책임을 오염원인자에게 부과하고, 자신의 비용으로 오염을 감소시키도록 요구하는 원칙이다.[17]

EU도 오염자부담원칙을 도입하고 있다. EC가 1973년 발표한 첫번째 환경실천계획(Programme of Action on the Environment)[18]에

12) 권오상, 『환경경제학』(서울: 박영사, 1999), 104면.

13) OECD Council Recommendation C(89) 88(1989), *reprinted* in ILM, Vol. 28, 1989, p. 1320.

14) 아마노 아끼히로, 고평국(역), "환경과 경제의 통합을 위하여," 『환경과 생명』 창간호(서울: 환경과 생명을 위한 모임, 1994 봄), 112면.

15) E. Petersmann, "International Trade Law and International Environmental Law," *Journal of World Trade*, Vol. 27, 1993, pp. 48-49.

16) Patricia W. Birnie & Alan E. Boyle, *supra* note 5, pp. 109-110.

17) 성재호, "국제환경법상 오염자부담의 원칙," 대한국제법학회 학술세미나 발표요지, 1994년 4월 22일, 1-5면 참조.

서 이 원칙을 채택하였고, 이후 1986년 단일유럽협정(Single European Act)[19]과 1992년 마스트리히트조약(Maastricht Treaty)[20] 그리고 1997년 암스테르담조약(Amsterdam Treaty)[21]도 이에 관하여 규정하고 있다.

그리고 일부 환경관련 조약에도 오염자부담원칙을 규정하고 있다. 예를 들면, 1985년 자연 및 자연자원의 보전에 관한 ASEAN협정[22] 제10조(d), 1992년 국제수로협약[23] 제2조 5항(b), 1992년 Baltic해협약[24] 제3조 4항, 1992년 북동대서양 해양환경보호를 위한 협약[25] 제2조 2항, 1994년 Danube강의 보호와 지속가능한 이용을 위한 협력에 관한 협약[26] 제2조 4항, 1994년 에너지헌장조약[27] 제19조 1항 등이다. 1990년 유류오염 대비, 대응 및 협력에 관한 협약[28]과 1992년 산업사고의 국경을 넘는 영향에 관한 협약[29]은 각각 그 전문(前文)에서 오염자부담원칙을 '국제환경법의

---

18) OJ C112, 20 December 1973, 1.

19) EEC조약 Art. 130r(2).

20) 마스트리히트조약에 의해 개정된 EEC조약 Art. 130s(5).

21) 암스테르담조약에 의해 개정된 EC조약 Art.174(2), Art.175(5).

22) 이 협정의 정식명칭은 Association of South East Asian Nations Agreement on the Conservation of Nature and Natural Resources이다. *reprinted* in *Environmental Policy and Law*, Vol. 15, 1985, p. 64.

23) 이 협약의 정식명칭은 Convention on the Protection and Use of Transboundary Watercourses and International Lakes이다. *reprinted* in 31 ILM 1312.

24) 이 협약의 정식명칭은 Convention for the Protection of the Marine Environment of the Baltic Sea Area이다.

25) 이 협약의 정식명칭은 Convention for the Protection of the Marine Environment of the North-East Atlantic이다. *reprinted* in ILM Vol. 32, 1993, p. 1068.

26) 이 협약의 정식명칭은 Convention on Co-operation for the Protection and Sustainable Use of the Danube River이다.

27) 이 조약의 정식명칭은 Energy Charter Treaty and Energy Charter Protocol on Energy Efficiency and Related Environmental Aspects이다. *reprinted* in 33 ILM 360.

28) 이 협약의 정식명칭은 International Convention on Oil Pollution Preparedness, Response and Co-operation이다. reprinted in ILM, Vol. 30, 1991, p. 733.

29) 이 협약의 정식명칭은 UNECE Convention on the Transboundary Effects of Industrial Accidents이다. *reprinted* in 31 ILM 1330.

일반원칙'이라고 선언하고 있다.[30)]

1972년 스톡홀름선언에서는 이 원칙에 대한 규정이 없지만 1992년 리우선언에서는 채택되었다. 즉 리우선언 원칙16은 "각국의 당국은 원칙적으로 오염자가 오염비용을 부담하여야 한다는 원칙을 고려하여 환경비용의 내부화와 경제적 수단의 이용을 증진시키도록 노력하여야 한다"고 규정하고 있다.[31)] 그런데 현재 오염자부담원칙이 국제법환경법상의 원칙인가에 대해서는 논란이 되고 있다. 국가들의 관행을 보면, 특히 국가간의 관계에서 오염의 모든 비용을 오염자가 부담해야 한다는 견해에 대하여 지지하지 않고 있다.[32)] 생각건대, 현재 실제로 환경에 해로운 활동을 규제하는 효율적인 전략으로 평가받고 있는[33)] 오염자부담원칙이 지금은 국제법환경법상 법적 구속력이 없을지라도 장래에 법적 원칙으로 발전되어야 할 것이다. 또한 오염자부담원칙은 오염을 발생시킨 자가 그로 인한 피해에 대한 보상책임을 부담하여야 한다는 측면에서 일반적인 법감정과도 일치하는 장점이 있다.

---

30) 우리나라의 경우도 1991년 환경개선비용부담법을 제정하여 오염자부담원칙을 수용하고 있다.

31) 이러한 정의는 OECD나 EU의 규정보다 약화된 것이다. 이는 UN환경개발회의에서 이 원칙에 대하여 부정적인 시각을 가진 개발도상국의 입장을 반영하였기 때문이다(노명준, 『신국제환경법』(서울: 법문사, 2003), 83면).

32) Philippe Sands, *Principles of International Environmental Law*, 2nd ed.(Cambridge: Cambridge University Press, 2003), p. 285.

33) Patricia W. Birnie & Alan E. Boyle, *supra* note 5, pp. 92-95.

약어표(abbreviation)

ACDI: *Annuaire de la Commission de Droit International*
AJIL: *American Journal of International Law*
EC: European Community
EEC: European Economic Community
EPIL: *Encyclopedia of Public International Law*
EU: European Union
UN G.A.Res.: United Nations General Assembly Resolution
ICC: Internatonal Criminal Court
ICJ: International Court of Justice
IEL: International Environmental Law: Basic Instruments and References, Edith B. Weiss & Daniel B. Magraw & Paul C. Szasz(eds.), New York: Transnational Pub., 1992.
ILA: International Law Association
ILC: International Law Commission
ILM: *International Legal Materials*
ITLOS: International Tribunal for the Law of the Sea
IUCN: International Union for Conservation of Nature and Natural
OECD: Organization for Economic Co-operation and Development
OJ: *Official Journal of European Communities*
PCIJ: Permanent Court of International Justice
Proceeding of ASIL: *Proceeding of American Society of International Law*
R. Int'l. Arb. Awards: *Reports of International Arbitral Awards*
UNEP: United Nations Environment Programme
UNTS: United Nations *Treaty Series*
UST: United States Treaties and Other International Agreements
WCED: World Commission of Environment and Development

참고문헌

국내문헌

1. 단행본

국가안전기획부, 『국제환경협약집』(상, 하), 1994.

김대순, 『국제법론』(제11판), 서울: 삼영사, 2006.

김석현, 『국제법상 국가책임』, 서울: 삼영사, 2007

김정건, 『국제법』, 서울: 박영사, 1990.

김찬규 · 이영준, 『국제법개설』, 서울: 법문사, 1994.

노명준, 『신국제환경법』, 서울: 법문사, 2003.

이병조 · 이중범, 『국제법신강』(제8개정판), 서울: 일조각, 2000.

이상돈, 『환경위기와 리우회의』, 서울: 대학출판사, 1993.

이석용, 『국제법』, 서울: 세창출판사, 1999.

이영준, 『국제환경법론』, 서울: 법문사, 1995.

이한기, 『국제법강의』, 서울: 박영사, 2002.

오윤경 외 20인, 『현대국제법』, 서울: 박영사, 2000.

정서용, 『동북아시아 환경협력』, 서울: 집문당, 2005.

홍성화, 『국제법개론』, 서울: 건대출판부, 1995.

2. 논문

강희원, "법의 녹색화와 녹색법학," 『법철학과 사회철학』 제4집, 법 및 사회철학 한국학회, 1994.

김대순, "적법행위에 대한 국가책임이론의 정립을 향하여: 2001년 ILC초안을 중심으로," 『국제법학회논총』 제48권 제1호, 2003.

———, "'일반국제법의 강행규범' 개념에 관한 연구," 『국제법학회논총』 제42권 제2호, 1997.

김석현, "환경관련 국제분쟁 사례," 『환경보호와 국제법 질서』, 서울: 도서출판 아사연, 1997.
———, “국제법에 있어서 Soft Law,” 『국제법평론』 통권 제8호, 1997.
———, “환경오염에 대한 국가책임,” 『국제법평론』 통권 제4호, 1995.
———, “국가책임 성립요건의 재검토,” 『국제법학회논총』 제39권 제1호, 1994.
———, “초국경적 손해에 대한 국제책임의 특수성－일반적 국가책임과 비교하여,” 『국제법평론』 통권 제3호, 1994.
김형배, “위험책임론,” 『민법학의 회고와 전망』, 민법전시행 30주년 기념 논문집, 민사법학회(편), 1993.
노명준, “환경오염으로 인한 국가책임,” 한국외국어대학교 논문집 제25집, 1992.
———, “국제환경분쟁의 해결,” 『국제법학회논총』 제37권 1호, 1992.
———, “환경보호와 오염방지를 위한 국제법에 관한 연구,” 『국제법학회논총』 제27권 제1호, 1982.
노융희, “지구오염에 대한 국제적 동향,” 『생태계의 위기와 한국의 환경문제』, 따님환경논총1, 서울: 도서출판 따님, 1993.
박기갑, “국제법상의 국가간 대기오염방지와 그 규제동향,” 『국제법평론』 창간호, 1993.
———, “환경보호에 관한 국제손해배상제도,” 『국제법평론』 통권 제7호 1996.
박병도, “국제환경법의 실효성 확보를 위한 입법과정에 관한 연구,” 『환경법연구』 제28권 제1호, 2006.
박진아, “국제인권법의 서열에 관한 연구,” 고려대학교 석사학위논문, 2006. 8.
서철원, “WTO에서 환경보호를 이유로 한 무역제한 조치,” 『국제법학회논총』 제47권 제1호, 2002.
성재호, “인접국 오염원에 의한 환경피해의 국제법적 구제,” 『국제법학회논총』 제46권 제2호, 2000.
신현덕, “환경오염과 국제법,” 『국제법학회논총』 제25권 제2호, 1980.
아마노 아끼히로, 고평국(역), “환경과 경제의 통합을 위하여,” 『환경과 생명』 창간호, 서울: 환경과 생명을 위한 모임, 1994 봄.
이병조, “국가책임협약 잠정초안에 관한 연구,” 『법학논문집』 제17집, 중앙대 법학연구소, 1992.
이상돈, “다수국가에 의하여 공유되고 있는 수자원의 보존과 관리에 관한 법리,” 『환경법연구』 제9권, 1987.
———, “멸종위기에 처한 야생동식물의 국제거래에 관한 협약에 관한 연구,” 『환경법연구』 제12권, 1990.
———, “광역대기오염의 국제적 규제,” 『환경법연구』 제13권, 1991.
———, “환경과 개발에 관한 리오선언,” 『환경법연구』 제14권, 1992.
———, “국제공해에 관한 국제법상 국가책임,” 『중앙대법대논문집』 제8집, 1983.
이장희, “국제환경협약과 무역규제조치,” 『환경과무역규제』 학술시민포럼 발표요지, 아시아사회과학연구원, 1994. 4. 29.
이재곤, “국제법에 있어서 환경권,” 균제양승두교수화갑기념논문집(II), 『현대사회와 법의 발달』, 서울: 홍문사, 1994.
———, “환경다변조약상 무역제한조치의 국제법적 문제점,” 『국제법학회논총』 제45권 제2호, 2000.
이재협, “국제환경협약에서의 이행 및 준수체제,” 『서울국제법연구』 제6권 2호, 1999.
이중범 · 전경일, “국제환경법의 입법에 있어서의 과학적 불확실성에 관한 연구,” 『국제법학회논총』 제39권 제2호, 1994.
장 신, “국경을 넘는 오염에 관한 국제법상의 방지의무,” 『국제법학회논총』 제42권 제1호, 1997.
최동현 · 최재선, “유해 · 위험물질 해상운송 책임협약 제정 동향과 대책,” 해운산업연구원, 『정책자료』 119, 1995.
최승환, “초국경적 환경오염피해에 대한 방지의무,” 『서울국제법연구』 제2권 제2호, 1995.
최승환, “환경보호와 통상규제,” 『환경보호와 국제법 질서』, 이장희(편), 서울: 아시아사회과학연구원, 1997.
최재용, “남극보호를 위한 환경영향평가제도의 도입,” 『환경포럼』 제8권 제4호, 2004.
홍성화, “환경의 국제적 보호,” 『전환기의 국제관계법』, 동석김찬규박사화갑기념논문집, 서울: 법문사, 1992.

외국문헌

1. Books

山本草二, 『국제법』, 동경: 유비각, 1999.

Jeffrey M. Gaba, *Environmental Law*, 2nd ed.(West Group, 2001), 김형진(역), 『미국환경법』, 서울: 형설출판사, 2005.

Gore, Al, *Earth in the Balance*, 이창주(옮김), 『위기의 지구』, 도서출판 삶과 꿈, 1994.

Porter, G. & Brown, J.W., *Global Environmental Politics*, 이해찬(역), 『세계 환경정치』, 돌베개, 1994.

Barros, J. & Johnston, D.M., *International Law and Pollution*, London: Collier Macmillan, 1974.

Birnie, P.W. & Boyle, A.E., *International Law and the Environment*, 2nd ed., Oxford: Clarendon Press, 2002.

Black's Law Dictionary, 6th. ed., West Publishing Co., 1990.

Brownlie, I., *Principles of Public International Law*, 6th ed., Oxford: Clarendon Press, 2003.

———, *System of the Law of Natons: State Responsibility*, Part 1, Oxford: Clarendon Press, 1983.

Brubaker, Douglas, *Marine Pollution and International Law*, London & Florida: Belhaven Press, 1993.

Brunnēe, J., *Acid Rain and Ozone Layer Depletion: International Law and Regulation*, New York. Transnational Pub., 1988.

Carroll, John E.(ed.), *International Environmental Diplomacy*, Cambridge: Cambridge Univ. Press, 1988.

Cassese, Antonio, *International Law in a Divided World*, Oxford: Oxford Univ. Press, 1989.

Eagleton, C., *The Responsibility of States in International Law*, New York: New York Univ. Press, 1928.

Field, Barry C., *Environmental Economics*, New York: The McGraw-Hill Companies, Inc., 1997.

Gillespie, Alexander, *International Environmental Law Policy and Ethics*, Oxford: Oxford Univ. Press, 2000.

Grotius, H., *De Jure Belli Ac Pacis—Libri Tres*(The Law of War and Peace—Three Books), translated by Francis W. Kelsey, Book Ⅰ, Oxford: Clarendon Press, 1925.

Harris, D.J., *Cases and Materials on International Law*, London: Sweet & Maxwell, 1991.

Hurrell, Andrew & Kingsbury, Benedict(eds.), *The International Politics of the Environment*, Oxford: Clarendon Press, 1992.

Jenning, R. & Watts, A., *Oppenhiem's International Law*, 9th ed., Longman, 1992.

Kirgis, Frederic L., *Prior Consultation in International Law: A Study of State Practice*, Univ. Press of Virginia, 1983.

———, *International Organizations in Their Legal Setting*, 2nd ed., West Publishing Co., 1993.

Kiss, A., *Droit international de l'environment*, Revue Juridique de l'Environment (Lyon, France), 1989.

Kiss, A. & Shelton, D., *International Environmental Law*, New York: Transnational Pub., 1991.

Lammers, J. G., *Pollution of International Watercourses: A Search for Substantives Rules and Principles of Law*, Boston: Martinus Nijhoff, 1984.

Lang, W. & Neuhold, H. & Zemanek, K.(eds.), *Environmental Protection and Internastional Law*, London: Graham & Trotman, 1991.

Levin, Aida Luisa, *Protecting the Human Environment: Procedures and Principles for Preventing and Resolving International Controversies*, New York: UNITAR, 1977.

Magraw, Daniel B., *International Law and Pollution*, University of Pennsylvania Press, 1991.

McLoughlin, J. & Bellinger, E. G., *Environmental Pollution Control: An Introduction to Principles and Practice of Administration*, London: Graham & Trotman, 1993.

Mitchell, Ronald B., *International Oil Pollution at Sea: Environmental Policy and Treaty Compliance*, Massachusetts: The MIT Press, 1992.

Molitor, Michael R.(ed.), *International Environmental Law: Primary Materials*, Boston: Kluwer Law and Taxation Publishers, 1991.

Nanda, Ved P.(ed.), *World Climate Change: The Role of International Law and Institutions*, Colorado: Westview Press, 1983.

OECD, *Strengthening Environmental Cooperation with Developing Countries*, Paris: OECD, 1989.

———, *Legal Aspects of Transfrontier Pollution*, Paris: OECD, 1977.

Okowa, Phoebe N., *State Responsibility for Transboundary Air Pollution in International Law*, Oxford: Oxford University Press, 2000.

Petersman, E., *International and European Trade and Environment after the Uruguay Round*, Kluwer Law International, 1995.

Rawls, J., *A Theory of Justice*, Cambridge: Belknap Press of Havard University Press, 1971.

Rosenne, Shabtai, *The International Law Commission's Draft Articles on State Responsibility*, London: Graham & Trotman, 1991.

Sand, Peter H., *Transnational Environmental Law Lessons in Global Change*, London: Kluwer Law International Ltd., 1999.

Sands, Philippe, *Principles of International Environmental Law*, 2nd ed., Cambridge: Cambridge University Press, 2003.

———, *Chernobyl: Law and Communication: Transboundary Nuclear Air Pollution: The Legal Materials*, Cambridge: Grotius, 1988.

Schneider, J., *World Public Order of Environment: Toward on International Ecological Law and Organization*, Toronto: Univ. of Toronto Press, 1979.

Schlikman, J. Andrew, *International Environmental Law and Regulation: Materials*, Butterwort, 1992.

Scovazzi, T. & Francioni, F.(eds.), *International Responsibility for Environmental Harm*, London: Graham & Trotman, 1993.

Shaw, Malcolm N., *International Law*, 4th ed., Cambridge Univ. Press, 1997.

Smith, Brian D., *State Responsibility and Marine Environment*, Oxford: Clarendon Press, 1988.

Springer, Allen L., *The International Law of Pollution*, London: Quorum Books, 1983.

WCED, *Our Common Future*, New York: Oxford Univ. Press, 1987.

———, *Environmental Protection and Sustainable Development: Legal Principles and Recommendation*, London: Graham & Tortman, 1987.

Webster's Third New International Dictionary, 1986.

Weiss, Edith D. & S.C. McCaffrey & P.C. Szasz & R.E. Lutz, *International Environmental Law and Policy*, Aspen Law, 1998.

Weiss, Edith B. & Magraw, Daniel B. & Szasz, Paul C.(eds.), *International Environmental Law: Basic Instruments and References*, New York: Transnational Pub., 1992.

Weiss, Edith B., *In Fairness to Future Generations: International Law, Common Patrimony and Intergenerational Equity*, Tokyo: United Nations University, Press, 1989.

Xue Hanquin, *Transboundary Damage in International Law*, Cambridge University Press, 2003.

Yale Journal of International Law, *Earth Rights and Responsibilities: Human Rights and Environmental Protection,* Vol. 18, 1993.

2. Articles

Ago, R., "Third Report on State Responsibility," *Yearbook of ILC 1971*, Vol. Ⅱ, 1971.

Akehurst, M., "Custom as a Source of International Law," *British Yearbook of International Law*, Vol. 47, 1974/75.

Aréchaga, E.J. de, "International Responsibility," in Max Sørensen(ed.), *Manual of Public International Law*, New York: Macmillan, 1968.

Beyerlin, U., "Transfrontier Environmental Protection and General International Law," *Law and State*, Vol. 43, Tübingen, 1991.

Blumm, J., "The National Environmental Policy Act at Twenty," *Environmental Law*, Vol. 20, 1990.

Bothe, M., "Developments and Problems of Co-operation with Regard to Transboundary Air Pollution in Western Europe," in *Transboundary Air Pollution: International Legal Aspects of the Co-operation of States*, C. Flinterman & B. Kwiatkowska & J.G. Lammers(eds.), London: Martinus Nijhoff Publishers, 1986.

———, "International Legal Problems of Industrial Siting in Border Areas and National Environmental Policies," in *Transfrontier Pollution and The Role of States*, OECD ed., Paris: OECD, 1981.

———, "Transfrontier Environmental Management," in *Trends In Environmental Policy and Law*, M. Bothe(ed.), Berlin: Erlich Schmidt Verlag, 1980.

Boyle, Alan E., "State Responsibility and International Liability for Injurious Consequences of Acts not Prohibited by International Law: A Necessary Distinction?" *International and Comparative Law Quarterly*, Vol. 39, 1990.

Brunnée, J., "'Common Interest'—Echoes from an Empty Shell?," 49 ZaöRV 791, 1989.

Cassar, Angela Z. & Carl E. Bruch, "Transboundary Environmental Impact Assessment in International Watercourse Management," *New York University Environmental Law Journal*, Vol. 12, 2003.

Charney, Jonathan I, "Third State Remedies for Environmental Damage to the World's Commen Space," in Francesco Francioni & Tullio Scovazzi(eds.), *International Responsibility for Environmental Harm*, London: Graham & Trotman, 1991.

———, "Third State Remedies in International Law," *Michigan Journal of International Law*, Vol. 10, 1989.

Charnovitz, S., "The Environment vs. Trade Rules: Defogging the Debate," *Environmental Law*(Northwestern School of Law of Lewis and Clark College), Vol. 23, No. 2, 1993.

———, "Exploring the Environment Exceptions in GATT Article XX," *Journal of World Trade*, Vol. 25, 1991.

Christenson, G.A., "*Jus Cogens*: Guarding Interests Fundamental to International Society," *Virginia Journal of International Law*, Vol. 28, 1988.

Cooper, Catherine A., "The Management of International Environmental Disputes in the context of Canada-United States Relations: a Survey and Evalution of Techniques and Mechanism," *Canadian Yearbook of International Law*, Vol. 24, 1986.

Conforti, Benedetto, "Do States Really Accept Responsibility for Environmental Damage," in Francesco Francioni & Tullio Scovazzi(eds.), *International Responsibility for Environmental Harm*(London: Graham & Trotman, 1991.

Crawford, James, "Revising the Draft Articles on State Responsibility," *European Journal of International Law*, Vol. 10, 1999.

D'Arge, Ralph C. & Kneese, Allen V., "State Liability for International Environmental Degradation: An Economic Perspective," *Natural Resources Journal*, Vol. 20, 1980.

Dupuy, Pierre-Marie, "International Liability for Transfrontier Pollution," in *Trends In Environmental Policy and Law*, M. Bothe(ed.), Berlin: Erlich Schmidt Verlag, 1980.

———, "Soft Law and the International Law of the Environment," *Michigan Journal of International Law*, Vol. 12, 1991.

Esty, Daniel C. "Beyond Rio: Trade and Environment," *Environmental Law* (Northwestern School of Law of Lewis and Clark College), Vol. 23(No. 2), 1993.

Esty, Daniel C & Lallas, P.L. & David J. van Hoogstraten, "Environmental Protection and International Trade: Toward Mutually Supportive Rules and Policies," *Harvard Environmental Law Review*, Vol. 16, 1992.

Fraenkel, Amy A., "The Convention on Long-Range Transboundary Air Pollution: Meeting the Challenge of InternationalCo-operation," *Harv. ILJ*, Vol. 30, 1989.

Gaines, S.E., "International Principles for Transnational Environmental Liability: Can Developments in Municipal Law Help Break the Impasse?" *Harv. ILJ*, Vol. 30, 1989.

———, "The Polluter-Pays Principles: From Economic Equity to Environmental Ethos," *Texas International Law Journal*, Vol. 26, 1991.

Gaja, G., "Jus Cogens beyond the Vienna Convention," 172 RdC 271, 1981-Ⅲ.

Goldie, L.F.E., "Responsibility and Liability in the Common Law," in Legal Aspects of Transfrontier Pollution, OECD(ed.), Paris: OECD, 1977.

———, "Development of an International Environmental Law," in *Law, Institutions and Global Environment*, J.L. Hargrove(ed.), New York: Oceana Publications, 1972.

———, "International Principles of Responsibility for Pollution," *Columbia*

J. of Transnational Law, Vol. 9, 1970.
Gray, Kevin R., "International Environmental Impact Assessment: Potential for a Multilateral Environmental Agreement," *Colorado Journal of International Environmental Law and Policy*, Vol. 11, Winter 2000.
Gündling, Lothar, "Protection of the Environment by International Law," in *Environmental Protection and Internastional Law*, W. Lang & H. Neuhold & K. Zemanek(eds.), London: Graham & Trotman, 1991.
Guruswamy, Lakshman, "International Environmental Law: Boundaries, Landmarks, and Realities," *Natural Resources and Environment*, Vol. 10, 1995.
———, "Our Responsibility to the Future Generation," *AJIL*, Vol. 84, 1990.
Handl, G., "Territorial Sovereignty and the Problem of Transnational Pollution," *AJIL*, Vol. 69, 1975.
———, "Balancing of Interests and International Liability for International Watercourses," *Canadian Yearbook International Law*, Vol. 13, 1975.
———, "State Liability for Accidental Transnational Environmental Damage by Private Persons," *AJIL*, Vol. 74, 1980.
———, "The Environment: International Rights and Responsibilities," *Proceeding of ASIL*, 1980.
———, "International Liability of States for Marine Pollution," *Canadian Yearbook of International Law*, Vol. 21, 1983.
———, "Liabililty as an Obligation Established by Primary Rules of International Law," *Netherland Yearbook of Internatuional Law*, Vol. 6, 1985.
———, "Transboundary Nuclear Accident: The Post-Chernobyl Multilateral Legal Agenda," *Ecology Law Quarterly*, Vol. 15, 1988.
———, "Environmental Security and Global Change: The Challenge to International Law," *Yearbook of International Environmental Law*, Vol. 1, 1990.
Hoogh, A.J.J. de, "The Relationship between Jus Cogens, Obligations Erga Omnes and International Crimes: Peremptory Norms in Perspective," *Austrian Journal of Public and International Law*, Vol. 42, 1991.
Jennings, R., "What Is International Law and How Do We Tell It When We See It," *Annuaire Suisse de Droit International*, Vol. 37, 1981.
Jones, William K., "Strict Liability for Hazardous Enterprise," *Columbia Law Rev.*, Vol. 92, 1992.
Joyner, C.C., "The Environment: International Rights and Responsibilities," *Proceeding of ASIL*, Vol. 74, 1980.
Kaiser, K., "International Dimensions of the Environmental Problem," *Law and State*, Vol. 8, 1973.
Kelly, Michal J., "Overcoming Obstacles to the Effective Implementation

of the International Environmental Agreements," *Georgetown International Environmental Law Review*, Vol. 9, 1997.

Knox, John H., "Assessing the Candidates for a Global Treaty on Transboundary Environmental Impact Assessment," *New York University Environmental Law Journal*, Vol. 12, 2003.

Lachs, M., "Thoughts on Science, Technology and World Law," *AJIL*, Vol. 86, 1992.

———, "The Challenge of the Environmental," ICLQ, Vol. 39, 1992.

Lammers, J.G., "Prevention of Transboundary Harm from Hazardous Activities: ILC Draft Articles," *Hague Yearbook of International Law*, Vol. 14, 2001.

Leonard, H. Jeffrey & David Morell, "Emergence of Environmental Concern in Developing Countries: A Political Perspective," *Stanford Journal of International Law*, Vol. 17, 1981.

Lillich, R., "Forcible Self-Helf by States to Protect Human Rights," *Iowa Law Review*, Vol. 53, 1967.

Magraw, Daniel B., "Transboundary Harm: The International Law Commission's Study of 'International Liability'," *AJIL*, Vol. 80, 1986.

———, "The Internatonal Law Commission's Study of International Liability for Non-prohibited Acts as It Relates to Developing States," *Washington Law Review*, Vol. 61, 1986.

McCaffrey, Stephen C., "Current Development—The Forty-Second Session of the International Law Commission," *AJIL*, Vol. 84, 1990.

———, "Pollutions of Shared Natural Resoures," *Proceeding of ASIL*, Vol. 71, 1977.

———, "The International Law Commission's Study of International Liability for Non-prohibited Acts as It Relates to Developing States," *Washington Law Review*, Vol. 61, 1986.

McGarrity, "Judicial Enforcement of NEPA-Inspired Promise", *Environmental Law*, Vol. 20, 1990.

———, "The Work of the International Law Commission Relating to the Environment," *Ecology Law Quarterly*, Vol. 11, 1984.

———, "The Work of the International Law Commission Relating to Transfrontier Environmental Harm," *New York Univ. J. & Pol.*, Vol. 20, 1988.

McDonald, Janet, "Greening the GATT: Harmonizing Free Trade and Environmental Protection in the New World Order," *Environmental Law*(Northwestern School of Law of Lewis and Clark College), Vol. 23 (No. 2), 1993.

McIntyre, Owen & Thomas Mosedale, "The Precautionary Principle as a Norm of Customary International Law," *Journal of Environmental Law*, Vol. 9(No. 2), 1997.

Meron, P., "On a Hierarchy of International Human Rights," *AJIL*, Vol. 80, 1986.

Murphy, Sean D., "Prospective Liability Regimes for the Transboundary Movement of Hazardous Wastes," *AJIL*, Vol. 88, 1994.

Nanda, Ved P., "Stratospheric Ozone Depletion: A Challenge for International Environmental Law and Policy," *Michigan Journal of International Law*, Vol. 10, 1989.

Nitze, William A., "Acid Rain: A United States Perspective," in Daniel Barstow Magraw(ed.), *International Law and Pollution,* Philadelphia: Univ. of Pennsylvania Press, 1998.

Note, "Development in Law: International Environmental Law," *Harvard Law Review*, Vol. 104, 1991.

Okowa, Phoebe N., "Procedural Obligation in International Environmental Regime," *The British Yearbook of International Law*, Vol. 67, 1996.

Partan, D., "The Duty to Inform in International Environmental Law," *Boston Univ. Int'l L.J.*, Vol. 6, 1988.

Petersmann, E., "International Trade Law and International Environmental Law," *Journal of World Trade*, Vol. 27, 1993.

Preiss, Erika L., "The International Obligation to Conduct an Environmental Impact Assessment: THE ICJ Case Concerning the Gabcíkovo-Nagymaros Project," *New York University Environmental Law Journal*, Vol. 7, 1999.

Quentin-Baxter, Robert Q., "Fifth Report on International Liability for Injurious Consequences Arising Out of Acts Not Prohibited by International Law," *Yearbook of ILC 1984*, Vol. Ⅱ(part 1), 1984.

Rest, A., "Ecological Damage in Public International Law," *Environmental Policy and Law*, Vol. 22, 1992.

———, "The Sandoz Conflagration and Rhine Pollution: Liability Issues," *German Yearbook of International Law*, Vol. 30, 1987.

———, "Responsibility and Liability for Transboundary Air Pollution Damage," in *Transboundary Air Pollution: International Legal Aspects of the Co-operation of States*, C. Flinterman & B. Kwiatkowska & J.G. Lammers(eds.), London: Martinus Nijhoff Publishers, 1986.

———, "International Protection of Environment and Liability," in *Beiträge zur Umweltgestaltung*, Berlin: Erich Schmidt Verlag, 1978.

Riccardo-Pisillo-Mazzeschi, "Forms of International Responsibility for Environmental Harm," in Fracesco Francioni & Tullio Scovazzi(eds.) *International*

Responsibility for Environmental Harm, London: Graham & Tortman, 1991.
Rich, "The Multilateral Development Banks, Environmental Policy and United States," *Ecology L. Q.*, Vol. 12, 1985.
Rosenstock, Robert, "Current Development—The Forty-Fourth Session of the International Law Commission," *AJIL*, Vol. 87, 1993.
Rummel-Bulska, I., "The Basel Convention: A Global Approach for the Management of Hazardous Wastes," *Environmental Policy and Law*, Vol. 24, 1994.
Saigo, Holly, "Agricultural Biotechnology and the Negotiation of the Biosafety Protocol," *Georgetown International Environmental Law Review*, Vol. 12, 2000.
Sand, Peter H., "International Cooperation: The Environmental Experience," in J. Mathews(ed.), *Preserving the Global Environment*, 1991.
———, "International Environmental Law after Rio," *European Journal of International Law*, Vol. 4, 1993.
Sands, Philippe, "The Environment, Community and International Law," *Harvard International Law Journal*, Vol. 30, 1989.
Schachter, O., "The Emergence of International Environmental Law," *Journal of International Affairs*, Vol. 44, Winter 1991.
Schoenbaum, Thomas J., "Free Internatinal Trade and Protection of the Environment: Irreconcilable Conflict," *AJIL*, Vol. 86, 1992.
Sohn, L., "Generally Accepted International Rules," *Washington Law Review*, Vol. 61, 1986.
Sohn, Louis B., "Stockholm Declaration on the Human Environment," *Harvard International Law Journal*, Vol. 14, 1973.
Stewart, Richard B., "International Trade and Environment: Lessons from the Federal Experience," *Washington Lee Law Review*, Vol. 49, Fall 1992.
Uhlmann, Eva M. Kornicker, "State Community Interests, Jus Cogens, and Protection of the Global Environment," *Georgetown International Environmental Law Review*, Vol. 11, 1998.
Utton, J., "International Environmental Law and Consultation Mechanism," *Columbia Journal of Transnational Law*, Vol. 12, 1973.
Vicuña, Francisco Orrego, "State Responsibility, Liability and Remedial Measures under International Law: New Criteria for Environmental Protection," in *Environmental Change and International Law: New Challenges and Dimensions*, Edith Brown Weiss(ed.), Tokyo: United Nations Univ. Press, 1992.

Weiss, Edith B., "International Environmental Law: Contemporary Issues and the Emergence of a New World Order," *Georgetown Law Journal*, Vol. 82, 1993.

———, "Global Environmental Change and International Law: The Introductory Framework," in *Environmental Change and International Law: New Challenges and Dimensions*, Edith Brown Weiss(ed.), Tokyo: United Nations Univ. Press, 1992.

———, "Our Rights and Obligations to Future Generations for the Environment," *AJIL*, Vol. 84, 1990.

———, "The Planetary Trust: Conservation and Intergeneration Equity," *Ecology Law Quarterly*, Vol. 11, 1984.

Westin, R., "Intergenerational Equity and Third World Mining," *University of Pennsylvania Journal of International Business Law*, Vol. 13, 1992.

Wirth, David A., "International Technology Transfer and Environmental Impact Assessment," in G. Handl & R. Lutz(eds.), *Transferring Hazardous Technologies and Substances: The International Legal Challenge*, London: Graham & Trotman, 1989.

———, "Rio Declaration on the Environment and Development: Two Steps Forward and One Back, or Vice Versa?" *Georgia Law Review*, Vol. 29, 1995.

Wolfrum, Rüdiger, "Liability for Environmental Damage: A Means to Enforce Environmental Standards," in K. Wellens(ed.), *International Law: Theory and Practice-Essays in Honour of Eric Suy*, The Hague: Martinus Nijhoff Publishers, 1998.

Zemanek, K., "State Responsibility and Liability," in *Environmental Protection and International Law*, W. Lang & H. Neuhold & K. Zemanek(eds.), London: Graham & Trotman, 1991.

———, "Causes and Forms of International Liability," in B. Cheng & E.D. Brown(eds.), *Contemporary Problems of International Law: Essays in Honor of Georg Schwarzenberger on His Eightieth Birthday*, London: Stevens and Sons, 1988.

찾아보기

저자 소개

박병도(朴炳度) 건국대학교 법학과 졸업
건국대학교 대학원 법학박사
현재 건국대학교 법학과 교수

아산재단 연구총서 제233집
국제환경책임법론 값 13,500원

2007년 7월 10일 1판 1쇄

저 자 박 병 도
발행인 임 경 환
발행처 **집 문 당**

413－756 경기도 파주시 교하읍 문발리 514-7
등 록 1971. 3. 23. 제2-304호
영 업 부 (02)743-3192～3 팩스(02)742-4657
전자우편 sale@jipmoon.co.kr
편 집 부 (02)743-3096 팩스(02)743-3097
전자우편 edit@jipmoon.co.kr
홈페이지 www.jipmoon.co.kr

 ISBN 89-303-1316-7

이 도서의 국립중앙도서관 출판시도서목록(CIP)은 e-CIP 홈페이지 (http://www.nl.go.kr/cip.php)에서 이용하실 수 있습니다.(CIP제어번호: CIP2007001805)

아 | 산 | 재 | 단 | 연 | 구 | 총 | 서

1 전환기의 중국경제
김윤환 외 | 단국대 경제학과

2 폴란드 경제의 변천 개혁과 그 전망
김광수 | 숭실대 경제학과

3 재소한인
이광규 외 | 서울대 인류학과

4 소련산림과 임업
홍성천 외 | 경북대 임학과

5 아세안의 정치경제
김국진 외 | 외교안보연구원

6 태국의 사회변동과 경제발전
최석만 외 | 전남대 사회학과

7 중국의 사회경제 통계분석
신한풍 외 | 고려대 통계학과

8 중국의 정치와 경제
박두복 외 | 외교안보연구원

9 동유럽의 개혁과 시장경제의 도입
허만 외 | 부산대 사범대학

10 동유럽의 개혁운동
박영신 | 연세대 사회학과

11 현대 러시아 연구
기연수 외 | 한국외대 노어과

12 전략적 선택과 기업의 국제경쟁력
이장호 | 서강대 경영대학

13 협동사회의 정착과 정부의 역할
이종범 외 | 고려대 행정학과

14 한국 제조기업 생산성의 동적 분석
노부호 외 | 중앙대 경영대학

15 분배의 정의
변형윤 외 | 서울대 경제학과

16 도덕적 행동의 강화
이훈구 외 | 연세대 심리학과

17 관료부패와 통제
김해동 외 | 서울대 행정대학원

18 한국경제의 내실 있는 성장
정창영 외 | 연세대 경제학과

19 한국국민정신운동의 역사와 발전방향
박수명 외 | 부산대 사범대학

20 한국대학생의 가치성향과 상담효과
이영희 외 | 숙명여대 교육학과

21 가출청소년과 학교관리체제
안창규 외 | 부산대 교육학과

22 동북아 정세변화와 한 · 일관계
한승조 외 | 고려대 정치외교학과

23 언론과 부정부패
정대철 외 | 한양대 신문방송학과

24 한국의 고등학교 교육
이원호 외 | 부산대 교육학과

25 가족과 방송
김학수 외 | 서강대 신문방송학과

26 재정개혁의 전망과 재산세제의 개편 과제
오연천 | 서울대 행정대학원

27 청소년을 위한 전자게임 프로그램의 규제 및 평가체계 개발
박혜원 외 | 울산대 가정관리학과

28 정신장애자 가족의 사회심리적 특성
이근후 외 | 이화여대 의과대학

29 가족의 관계역동성과 문제인식
이광규 외 | 서울대 인류학과

30 현대인과 한국전통음식
승정자 | 숙명여대 식품영양학과

31 기업의 초고속정보통신망활용
안중호 | 서울대 경영학과

32 지역발전을 위한 교육자치제의 개선방안
김남순 | 조선대 사범대학

33 전환기의 공무원 가치관
조경호 | 울산대 행정학과

34 지방자치와 사회복지의 과제
김영모 | 중앙대 사회복지학과

35 WTO체제하의 지방중소기업 지원정책
최명주 외 | 계명대 통상학부

36 현대한국의 시민운동
이효선 | 중앙대 사회학과

37 기업 세계화의 단계 및 정도의 측정
허영도 외 | 울산대 경영학과

38 가족복지를 위한 가족주치의 시범사업의 효과
이혜리 외 | 연세대 가정의학교실

39 한국대학생의 삶의 만족도
김재은 외 | 이화여대 교육심리학과

40 지역경제와 지역산업구조의 개편방향
정기화 외 | 전남대 경제학부

41 중국기업의 소유형태별 경영특성
노철화 외 | 부산대 무역학과

42 남북한의 인성 · 사상교육
한승조 외 | 고려대 정치외교학과

43 연계적 뇌기능 조언을 위한 의료용 멀티미디어 시스템의 설계
유선국 | 연세대 의용공학교실

44 다민족국가의 민족문제와 한인사회
최협 외 | 전남대 인류학과

45 저소득층지역 청소년 여가문화와 소집단 활성화
박문수 외 | 서강대 사회학과

46 삶의 질의 국제비교와 지역간 비교분석
이재기 외 | 울산대 경제학과

47 21세기 지역주민의 삶의 질
양종회 외 | 성균관대 사회학과

48 삶의 질에 대한 국가간 비교
조명한 외 | 서울대 심리학과

49 외국인 노동자의 노사관계와 사회적 적응
석현호 외 | 성균관대 사회학과

50 한국의 사법제도와 발전 모델
정종섭 | 건국대 법학과

51 고령화사회와 중상층 노인의 사회활동
조성남 외 | 이화여대 사회학과

52 한국의 서비스 시장 개방정책
한홍렬 | 한양대 경제학부

53 한국과 AFTA간의 교역증진 및 경제협력방안
손일태 외 | 경희대 경제통상학부

54 물류비 절감을 위한 무역업체의 정보화전략
이영수 외 | 경북대 경제통상학부

55 사회주의 체제전환과 사회정책
오정수 외 | 충남대 사회복지학과

56 남북통일 이후 농업생산체계 개편
홍성규 외 | 건국대 농업경제학과

57 국제화와 세계화
하영선 외 | 서울대 외교학과

58 IMF 개혁정책의 평가와 한국경제의 신(新) 패러다임
조동근 | 명지대 경제학과

59 구조개혁과 실업대책
박동운 | 단국대 경제무역학부

60 21세기 신노사관계
심윤종 외 | 성균관대 사회학과

61 학교에서의 집단 따돌림
이춘재 외 | 가톨릭대 심리학과

62 한국노인의 정신건강실태와 건강증진
조맹제 외 | 서울대 의과대학

63 혁명과 개혁 속의 중국 농민
김광억 | 서울대 인류학과

64 중국의 경제환경과 한국기업의 진출 전략
지용희 외 | 서강대 경영학과

65 김대중 대통령의 시스템 사고
김동환 | 중앙대 공공정책학부

66 실업과 가족해체
최일섭 외 | 서울대 사회복지학과

67 합리적 부채비율 조정방안
오상근 | 동아대 경제학과

68 한국 중산층의 생활문화
문숙재 외 | 이화여대 소비자 · 인간발달학과

69 계층간 갈등상태에서 최적소득세
김진욱 | 건국대 경상학부

70 글로벌 경쟁력 제고를 위한 기업전략과 조직구축
이만우 외 | 고려대 경영학과

71 의료보험과 국민연금의 관리효율화를 위한 통합방안
사공진 외 | 한양대 경제학부

72 정부개혁의 과제와 전략
박우서 외 | 연세대 행정학과

73 책임운영기관 제도에 관한 비교분석
김근세 | 가톨릭대 행정학과

74 새로운 패러다임하에서의 한국기업의 바람직한 지배구조
최운열 외 | 서강대 경영학과

75 현대 한국사회의 계층구조
양춘 외 | 고려대 사회학과

76 한국의 산업정책과 산업구조조정
강안수 | 숙명여대 경제학부

77 기업구조조정
김석진 | 경북대 경영학부

78 지식경영을 위한 인적자원 개발 및 관리체계
장영철 | 경희대 경영학부

79 뉴 비즈니스 모델
전성현 | 국민대 정보관리학부

80 중산층의 정체성과 소비문화
함인희 외 | 이화여대 사회학과

81 외국관광객 유치를 위한 마케팅 전략
박상규 | 강원대 경영학과

82 한국인의 세대별 문학의식
이동순 | 영남대 국문과

83 공공부문의 효율성 평가와 측정
김재홍 외 | 울산대 사회과학부

84 한국 청소년의 정치의식과 형성요인
김광웅 외 | 숙명여대 아동복지학과

85 한국 대학생의 정치의식
배한동 | 경북대 윤리교육과

86 산업의 정보화와 산업발전
이기동 | 계명대 통상학부

87 한국 제조업의 고용조정 분석
이종원 외 | 성균관대 경제학부

88 지식자산에 대한 경영전략적 평가모형 개발
배재학 외 | 울산대 컴퓨터 · 정보통신공학부

89 관광사업을 위한 한국적 이미지의 휴식복 개발
채금석 | 숙명여대 의류학과

90 한국 정치제도의 개혁
신정현 | 경희대 사회과학부

91 e비즈니스와 아웃소싱 전략
정승화 외 | 연세대 경영학과

92 집단 따돌림의 진단 및 치료방안
홍준표 | 중앙대 인간생활환경학과

93 16대 총선과 낙선운동
조기숙 | 이화여대 국제대학원

94 부동층 유권자 행태 분석
진영재 | 연세대 정치외교학과

95 사이버 공동체의 성공요인
이재관 | 숭실대 경영학부

96 온라인 소비자 행동의 이론과 실증
윤성준 | 경기대 경영학부

97 글로벌 시대 정약용 세계관의 가능성과 한계
차성환 | 한일장신대 역사사회학과

98 러시아의 체제전환 과정에서 나타난 국가의 역할과 그 전망
이상민 외 | 부산대 정치외교학과

99 남북한의 경제발전 수준과 산업구조 비교, 그리고 경제교류 협력방향
주성환 | 건국대 경제학과

100 집단따돌림과 교육해체
한준상 | 연세대 교육학과

101 공적연금제도의 효율성과 개선방안
유금록 | 군산대 행정복지학부

102 벤처기업-대기업의 성공적인 협력 모델
나중덕 | 경산대 경영학과

103 북한의 재외동포정책
조정남 외 | 고려대 정치외교학과

104 사이버 공동체 형성의 역동적 모형
장용호 | 서강대 신문방송학과

105 기업이론과 기업의 소유지배구조
김일태 외 | 전남대 경제학부

106 가축분뇨 자원화를 위한 공동이용조직에 대한 농가선호도 분석
유덕기 | 동국대 생명자원경제학과

107 개혁정책과 전문가 집단
이경원 외 | 제주대 행정학과

108 현대 한국사회의 이중가치체계
신수진 외 | 이화여대 가정관리학과

109 한국의 산업구조 변화와 기업집단 다각화 전략
김용학 외 | 연세대 사회학과

110 지식정보사회의 경제적 모형 설정 및 사례 연구
김범환 | 배제대 경영정보학부

111 변호사징계제도
오종근 | 한림대 법학부

112 인터넷 특허법
김순석 | 광주대 법학과

113 e-비즈니스 시대의 금융 및 재정정책의 새로운 패러다임
이종욱 | 서울여대 경제학과

114 청소년의 하위문화와 정체성
조성남 | 이화여대 사회학과

115 디지털금융시대의 금융구조변화와 정부규제 및 정책
이충열 | 고려대 경제학부

116 지식경영을 위한 기업의 조직설계방안
김경수 외 | 전남대 경영학과

117 전자금융의 발달과 경제정책의 새로운 패러다임
이명훈 | 명지대 경제학과

118 동아시아의 안보와 유엔체제
강성학 편저 | 고려대 정치외교학과

119 유료 치매노인 그룹홈의 개발과 관련 정책
최정신 외 | 가톨릭대 소비자 · 주거학과

120 소비자 지향적 문화산업 정책
홍영준 | 호남대 광고홍보학과

121 국제 · 국가 · 지방 환경규제의 연계
정준금 외 | 울산대 행정학과

122 현행 회사 합병 · 분할제도의 평가와 개선방안
옥무석 외 | 이화여대 법학과

123 배려지향적 도덕성과 정의지향적 도덕성
정옥분 외 | 고려대 사범대학

124 기업구조조정에 대한 채권금융기관 및 금융감독기관의 역할과 책임
이중기 | 한림대 법학과

125 실업대책으로서 한국의 법정기준근로시간 단축
박영범 | 한성대 경제학과

126 프랑스어의 비분리성 소유개념 표현
노윤채 | 연세대 언어정보연구원

127 지방채의 효율적 관리방안
강태구 | 호원대 법행정학부

128 21세기 산업구조 변화와 과학기술정책
임채성 외 | 그리스도신학대 경영정보학부

129 인터넷 쇼핑몰 이용자의 불평행동
예종석 | 한양대 경영학부

130 한국기업의 성과급제도 현황, 효과 및 개선방안
김성수 | 서울대 경영학과

131 전자상거래와 소비자보호
서민교 외 | 경일대 인터넷국제통상학과

132 평생학습 사회에서의 인적자원개발을 위한 사회적 파트너십 구축
김영화 | 홍익대 교육학과

133 한국 공교육의 새로운 구상과 전략
권대봉 외 | 고려대 교육학과

134 한국의 정부개혁
김태룡 | 상지대 행정학과

135 지방정부 생산성 측정의 이론과 실제
이은국 외 | 연세대 행정학과

136 불가 시문학론
배규범 | 경희대 학술연구 교수

137 남북경제교류의 법적 문제
제성호 | 중앙대 법학과

138 경제위기와 청소년 발달
구인회 | 서울대 사회복지학과

139 생명과학기술의 응용과 기본권보호적 한계
정상기 외 | 한남대 법학과

140 경제발전과 정치환경의 한 · 일 비교분석
정갑영 외 | 연세대 동서문제연구원

141 한국 공교육의 진단
윤정일 외 | 서울대 교육학과

142 우리나라 지방자치 발전을 위한 자치단체장의 역할
정성호 외 | 경기대 사회과학부

143 의료보험제도의 개혁방안
권순원 | 덕성여대 경제학과

144 중등 도덕교육의 현실과 문제
손동현 외 | 성균관대 철학과

145 사이버공동체 발전론
이명식 | 상명대 경영학과

146 남북경협 확대에 대비한 북한 담보제도의 정비방안
박훤일 | 경희대 법과대학

147 한국 공무원 인사제도 개혁
김판석 | 연세대 행정학과

148 교사화법 교육
임칠성 외 | 전남대 국어교육과

149 세계화의 문화정치학
임혁백 외 | 고려대 정치외교학과

150 효과적인 e-SCM을 위한 의사결정 조정 시스템 모형
이원준 | 성균관대 경영학부

151 환경거버넌스
김종순 외 | 건국대 행정학과

152 자동차산업의 인적자원관리
이덕로 | 서원대 경영학부

153 한국과 영국 간 지식기반산업 비교
이명호 | 한국외대 경영학과

154 한국 벤처기업의 기술네트워킹 및 기술마케팅 전략
장영일 | 인제대 경영학부

155 회사변호사의 윤리
오승종 | 성균관대 법과대학

156 미디어교육론
이정춘 | 중앙대 신문방송학과

157 조선시대 서원과 양반
윤희면 | 전남대 역사교육과

158 환경문제와 철학
박찬국 | 서울대 철학과

159 노인보건복지 이론과 실제
김명 외 | 이화여대 보건교육학과

160 북한의 법체계
권재열 외 | 숭실대 법학과

161 생명공학기술의 안전성 확보에 관한 법적 고찰
이재협 | 경희대 법학부

162 청소년복지학
김성이 외 | 이화여대 사회복지학과

163 변화하는 세계, 변화하는 복지국가
조영훈 | 동의대 사회복지학과

164 의리의 윤리와 한국의 유교문화
김낙진 | 진주교대 도덕교육과

165 미국의 통상정책과 통상법
윤충원 | 전북대 무역학과

166 사회복지 프로그램 평가
김학주 | 경상대 사회복지학과

167 환경주의와 지속가능한 발전
정대연 | 제주대 사회학과

168 무역과 환경
김기홍 외 | 경기대 경제학부

169 산업계 유해폐기물의 위험과 관리
김금수 | 호서대 경상학부

170 백범 김구의 지적 계발과정 탐색
문용린 | 서울대 교육학과

171 태평양전쟁 발발 이후 일제의 인적 지배와 그리스도교계의 대응
윤선자 | 전남대 사학과

172 거버넌스 상황에서 갈등관리를 위한 대체적 분쟁해결제도
서순복 | 광주대 법정학부

173 시장경제의 유형과 민주주의
최배근 | 건국대 경상학부

174 일본고전소설 총론
김현정 | 국립한국전통문화학교

175 국어 교육을 위한 국어 문법론
이관규 | 홍익대 국어교육과

176 율곡의 군주론
전세영 | 부산교대 윤리교육과

177 동북아시아 환경협력
정서용 | 명지대 법학과

178 기후변화협약과 기후정책
신의순 외 | 연세대 경제학과

179 인터넷과 국제 학술정보 네트워크-하이퍼링크 분석
박한우 | 영남대 언론정보학과

180 국내 기업복지의 활성화 방안
최수찬 | 연세대 사회복지대학원

181 세계화와 인간안보
김우상 외 | 연세대 정치외교학과

182 세계문화유산 종묘 이야기
지두환 | 국민대 국사학과

183 한국 평생교육의 사회철학적 과제
곽삼근 | 이화여대 교육학과

184 강점모델
정순둘 | 이화여대 사회복지학과

185 글로벌시대의 계약법
박영복 | 한국외대 법과대학

186 배심제와 시민의 사법참여
안경환 | 서울대 법학과

187 동북아공동체
김재한 | 한림대 정치외교학과

188 정치 참여와 탈물질주의
김욱 | 배재대 정치외교학과

189 퍼지전문가회로망을 이용한 금융기관의 사이버 기업여신결정 지원시스템의 개발
권혁대 | 목원대 경영학과

190 환경정책과 환경법
송인성 | 전남대 지역개발학과

191 포스트모던 시대의 평생교육학
한숭희 | 서울대 교육학과

192 현대 한국인의 세대경험과 문화
박길성 외 | 고려대 사회학과

193 서구의 근로연계복지
김종일 | 건국대 사회복지학과

194 사회복지운동론
현외성 | 경남대 사회복지학과

195 외국의 역모기지 사례
유선종 | 건국대 부동산학과

196 옛이야기와 어린이문학
이지호 | 진주교대 국어교육학과

197 노인사회복지관광의 정책과제와 방안
김창수 | 경기대 관광학부

198 복지서비스의 민간위탁 시스템 분석
김순양 | 영남대 행정학부

199 새로운 빈곤층의 대두와 정부의 정책과제
김진욱 | 건국대 경제학과

200 문화행정론
김정수 | 한양대 행정학과

201 스칸디나비아 노인용 코하우징의 계획과 적용
최정신 외 | 가톨릭대 생활과학부

202 북한의 자연생태계
공우석 | 경희대 지리학과

203 통계로 이해하는 러시아
전홍찬 | 부산대 정치외교학과

204 사회복지법인의 경영과 회계
이동규 | 충남대 회계학과

205 의약분업 정책과정
차흥봉 | 한림대 사회복지학과

206 지역공동체와 평생교육
오혁진 | 동의대 평생교육학부

207 아동보호서비스의 실제
한미현 | 백석대 사회복지학부

208 그린마케팅
박재기 | 충남대 경영학부

209 아동권리와 아동복지
이혜원 | 성공회대 사회복지학과

210 국제 이주와 인도인 디아스포라
김경학 | 전남대 인류학과

211 질병과 의료의 사회학
조병희 | 서울대 보건대학원

212 북한이탈주민의 사회통합을 위한 지역복지실천의 모색
이기영 | 부산대 사회복지학과

213 치매노인케어론
조유향 | 초당대 간호학과

214 노인상담입문
서혜경 외 | 한림대 대학원 사회복지학과

215 '통일 이후 통일과정'으로서의 독일 통일영화
이준서 | 이화여대 독어독문학과

216 중국의 사회보장
오정수 | 충남대 사회복지학과

217 환경자원의 경제적 가치와 환경오염의 사회적 비용
김재홍 | 울산대 사회과학부

218 사회복지프로그램의 경제적 평가방법
박창제 외 | 상주대 사회복지학과

219 자유의지와 결정론
안건훈 | 강원대 철학과

220 심리학자들이 쓴 행복한 결혼의 심리학
채규만 외 | 성신여대 심리학과

221 현대 해석학 강의
양해림 | 충남대 철학과

222 한국인의 주거 빈곤과 공공주택
하성규 | 중앙대 도시 및 지역계획학과

223 IMF 경제위기와 한국 출산력의 변화
김두섭 | 한양대 사회학과

224 동아시아의 영토분쟁과 국제법
이석우 | 인하대 법학부

225 독일 복지국가와 사회복지서비스
정재훈 | 서울여대 사회사업학과

226 사회복지사를 위한 실용 비모수통계
엄명용 | 성균관대 사회복지학과

227 피해자학 연구
이윤호 | 동국대 경찰행정학과

228 광고언어창작론
박영준 외 | 부경대 국어국문학과

229 환경규제 패러다임의 전환
한철 | 한남대 법학과

230 고령사회의 노동환경변화와 고용시스템의 문제점 및 법적 대응
고준기 | 국립군산대 법학과

231 세계화와 소득불평등
이성균 외 | 울산대 사회과학부

232 유비쿼터스 사회의 이해
안중호 외 | 서울대 경영학과

233 국제환경책임법론
박병도 | 건국대 법학과

아 | 산 | 재 | 단 | 연 | 구 | 보 | 고 | 서

1. 한국인의 도덕성 연구
   배해수 | 고려대 국문학과
2. 산업화와 청소년 진로
   이원호 | 울산대 교육학과
3. 공동체의식과 시민운동
   김영섭 | 한양대 행정학과
4. 한국청년의 삶의 의미 충족도와 만족적 태도
   안정수 | 경희대 철학과
5. 중국조선족의 사회발전과 한・중관계의 위상
   손장권 | 고려대 사회학과
6. 해송림 “솔껍질깍지벌레”의 천적 및 주요 종의 생태
   김규진 | 전남대 농생물학과
7. 사회정의와 실천윤리
   박종대 | 서강대 철학과
8. 동구개혁의 영향
   김달중 | 연세대 정치외교학과
9. 한국청소년의 의식세계
   김문조 | 고려대 사회학과
10. 고강도 철근 콘크리트 구조의 실용화
    정헌수 | 중앙대 건축학과
11. 신기술의 연관형태 및 출현예측의 구조모형
    권철신 | 성균관대 산업공학과
12. 민간기업의 연구개발을 위한 조세정책
    권영훈 | 한양대 경제학부
13. 기술개발 활성화방안
    송승구 | 울산대 화학공학부
14. 부패의 현상과 진단
    이문조 | 영남대 정치외교학부
15. 연구투자의 지역적 편중화와 부산지역의 기초과학연구 활성화방안
    윤웅찬 | 부산대 화학과
16. GATT의 신구 덤핑방지협정과 그 대응방안
    전창원 | 동국대 무역학과
17. 한국사회의 도덕성 제고를 위한 진단과 처방
    황경식 | 서울대 철학과
18. 새로운 노사관계 방향
    이진규 외 | 고려대 경영학과
19. 21세기 동북아 정세예측과 한국의 전략적 대응방안
    최평길 외 | 연세대 행정학과
20. 소련의 한국에 대한 정책목표분석
    신승권 | 한양대 정치외교학과
21. 메모리 커패시터용 $Pb(Zr_xTi_{1-x})O_3$ 강유전체 박막의 제작과 특성
    장지근 외 | 단국대 전자공학과
22. 러시아 국제법학의 전통
    김용구 | 서울대 외교학과
23. 유럽연합의 현황과 전망
    김동현 외 | 성균관대 행정학과
24. 중국의 정치동원
    송영우 외 | 건국대 정치외교학과
25. 산업적 활용을 위한 이동로보트 시스템의 개발
    박민용 외 | 연세대 전자공학과
26. 중국조선족의 정치사회화과정과 동화적 국민통합의 방향
    전인영 외 | 이화여대 사회생활학과
27. 공적부조의 이론과 실제
    최일섭 외 | 서울대 사회복지학과
28. 대외통상환경의 변화와 법제개편
    서헌제 | 중앙대 법학과
29. 기업금융의 국제화
    최생림 | 한양대 경영학부
30. 자동차부품공업의 노사관계
    김호진 외 | 고려대 행정학과
31. 산업화 과정에서의 한국가족의 실태와 전망
    정창수 외 | 성균관대 사회학과
32. 공무원 가치관 실태와 정립방안
    배병룡 외 | 경상대 행정학과
33. 해외귀국청소년의 국내적응연구
    이장영 | 국민대 사회학과
34. 초고속정보통신망에서 LAN서비스 제공방안
    이재용 | 연세대 전자공학과
35. WTO체제의 정책적 대응
    김병진 외 | 경희대 행정학과

36 유럽의 통합정치
최수경 외 | 충남대 정치외교학과

37 유기질폐기물을 이용한 고단백사료원인 조류의 생산공정
최정우 외 | 서강대 화학공학과

38 초고속정보통신망의 수용성과 정책방향
박영상 외 | 한양대 신문방송학과

39 중국의 강남사회와 한중교섭
조영록 외 | 동국대 사학과

40 세계화시대의 사회 · 문화의식
신행철 외 | 제주대 사회학과

41 국내 외국인 노동자의 문제와 대책
성규탁 외 | 연세대 사회복지학과

42 노인인력 활용정책과 프로그램
김정후 외 | 강원대 법과대학

43 한일간 학술교류 현황과 활성화방안
정홍익 외 | 서울대 행정대학원

44 계량모형에 의한 한일 경제관계의 이해
김명직 외 | 한양대 경제학부

45 직장인의 음주행태와 삶의 질
진기남 외 | 연세대 보건행정학과

46 유통정보 시스템의 구조와 설계
정용길 | 충남대 경영학과

47 남북통일 이후 사회통합을 위한 교육의 역할
안기성 외 | 고려대 교육학과

48 대중음악에 심취한 청소년들의 심리적 특성
김인경 외 | 연세대 인간행동연구소

49 멀티미디어 시스템을 활용한 교육환경의 개선방안
김한일 | 제주대 컴퓨터교육학과

50 탈냉전기 한일관계의 쟁점
최상룡 | 고려대 정치외교학과

51 자치시대 새로운 '삶의 질' 지표의 모색
김형기 외 | 경북대 경제통상학부

52 유럽통합의 역내외 협력과 갈등
이호재 외 | 고려대 정치외교학과

53 21세기를 대비한 신노사관계
김재원 | 한양대 경제학부

54 대학의 시간제학생 등록제
안규철 외 | 전남대 교육학과

55 21세기에 대비한 방송통신정책
한진만 외 | 강원대 신문방송학과

56 주민참여를 통한 혐오시설 관리운영방안
박균성 외 | 경희대 법학부

57 여성의 정치적 권리인식과 정치참여
전경옥 외 | 숙명여대 정치외교학과

58 한국인 위장질환과 식생활 · 환경요인 및 *H. pylori* 감염과의 관계
이양지 외 | 연세대 식품영양학과

59 학생과 시민의 자원봉사활동
윤정일 외 | 서울대 교육학과

60 동북아 환경문제와 지역환경협력의 모색
신연재 외 | 울산대 정치외교학과

61 노인 자원봉사활동을 통한 사회통합 프로그램 개발
김동배 | 연세대 사회복지학과

62 물류정보 시스템
김태현 | 연세대 경영학과

63 전자식 문서교환을 이용한 항공화물 운송체계
민재형 | 서강대 경영학과

64 청소년과 성
이근후 | 이화여대 의과대학

65 민족통합과 무궁화호 위성의 남북한 공동활용방안
방정배 | 성균관대 신문방송학과

66 채식주의가 20대 여성의 영양상태와 에스트로겐 대사에 미치는 영향
성미경 | 숙명여대 식품영양학과

67 가상정보공간을 통한 지역개발 활성화 전략
유재천 외 | 한림대 언론정보학부

68 조산아 관리현황 및 정책수립 방안
박상기 외 | 조선대 의과대학

69 남북한관의 의식조사와 통일교육 개선방안
김동규 외 | 고려대 북한학과

70 동양 전통 자연사상 탐구
장동순 | 충남대 환경공학과

71 초고속정보망의 시뮬레이터 구현
한기준 | 경북대 컴퓨터공학과

72 유통원가 시스템의 유효성
정다미 | 명지대 경영학과

73 국악과 문화관광의 만남
정익준 외 | 동아대 국제관광통상학부

74 기업의 지식경영 활용사례
김창은 | 명지대 산업공학과

75 선진국과 한국의 직업교육 · 훈련제도의 특성과 한계
정주연 | 고려대 경제학과